行銷學

MARKETING

第2版

耿慶瑞　主編

陳銘慧・蔡瑤昇・江啓先・廖森貴　編著
胡同來・田寒光・謝效昭

二版序

　　隨著科技的進步，我們越來越容易接觸到廠商送來的促銷訊息，而且這些訊息越來越符合我們的需求，讓我們感覺行銷無所不在。事實上人類早在遠古時代就有以物易物的觀念，但真正有行銷導向觀念不過是半世紀來的事情，行銷觀念從大量行銷、區隔行銷、到現在的關係行銷（Relationship Marketing）或互動行銷，這些變化是行銷典範的移轉（Paradigm Shift）。過去行銷的典範是 STP（市場區隔 Segmentation、目標市場 Targeting、定位 Positioning）的行銷模式，而現在則進入一對一行銷的時代，行銷者與消費者直接對話，提供消費者個性化的服務或商品，進而與消費者建立長久的關係，也就是顧客關係導向的時代，造成顧客互動與關係導向的主要原因就是網際網路與資訊科技。既然進入到關係行銷時代，學習行銷觀念就更加重要了，本書可以作為行銷的入門書籍。

　　本書以簡易的觀點的理念撰寫，作者寫作時盡量以淺顯易懂的文字來說明，並舉出大量國內外企業行銷的例子，每章都有章前個案敘述與該章節有關的行銷觀念，並有相關問題討論，可以讓讀者在學習該觀念之前先有初步之實務想法及引發學習興趣，接著有個案導讀，讓這些實務想法可以有正確的方向指引。進入本文之學習之後，可以再結合行銷理論，讓讀者更有系統性的學習。在本文當中，穿插的小事典或小專欄的案例介紹又可以將讀者帶入實務的情境當中，如此交互學習，可以確保讀者理論與實務的觀念可以緊密結合。本書另一個特色就是章後的教學活動，教學活動注重在小組討論與學生的動手做，讓學生不再只有對行銷觀念的背誦，進一步可以思考與動手，讓知識可以透過中樞路徑進入到大腦之中。

　　本書最大的特色是結合了各校行銷管理界的菁英，包括國立臺北科技大學經營管理系、國立空中大學商學系、德明財經科技大學行銷管理系、銘傳大學新媒體傳播系、東吳大學國貿系、文化大學廣告系。由具有行銷不同專業的老師來進行撰寫，如此可以讓讀者有多元學習行銷的觀點。章節安排先以基本觀念開始，接著瞭解環境與消費者行為、研究的工具介紹，然後進入行銷規劃，包含市場區隔、目標市場與定位，之後是行銷 4P（產品、價格、通路、推

廣），再加上三個重要行銷主題，包括服務行銷、國際行銷與網路行銷。

　　本書第二章行銷環境由陳銘慧教授負責；第四章行銷研究與第十章策略行銷由蔡瑤昇教授負責；第五章市場區隔、目標市場選擇與定位由江啓先教授負責；第七章價格策略及第十一章服務行銷由廖森貴教授與張桂綸教授負責；第八章通路策略由胡同來教授負責；第九章推廣策略：從整合行銷溝通導向談起由田寒光教授負責；第十三章國際行銷由謝效昭教授負責；第一章行銷的基本觀念與理論，第三章消費者購買行為、第六章產品策略、第十二章行銷管理程序及第十四章網路行銷由耿慶瑞教授負責。另外本書在第四章感謝連振熙、江沛昀、林玲舟，第十章感謝吳興蘭等資料搜集與整理的協助。由於作者才疏學淺，還期望各界先進不吝指正。

耿慶瑞　謹識

2018 年 5 月

目 錄

行銷的基本觀念與理論

行銷環境

消費者購買行為

07 價格策略

08 通路策略

09 推廣策略：從整合行銷溝通導向談起

策略行銷

服務行銷

行銷管理程序

13 國際行銷

14 網路行銷

Chapter 1

行銷的基本觀念與理論

iPad 2018 年的新定位

賈伯斯介紹 iPad
https://youtu.be/_KN-5zmvjAo

圖片來源：Naples Herald

蘋果電腦 2018 年 3 月 27 日由執行長 Tim Cook 親自主持於芝加哥 Lane Tech 高中所舉行的教育發表會，發表支援 Apple Pencil 的新款 9.7 吋 iPad，以及「人人可創造」課程。新的 iPad 被蘋果稱為「最廉價的 iPad 支援最有創造力的工具」。處理晶片從 A9 升級至和 iPhone 7 一樣的 A10 Fusion，並且支援 Apple Pencil。Apple Pencil 可以讓小朋友在繪圖與操作更加便利，並且可以和蘋果 AR 的應用軟體結合，例如：可以利用筆來虛擬解剖青蛙。這次的改版上，從操作與相關軟體都更符合教育市場的需求。

　　iPad 是在 2010 年的科技展推出的產品，可以提供瀏覽網路、收發電子郵件、觀看電子書、播放影片與照片、玩遊戲，最重要的是可以上 App Store 購買 45 萬種應用程式或遊戲，一個遊戲最便宜大多只要 0.99 美金即可下載。iPad 的使用族群範圍很廣，從兒童可以看電子童書與玩遊戲、青少年上網與玩遊戲、成年人使用觸控螢幕做簡報、到商務人士使用 iPad 作為銷售工具，幾乎涵蓋所有的區隔。iPad 吸引人的地方，除了蘋果品牌本身的魅力之外，輕薄的外型、高解析度的螢幕、手感極佳的多點觸控操作，更重要的是價格只要一萬六千多元。iPad 的功能與定位可以說真正掌握住消費者的需求，在上市的時候造成消費者大排長龍地搶購。

事實上，平板電腦早在 2005 年就已經推出，當時主要 PC 大廠如 IBM、HP 與 Acer 都有推出此產品。價格比一般筆記型電腦還高，功能大致上與筆記型電腦相符，因為多了觸控螢幕的功能，因此價格較高，但是在一年多之後卻銷聲匿跡，因為使用者覺得太貴、並沒有筆記型電腦輕、相關應用軟體也不足，這時期平板電腦的業者做出了一個功能很強、價格也很貴的產品出來。相較於上一代的平板電腦，iPad 將其功能簡化，並強調輕薄與操作順暢的價值，符合消費者需求。2018 年推出新的 iPad 配合 Apple Pencil，也是因應教育市場的需求而改版的。

iPad 的出現，讓其競爭者也跟著推出類似規格的平板電腦，例如：三星 Samsung 推出 Galaxy Notes，可以手寫。華碩 Asus 推出變形平板，螢幕和鍵盤可以拆開。因此 2011 年 3 月 2 日蘋果很快速推出 iPad 2，速度升級，並因應消費者需求增加前置 720p 和後置 1080p 視訊鏡頭，厚度比一代的 13 毫米更薄，只有 9 毫米，重量更輕，只有 603 克。2012 年蘋果又推出 the New iPad，年底又推出升級版。2013 年則推出更輕更薄的 iPad Air。2015 年推出 iPad Pro，2018 年又推出主攻教育市場的新 iPad。

💡 問題討論

1. 請上網尋找不同世代的 iPad，這些 iPad 功能與市場有何差異？

2. 請尋找現在有哪些廠牌有推出平板電腦？這些平板電腦的規格與價格為何？

3. 請討論消費者購買平板電腦給小孩使用時，會考慮哪些屬性？

🌏 案例導讀

從這個案例當中，我們可以看到平板電腦並非 iPad 所創新推出，早在 2005 年就有平板電腦的產品推出，當時的平板電腦功能非常強大，可以說是頂級的電腦產品，不但功能比一般筆記型電腦還要多，同時硬體的規格也非常高，不論是中央處理器 (CPU)，或是晶片組、螢幕都是最好的規格。然而這些都是廠商設計人員一廂情願的想法，他們認為只要設計出最好、最棒的產品，消費者一定會買單。其實他們忽略了消費者對平板電腦最核心的需求，包括重量要輕，以方便攜帶、續電力要強、要有較多配合觸控的軟體，對消費者而言，平板電腦是第二台筆電，所以價格也不能太高。

2005 年第一代的平板電腦太過重視產品的規格，以為只要把所有規格加上去，變成高級品，消費者就會購買，卻忽略了消費者對平板電腦核心的需求以及使用情境；但是蘋果電腦的 iPad 卻專注在使用者的需求，推出價格較低，規格較差，卻有重量輕、觸控方便 (用手指多點觸控)、應用軟體多的優點，消費者因此而轉向購買蘋果的 iPad，其他的電腦廠也紛紛推出類似 iPad 的產品。2018 年最新的版本推出 Apple Pencil，也是針對小孩教育的需求，需要繪畫與操作更便利。我們可以說第一代的平板是產品導向，從產品為出發點，只重視產品的功能；而蘋果的 iPad 是以消費者的需求為主，所以每代 iPad 的設計都以滿足消費者的需求為出發點，這就是兩種不同的行銷觀念。

1-1 行銷的定義與演進

我們每天都會看到很多電視廣告、報紙廣告、郵購廣告、或是到便利商店買 5 元的促銷報紙、接到信用卡公司的推銷、在等公車時遇到推銷員賣東西。這些活動只是一小部分的行銷活動而已，事實上這類型的活動在我們身邊無所不在，以前這些活動只會出現在營利的商品或企業，現在連非營利的醫院也在打健康檢查廣告、大學或研究所也辦很多招生說明會、宗教團體也在打他們的形象廣告。

如果你遇到這些行銷活動，你可能會受到這些活動影響而購買他們的產品；你也可能因為這些活動而對這些廠商感到厭煩。你或許也想知道：為什麼大家會花錢做這些行銷活動？大家都在做，這些行銷活動真的有效嗎？在什麼情況下有效？我們要如何做這些活動呢？

首先我們要考慮顧客的需求，到底我們的產品或服務是不是顧客想要的？要讓顧客願意消費我們的產品，然後滿足他們的需求，而不是被迫推銷購買。基本上每個消費者都有他的差異性，例如性別、年紀、收入、平日的生活型態、對產品利益的追求等都可能是消費者差異的來源。我們在進行行銷活動時，要考慮這些差異性，要評估鎖定我們想要的顧客；同時行銷活動的主軸要清楚，到底要傳達給消費者什麼樣的訊息，讓消費者在心目當中有獨特的地位。這些注意事項，在學習行銷管理之後，你應該可以得到更清楚的解答。

在我們社會當中，存在著很多種需求，例如口渴、飢餓、希望得到安全、受到人家尊敬、實現自己可以掌控的願望等。另外在社會當中，也存在著各式各樣的商品或服務來滿足這些需求，例如礦泉水、泡麵、保險、Benz 汽車、環遊世界的旅遊行程。但是這些需求你我都可能隨時隨地發生，你可以很快找到礦泉水嗎？你可能要花時間去找賣礦泉水的人，有這麼多品牌，你要選哪一種？廠商願意只賣一瓶水給你嗎？如果你要花兩個小時找到廠商，你會願意跟他買嗎？

從以上的分析，我們可以發現有需求的人與生產可以滿足我們需求方的生產者，這中間存在了許多隔閡，像是時間的隔閡、地點的隔閡、種類的隔閡、形式的隔閡等。這些隔閡透過中間者、廣告、促銷等活動可以降低，進而滿足我們的需求。這些活動真的可以這麼神奇嗎？不一定，沒有真正行銷概念：以顧客需求為出發點的活動，不一定真的可以降低這些隔閡。

然而，我們所有的需求都可以真正被滿足嗎？你會不會花了很多時間在通路找不到你想要的產品？你會不會受到推銷人員的影響買到你不想買的商品？所以這些活動的執行會有可能對你造成不同程度的滿足，行銷的真正意涵，就是希望你可以真正滿足你的需求。

我們現在要為行銷下一定義：行銷真正意涵是，透過交換，生產者與消費者皆滿足其需求。因此行銷的核心概念是交換（Kotler and keller, 2011, Bagozzi, 1974），而交換需求參與雙方的互動，以滿足自己所需，可能包括產品或服務、任何的行銷活動。也就是說，行銷是一種社會化與管理化的過程；透過交換，使買賣雙方均達成其目標或需求，行銷的定義可以參見圖 1-1。而行銷管理就是促使上述的交換更為順利，主要計畫並執行理念、產品及服務的構想、定價、配銷（傳遞）及推廣（促銷）的過程，來創造交換活動，以滿足個人或組織的目標（Kotler and Keller, 2011）。

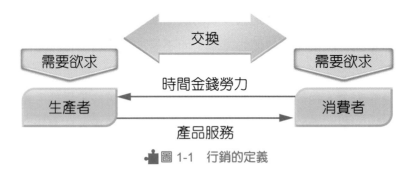

圖 1-1　行銷的定義

行銷觀念隨著市場環境改變，技術的改變，消費者需求與生產者供給量的改變，Kotler and Keller（2011）與耿慶瑞（1999）認為有下列演進：生產導向、產品導向、銷售導向、行銷導向、社會行銷導向、關係行銷導向。當然這些觀念並非隨著時間做絕對的改變，在現行的企業當中，也可以找到這些觀念的企業。

一、生產導向

這是在工業革命的時代，因為供給與需求不平衡，通常物資相當缺乏，因此需求大於供給，所以廠商只要將產品生產出來自然就會有市場，消費者自然願意購買。廠商藉著自動化生產設備與分工效率，經過經驗曲線的成本下降，廠商相信消費者只會對低價格和便利的產品感興趣，就像福特汽車的創辦人亨利福特曾說"你想要什麼顏色的車都可以，只要是黑色的"。在這種觀念之下，廠商重視產品的生產效率，產品的成本控制，而提供的產品，因為經過大量生產，產品幾乎都是標準品，消費者沒有選擇的機會，例如前面提到的福特汽車只推出黑色，而在現行的企業當中，特別是生產工業品的原料，大多以如何改善生產效率與降低成本為焦點，忽略消費者對產品的真實需求。以章前個案電腦的例子，台灣在個人電腦盛行初期時，很多廠商在製造電腦主機板都是以加速生產效率與降低成本為出發點，造成消費者認為台灣產品品質不佳，不過這個觀念在後來逐漸被產品導向觀念所替代，大家也開始重視品質。

二、產品導向

隨著生產技術演進，再加上市場的競爭，消費者可以選擇產品的機會越來越大，企業相信產品之間應該具有差異性，此時的顧客也逐漸被教育注重產品的品質，要求商品要有其特色和差異性的功能；所以廠商開始生產較為優良的產品來吸引消費者，而不再以降低售價和大量的生產為唯一的訴求。

在現行的產品當中，資訊電腦產品大都還是產品導向，例如電腦的 CPU，從最早的 Intel 8088，80286，80386，80486，到 Pentium 多核心，廠商思考的是如何做到速度更快、品質更好的電腦，但是每個消費者是否真正需求用到那麼多的功能嗎？以產品為導向的廠商，有時過度投入研發很優良的產品，但不一定會有市場。例如：廠商推出耐摔的電腦鍵盤，可以從高樓摔下而不會損壞，但是要價是一般鍵盤的三倍，你覺得這產品會有市場嗎？鍵盤是給個人電腦放在家或辦公用的，因此，以產品導向為出發點的耐摔鍵盤很難會有市場。章前個案中的 2005 年平板電腦就是產品導向的觀念，廠商將筆記型電腦的功能升級加上觸控螢幕，就成了平板電腦，不但規格很高、價格也很高，並沒有真正考慮消費者真正對於平板電腦的輕薄低價需求，所以也造成那時平板電腦銷路不佳。

三、銷售導向

　　銷售導向是以廠商的角度思考，廠商認為對顧客大力地推銷，消費者將會受到行銷或促銷刺激而購買，但是消費者往往買到不是自己真正所需的產品。廠商在銷售導向的觀點之下，出發點是從廠商出發，重視的是商品知識、商品如何銷售出去，產品的促銷手法是推式的（push），亦即將產品利用促銷方式推給消費者。

　　我們常常會遇到的推銷員，大多利用銷售導向，想盡辦法利用其口才與促銷方式，將產品強迫推銷給消費者，消費者可能會買到不是自己所需的商品。例如很多商家會宣稱目前進行跳樓大拍賣，不斷遊說消費者多買一些，很多消費者看到便宜就買了很多用不到的商品。這樣的手法幾乎都只能讓消費者買一次，消費者被強迫推銷不符合需求的商品之後，下次就不會再和這家廠商交易了，可以說是因小失大。

　　銷售導向並非真正的行銷觀念，在很多製造業或是科技業，常常還使用這樣的觀念，認為商品的行銷就是強力推銷產品，不管消費者是否真的有需求，只要用銷售員緊迫盯人，把東西賣出去就可以了，這樣會讓消費者對公司產生反感，而且幾乎很難培養忠誠度高的客戶，所以廠商就得每次再用強迫促銷來吸引新客人，這樣促銷成本高，效果也有限。

四、行銷導向

　　行銷導向之下，廠商首先必須了解消費者的需求，再來設計自己的產品以符合大眾的需求，這才不會讓消費者買到非自己所需的商品。像很多的消費品，如洗髮精，原先只提供一般的清潔，經過市場調查，發現消費者需求具有止癢的功能，於是廠商推出清涼止癢配方，這就是行銷導向的配方，結果產品因為符合消費者需求而大賣，每家製造商紛紛都推出去頭皮屑的洗髮精產品。

圖片來源：海倫仙度絲官網

以行銷導向為主的廠商，他們的出發點是顧客，從顧客的需求來設計提供其產品或服務，想辦法讓消費者滿意，每次交易過後，消費者因為滿意就可以建立忠誠度，增加再次購買的機會，廠商也就不必再花大量行銷成本去尋找新客戶。此種導向的行銷方式是拉式（pull），也就是透過行銷的手法，讓消費者主動來購買廠商的商品。以章首個案而言，相較於上一代的平板電腦，iPad 強調輕薄與操作順暢的價值，加上 App Store 大量應用軟體的支援以及較低的入手價格，符合消費者真正的需求，因此其消費者滿意度高，忠誠度也高，當新的版本出來，廠商就已經有一堆現成忠誠度高的客戶要來購買。

五、社會行銷導向

一個廠商不可能單獨存在於環境當中，因為廠商所在地的社區民眾、社會公眾、政府、工會、學校、醫院或其他非營利組織等的互動關係，都可能會對企業經營發生正面或負面的影響。因此像環保、健康、社會責任等議題，廠商都要考慮，也就是說，在滿足消費者需求的同時，也要對其他相關的利害關係人或團體做出符合其社會責任的考量，這就是社會行銷導向。

像具有生產化學品或藥品的廠商，除了滿足顧客需求的產品之外，針對附近的環境污染可能對附近居民造成的危害，也要做出一些回饋。例如美體小舖（Body Shop）就很重視環境保護，除了材料採用天然之外，包裝也使用環保材質，另外該公司也援助較貧困的國家，消費者對該品牌就有良好的社會觀感。

2013 年日月光廢水污染事件，為一起發生於高雄楠梓加工區的事件。2013 年 12 月 9 日，高雄市環境保護局對日月光半導體 K7 廠因廢水污染後勁溪開罰 60 萬元後並停廠，引起廣大討論，喚起大家對經濟發展與環境保護之重視，企業除了生產研發之外，也要注意不要污染環境。

六、顧客關係導向與互動行銷

人類早在遠古時代就有以物易物的觀念，但真正有行銷導向觀念不過是半世紀來的事情，行銷觀念從大量行銷、區隔行銷、到現在的關係行銷（Relationship Marketing）或互動行銷，這些是行銷典範的移轉（Paradigm Shift）（Peppers and Rogers, 1993）。過去行銷的典範是 STP（市場區隔 Segmentation、目標市場 Targeting、定位 Positioning）的行銷模式，而現在則進入一對一行銷的時代，行銷者與消費者直接對話，提供消費者個性化的服務或商品，進而與消費者建立長久的關係，也就是顧客關係導向的時代（Peppers and Rogers, 1993)。例如美國亞馬遜（Amazon.com）就與顧客建立一對一的互動關係，消費者在與亞馬遜書店交易之後，下次再進入亞馬遜網站，就會叫出顧客姓名，並且給予個人化書目推薦。造成顧客互動與關係導向的主要原因就是網際網路與資訊科技，因此接下來我們分析在網路環境之下，行銷溝通與互動的特性。

任何的行銷活動，基本上都需求交易雙方的互動，所以互動行銷（Interactive Marketing）並非新觀念。然而『互動』這個觀念對溝通領域學者而言，一直是一個很不確定的名詞，沒有一個很明確的定義與衡量的方法（Rafaeli, 1988）。同時限於行銷溝通大多透過大眾媒體（如電視、收音機、報紙、雜誌），行銷所達到的互動遠不及人與人之間的互動，因此造成行銷人員對『互動』的忽略。

『互動』以行銷領域來說，過去僅在強調人與人接觸的服務業行銷較受重視，例如 Gronroos（1990）提出服務業的互動行銷；Binter（1990）提出的服務接觸點的管理。一般而言，互動行銷過去並未廣泛受到行銷學者的重視，不過這個觀念卻因為資訊技術與互動媒體的興起而有所改變（Blattberg and Deighton, 1991）。造成以上的變革，主要受資訊技術的影響（Blattberg and Deighton, 1991）。而資訊技術也促使互動媒體的出現，例如：具備高度互動性的超媒體媒介環境（Hypermedia Environment）的全球資訊網（World Wide Web，簡稱 WWW 或 Web）前第一個出現的超媒體媒介環境（Hoffman and Novak, 1996）。

WWW 提供互動行銷的一個良好環境，Hoffman and Novak（1997）認為 WWW 所提供的商業環境與傳統是不相同的。差異點主要有三個方面。第一：WWW 是一個虛擬，多對多溝通的超媒體環境，提供了人與人以及人與電腦之間的互動。在這個環境之下，消費者所經驗的是遙距臨場（telepresence）。所謂遙距臨場是指消費者所感覺的臨場經驗是在一個媒介虛擬的環境，而非真實的環境。這個環境提供了消費者互動擷取超媒體的內容，並且也提供人與人的互動溝通。第二個特性是指在虛擬的環境之下，提供了在實體環境較難具備的能力，例如：心流（flow）建構了消費者在這個環境的瀏覽行為（Hoffman and Novak, 1997）。心流觀念是心理學家 Csikszentmihalyi（1975）所提出來的觀念。心流亦即一個人完全沈浸於某個活動當中，無視於其他事物的存在的狀態。心流的狀態包括：全神貫注、掌握裕如、渾然忘我、時間感異於平常。本特性說明 WWW 上的消費行為與傳統環境或媒體是不相同的。第三個特性是在這個互動的虛擬環境之下，消費者主動參與網路的瀏覽行為，與傳統媒體不相同，傳統媒體主要指大眾媒體，如電視、

收音機、報紙、雜誌等。如電視的被動觀賞行為。由於具備這些特色，因此網路上的行銷溝通模式應有別於傳統媒體環境之下的行銷溝通模式。以下是各行銷觀念的比較：

☒ 表 1-1　行銷觀念的比較

	出發點	特色	例子
生產導向	工廠	重視生產效率	福特黑色 T 型車
產品導向	產品	重視產品規格	2005 年第一代平板電腦
銷售導向	廠商	重視促銷	業務員推銷
行銷導向	消費者	重視消費者需求	iPad
社會導向	社會	重視社會	美體小舖
關係導向	消費者	重視消費者關係建立	亞馬遜

線上社交購物

Polyvore APP
https://youtu.be/dQ4nbDw_2Oc

小事典

　　隨著上網人口和時數的增加，網路社群已儼然成為人們消費行為的參考架構，過去在消費者行為研究中舉足輕重的參考團體，似乎已逐漸從實體情境轉移至網路空間。

　　社群購物網站逐漸興盛，除了方便網友做相關購買決策之外，亦是不少網友重要的溝通平台。消費者傾向在購物時，有人可以和他們進行互動溝通，一般消費者在實體商店購物時，彼此之間通常不會提供一些相關的購物經驗來進行分享，然而透過網路的連結，消費者會開始尋找合適的夥伴一起購物，儘管所面對的是網路上的網友，不但可能不知道對方是誰、而且也無法得知網友所提供的決策資訊是否正確，但是藉由夥伴的協助，可以得到更詳細的產品功能介紹、使用情況、購後評價等購物經驗，進而獲得較佳的決策品質、降低購物風險，並且擁有結伴購物的樂趣以及互動的滿足感。

在維基百科（wikipedia）上對於線上社交購物（Online Social Shopping）的解釋為：消費者透過社會網路環境進行購物的過程，運用群體智慧（collaborative wisdoms）的概念，消費者針對產品、價格的相關資訊進行相互溝通，也可以在網站平台上建立自己的購物清單，再分享給其他參與討論的消費者，這樣的資訊和推薦方式，是在實體通路中比較難得到的。例如 Polyvore 時尚社交網站（http://www.polyvore.com）：針對時尚玩家所設計之社交網站，結合了社群、線上商店及時尚的元素，客群以女性消費者為主，主要是屬於討論穿搭的交流平台，商品豐富且商家眾多，且提供個人部落格平台與其他使用者進行交流。

使用者在網站上扮演時尚編輯的角色，透過簡易的介面，讓使用者可以從網站的資料庫中，或是從其他網站平台，拼貼出包含服裝、配件和模特兒的造型，使用者在瀏覽這些稱為「整體造型（Sets）」的拼貼作品時，若點擊某件洋裝或項鍊，就會連結到銷售這些單品的個別網站。而個人的 Sets 也可以發佈到 Facebook、Twitter 或個人部落格上，透過微網誌或是在網站內彼此交流，讓更多人分享自己搭配的風格，透過留言系統得到建議，激盪出更不同的時尚思維，充份發揮了 YouTube 的精神 -「Broadcast Yourself（傳播你自己）」。

網友在網站上可以提出或搜尋搭配的問題，讓其他使用者提出建議，也可以回答其他使用者的問題，除此之外，亦可以藉由 Style Expert 功能向時尚專家提問，獲得更專業的答覆。Polyvore 網站平台也定期舉行設計比賽，讓網友票選出心目中最理想的 Sets。

1-2 行銷的核心概念

行銷理論的發展經過了將近百年，有相當多的理論產生。今日行銷學的發展，已涵蓋了互動與非互動的觀點（Sheth, 1988），不再是單純以「銷售」為主要探討課題，如何在有利生產廠商的條件下，滿足消費者，進而創造雙贏的格局，已成為行銷學的發展趨勢（林勤豐，2002）。行銷理論有以商品分類的理論，例如便利品、選購品、特殊品；有以行銷機構為何形成的理論；有以行銷的核心是交換的概念；有以中間商為何形成的理論；以銷售區域大小的理論；後來也有融入心理學的消費者行為理論；及以行銷管理程序為主的理論等。

本書以行銷管理程序理論為主，主要探討環境分析、市場區隔、目標市場選擇、行銷 4P：包括產品、通路、定價、促銷等行銷組合的探討。Kotler and Keller（2011）認為行銷管理理論有四大核心：目標市場、顧客需求、獲利能力、整合行銷與市場導向。說明如下（可見表 1-2）：

表 1-2　行銷管理理論四大核心

行銷管理理論四大核心	重點	例子
1. 目標市場	找出顧客在哪裡	王品集團
2. 顧客需求	找出與滿足顧客的需求	iPad
3. 獲利能力	藉由有效的行銷提升廠商獲利	IKEA
4. 整合行銷與市場導向	顧客的需求資訊要傳遞給公司所有人，大家一起回應顧客需求	7-ELEVEN

一、目標市場

由於企業的資源是有限的，不可能無限制將資源投入在行銷活動之上，應該要把資源用在該用的顧客身上；也就是要有目標市場的概念。因為不是所有的顧客消費行為都是一樣的，所以行銷管理必須要確定你的目標市場在哪裡。例如，王品集團西堤牛排價位在 390 ～ 430 元間，主打 23 ～ 30 歲的年輕上班族；陶板屋走新和風料理，450 元價位適合中年客層，這就是目標市場的概念。

二、顧客需求

前面我們已經定義行銷要滿足企業與顧客雙方的需求，因此顧客需求是行銷觀念的起點，我們根據顧客的需求來設計產品，產生行銷組合，如果沒有考慮顧客需求，而只思考如何生產最好的產品，就會變成產品導向；如果只考慮大量生產最低成本的產品，就會落入生產導向的概念了。因此真正的行銷管理一定要從顧客需求為出發點。例如蘋果電腦的 iPad，推出價格較低，規格較差，卻有重量輕、觸控方便（用手指多點觸控）、應用軟體多的優點，這些都是消費者對平板電腦期望的需求。

三、獲利能力

前面提及顧客的需求要考慮，另外企業的需求就是獲利能力。企業不是慈善機構，在滿足了顧客需求，也要同時能夠產生足夠的利潤，所以行銷活動的背後一定要考慮獲利能力。廠商可以根據獲利的情況，隨時調整行銷活動。例如瑞典的宜家家具（IKEA），提供給顧客具有設計感，而且價格低廉的家具。但是宜家家具藉由提供全球供應鏈的效率，以及平整式包裝來降低成本，兼顧其獲利能力。

四、整合行銷與市場導向

行銷活動不是只有行銷或銷售部門的事，因為服務顧客或提供產品給顧客是需求整個企業各部門來合作完成的，因此在 90 年代 Kohli and Jaworski（1990）提出市場導向（market-orientation）概念，就是強調市場顧客的資訊要能夠傳送在企業每個部門，然後針對顧客的需求作出回應，這就是整合行銷的概念。

Kohli and Jaworski（1990）以企業執行行銷觀念之觀點，將市場導向定義為「組織全體產生有關顧客現有與未來需求之市場情報，跨部門傳播此情報，並以組織全體之力反應之」。在此定義下，市場情報為市場導向的起始點，所涵蓋的範圍相當廣泛，所以產生市場情報的方法不只是消費者調查，應該還包括許多正式與非正式管道，以及主要資料與次級資料，而且也非僅只行銷部門的責任，而是全體員工所應盡的任務。

情報的傳播方向端賴情報的產生來源而定，公司內部正式的溝通管道（例如：會議、刊物等）是市場情報能否充分傳播的重要因素，而在某些情況下，組織非正式溝通管道也扮演著關鍵性的角色，各部門若能在平行的溝通上能充分分享彼此的資訊，有助於彼此之協同合作、反應市場的變化，在行動上也較能有效達成各部門的目標，甚至能更進一步產生綜效與互補的作用。例如：7-ELEVEN 的行銷部門蒐集到顧客消費行為資訊，

知道上班族往往沒有時間到早餐店吃早餐，因此這些上班族早餐的需求，將是便利商店重要的一項商機。然而如果行銷以外的部門不重視這項資訊，這些資訊就沒辦法準確且即時的傳給相關部門（如：銷售通路部門、生產部門）來配合，7-ELEVEN 就很難陳列上班族顧客真正所需的早餐產品，並且也可能會喪失搶先推出的先佔優勢。

　　以上的概念從企業的角度出發，就是市場導向的概念，不過不是所有的企業都適合從事市場導向活動的。要注意下列情形，企業採行市場導向才會真正成功。Hunt and Morgan（1995）認為市場導向是一種企業的資源，此資源是必須經常進行再投資與維護的，不然便非常容易損耗殆盡，或者被競爭對手迎頭趕上，而能否創造持續競爭優勢就在於組織的內外因素。因此，有關企業具有市場導向的影響因素，可以從組織內部因素和外在環境來探討（蔡明達，2000）。

（一）組織內部因素（蔡明達，2000）

　　組織內部因素從許多學者的分析，可整理出下列六項主要構成要素，如表 1-3。

1. 高階主管的態度

　　高階主管指導企業方針的走向，市場導向重視市場資訊的變化並強調以迅速的行動反應市場的需求，需求各部門的協調合作方能進行，高階主管對市場導向的重視，會引導組織成員對市場變化的不敢輕忽，並適時反應市場的需求。高階主管若墨守成規，對市場資訊漠不關心、或者心態過於保守，就無法使員工也能夠積極面對市場的需求與變化（Shapiro, 1988; Kohli and Jaworski, 1990）。

表 1-3　影響市場導向之因素

組織內部因素	高階主管的態度
	行銷策略
	部門協調合作
	組織架構
	人事政策
	企業特性
組織外部因素	科技變化、市場景氣

2. 行銷策略

採行創新或差異化行銷策略之企業，較傾向於主動瞭解市場與消費者需求，找尋市場機會所在，所以較重視市場導向；反之以低成本爲策略的企業，由於追求降低成本提高效率，對於市場變化的程度相對較低，市場導向的程度則較低（Pelham and Wilson, 1996）。

3. 部門協調合作

反應市場不應只是行銷部門的責任，往往需求各部門的通力合作才能有所成，因此相互掣肘的部門因爲無法共同爲企業整體的利益著想，所以部門間容易產生衝突和爭執，這樣的組織無法達成市場導向的要求（Kohli and Jaworski, 1990）。

4. 組織架構

Kohli and Jaworski（1990）認爲組織架構的設計影響到資訊處理的過程，愈正式化、集權化和部門化的組織設計，愈不利於資訊的產生和傳播，但是卻有助於反應市場活動之執行，而在實證研究中僅有集權化妨礙市場導向，正式化與部門化卻無顯著負面的效果（Jaworski and Kohli, 1993）。

5. 人事政策

市場導向需仰賴員工確實之執行，因此 Ruekert（1992）強調企業在員工聘用、訓練的重要性，選擇具有市場敏感度的員工再加以適當訓練，有助於市場導向的進行。另外，獎勵制度的頒行也是實行市場導向所應必備的要件之一（Jaworski and Kohli, 1993）。

6. 企業特性

Horng and Chen（1998）針對我國中小企業進行研究，也支持市場導向對中小企業的重要性，並更進一步發現企業特性如內外銷導向會影響市場導向程度，由於從事外銷的中小企業的產品大多交由國外貿易商負責，在市場情報的掌握上較爲欠缺，所以市場導向程度較低。

（二）外在環境因素（蔡明達，2000）

許多研究將外在的環境因素當作市場導向與績效間的干擾變數（例如 Jaworski and Kohli, 1993; Slater and Narver, 1994），認爲在越競爭的環境、市場變化幅度大與經濟景氣較差的情況下，市場導向可能與績效好壞有較明顯影響，但是研究結果發現競爭環境、市場變化、經濟景氣等外在因素，皆無顯著的干擾作用，這顯示出無論外在的環境如

何,市場導向似乎為成功企業所應具備的基本條件。因此,可從這些研究結果推論,企業若著重在經營績效之提升,則外在環境並不影響企業採行市場導向的傾向,畢竟市場導向需求組織投入相當多的時間與資源,並建立相關制度才能有所成,企業實難以依照外在環境的變化,操縱公司市場導向的高低,而持續獲得優異的績效(Slater and Narver, 1994)。

市場導向的便利商店

小事典

有 7-ELEVEN 真好,這是統一超商的廣告訴求。統一超商在全台灣已經有 5 千多家店,除了滿足消費者購買吃喝等日用品的需求之外,還提供了熟食如御飯糰、便當以及咖啡。另外還有提供消費者各式各樣的服務需求,如:繳交水電、停車費、信用卡費、學費等,或是進行宅配、網路購物取貨等。甚至消費者想要買各式各樣的票券,也都可以在超商內買到。它還提供衣物送洗的服務,因此只要是消費者日常生活所需,便利商店都可以提供服務。

這麼多的顧客需求,統一超商是如何掌握的?要如何快速推出新的產品或服務呢?他們利用兩項武器,第一是利用銷售點資訊系統(POS),這套系統記錄了顧客購買商品的交易資料,總部將銷售點之資訊蒐集之後,進行消費行為之分析,例如:咖啡在什麼時間較熱賣?同時也可以分析消費者購買產品之間的關聯性,也就是買咖啡的消費者,會不會同時買麵包?另外也可以找出人口統計變數與商品偏好的關聯,因為在消費者結帳的時候,店員也會同時紀錄消費者的性別與大致年齡層。以上這些資訊分析之後,會傳到企業內部,如企劃部門、商品開發部門、採購部門、行銷部門等,大家會一起合作,並推出相關之產品或服務回應消費者。另一個資訊蒐集的管道就是在全台 5 千多家的門市的店員,他們第一線觀察顧客,因此顧客有任何意見與新的需求,也都可以記錄下來,將這些資訊回饋給總部。

所以統一超商可以掌握消費趨勢,快速推出相關商品與服務,下次大家如果想知道現在流行什麼商品,只要走進你家附近的 7-ELEVEN,不論是現在流行集什麼點數,或是流行什麼零食、健康食品,你都會有新發現!

1-3　顧客價值

從關係行銷理論與企業顧客關係導向的發展，企業開始重視顧客的需求，強調「顧客至上」來展現企業對顧客服務的觀念，並企圖以此做為企業吸引顧客的手段、滿足顧客需求，再從顧客滿意的過程中產生良性循環效應，以謀取永續經營的利益，此將成為未來的致勝關鍵。因此從顧客的角度分析，顧客價值成為最重要的考量點（Woodruff, 1997）。

Woodruff（1997）指出，顧客價值將是企業下一波競爭優勢的主要來源，企業應以創造並傳遞優良的顧客價值，重新定位公司策略以取得競爭優勢。而究竟要如何才能滿足顧客真正的需求，為企業創造利潤，創造其競爭優勢？唯有掌握顧客價值才是最終的方法。掌握顧客價值，廠商每一次與顧客的互動都必須思考如何滿足顧客，讓顧客價值不斷提升，如此才能與顧客建立長久的關係。

從學習的觀點，企業必須從顧客開始與公司接觸，就應該掌握顧客價值的資訊，然後以公司核心能力為基礎，發展的產品或服務，來滿足顧客特定的價值，讓顧客產生強烈的認同與忠誠度，進而為企業創造競爭優勢。因此顧客價值的探索，找出企業應努力或加強的方向，訂定出適當的經營策略，才能與顧客建立長久與良好的關係。

顧客價值是一種顧客主觀的感覺，因此不是廠商所能客觀認定的。顧客價值必然因某種產品或服務的消費所引起所謂的顧客價值，例如 Butz and Goodstein（1996）認為即在顧客使用供給者所提供的產品或服務後發現其中產品所提供的附加價值之後，顧客與生產者之間的情感聯繫。在消費過程的各個不同階段中，消費者會分別感受到不同的顧客價值。

顧客價值必然存在「收穫」和「代價」（Monroe, 1990），同時可以進一步區分為「期望價值」與「知覺價值」。Zeithaml（1988）顧客價值即顧客對產品效用的全面估價，包括接收到的知覺及從中所獲得的事物。購買者認為價值知覺表現在：從產品所得到的利益與品質、與在產品價格支付上所做的犧牲中間所做的取捨。顧客價值即：顧客在產品所支付的價格、與市場對它們的評價中所做的調適。

綜合以上定義，我們發現顧客價值是一個相當複雜的概念，它是一個顧客對產品屬性的知覺，透過產品的屬性來達到顧客的利益需求，且在特殊的使用狀況下實現其慾望

及目標。Woodruff（1997）認為顧客價值是指顧客在消費過程中，情緒上所感受到「事後滿足」與「事前期望」的差距，而這種情緒上的比較，涵蓋了所享用到的產品或服務的「原始屬性」，也就是這樣產品或服務的功能表現；這個產品或服務屬性所產生的「消費結果」，也就是使用這項產品或服務對消費者有何影響，造成何種結果；以及消費者進行消費行為後在心靈層次所滿足的「消費目標」，亦即達成消費者的哪種目的。

以星巴克咖啡（Starbucks）來看，消費者喝到咖啡，這是滿足屬性層次的價值，這些屬性可能包括咖啡是否香、咖啡是否濃、咖啡品質如何、鮮奶品質如何等。消費者如果喝了星巴克咖啡，感覺到精神放鬆，或是同時也和朋友聚會聊天，這時消費者感受到的是使用結果的價值。如果消費者是與客戶在星巴克喝咖啡時，談成了他的業績，或是滿足了他體驗真正咖啡文化的目標，這時消費者將可得到更高層次、達成目標的價值。我們可以從下圖 1-2 看出，金字塔最底層的是屬性利益價值，這層的價值感較低，接著是使用結果的價值，這層的價值因為有使用結果的產生，價值感會比較高。最後是達成消費者目標的價值，因為達成消費者的目標，所以讓消費者感受的價值感更高。由以上分析，廠商應該要思考如何提升顧客使用產品或服務的價值階層，最好能達到較高的層次。

▇ 圖 1-2　顧客價值的層次

因此當廠商在思考「顧客價值」時，不應僅僅考慮產品或服務屬性本身的顧客價值，還要進一步考慮這些屬性為顧客帶來的好壞消費結果所代表的顧客價值，以及這些消費結果背後心理深層意涵所引發的顧客價值。顧客價值階層建議顧客以手段導向來建構一個理想中的價值，模型的底層是顧客學習去以特定的屬性及屬性績效來思考產品，當顧客在使用或購買產品時，他們會形成一種理想或偏好，以更容易達到預期的結果，這便反映出使用中或佔有時的價值。在向上一層中，顧客亦需去學習如何以他們的能力去預

期某些結果，以助於達到想要的結果。在階層的最上層中，顧客以他們的目標來達到重要的結果，相對的，這些重要的結果指引顧客何時該重視屬性（attributes）及屬性績效（attribute performance）。

顧客價值階層描述顧客以相同的理想屬性、結果、及目標結構且在他們想到的同一時間來評估產品。未來，顧客的使用狀況在顧客做評估時即形成顧客的理想（desires），這時它將扮演一個關鍵性的角色。假如使用的狀況改變，產品屬性、結果、目標及目的彼此之間的連結將跟著作改變，例如，在網路服務下的顧客價值階層將不同於在家中享受服務時的顧客價值。因此 Woodruff and Gardial（1996）認為顧客價值的階層會在不同情境時會有所改變。

提供第三個家的星巴克

小事典

統一星巴克股份有限公司於 1998 年 1 月 1 日正式成立，是由美國 Starbucks Coffee International 公司與台灣統一集團旗下統一企業、統一超商三家公司合資成立，共同在台灣開設經營 Starbucks Coffee 門市。星巴克咖啡提供高品質的咖啡，透過手工現做，非機器調製，加上服務人員親切地問候與服務的客製化，以及裝潢典雅的環境、配上好聽的音樂，整體營造出了咖啡文化的氣氛，因此讓人感

覺要喝到道地的咖啡，就要來星巴克。星巴克最著名的就是第三個家（third place）的概念，消費者平時可能會在家裡、公司間來回，而星巴克提供了第三個家，讓消費者可以坐下來，好好品味道地的咖啡，不但可以喝到好喝的咖啡，同時也看到有質感的裝潢，聞到咖啡的香味，聽到好聽的音樂，以及與親切的服務人員互動。也因為提供了這些體驗，星巴克一杯咖啡要賣一百多元，消費者照樣願意消費。如果從顧客價值的階層來看，星巴克提供給顧客的價值超越了咖啡的屬性利益階層，不只讓顧客喝到品質好的咖啡，同時還提供使用結果階層，好的體驗環境，讓顧客在第三個家喝咖啡、放鬆心情，這時消費者感受的價值階層就升高了，因而消費者愈願意付出較高的成本來消費。

本章摘要

1. 行銷定義為：行銷是一種社會化與管理化的過程。透過交換，使買賣雙方均達成其目標或需求。

2. 行銷管理定義：行銷管理就是促使買賣雙方的交換更為順利，主要計畫並執行理念、產品及服務的構想、定價、配銷（傳遞）及推廣（促銷）的過程，來創造交換活動，以滿足個人或組織的目標。

3. 生產導向：廠商藉著自動化生產設備與分工效率，經過經驗曲線的成本下降，廠商相信消費者只會對低價格和便利的產品感興趣，忽略消費者根本的需求。

4. 產品導向：廠商生產較為優良的產品來吸引消費者，而不再以降低售價和大量的生產為唯一的訴求，但是消費者不一定需求這麼優良的產品。

5. 銷售導向：銷售導向是以廠商的角度思考，廠商認為對顧客大力地推銷，消費者將會受到行銷或促銷刺激而購買，但是消費者往往買到不是自己真正所需的產品。

6. 行銷導向：行銷導向之下，廠商首先必須先了解消費者的需求，再來設計自己的產品以符合大眾的需求，不會讓消費者買到非自己所需的商品。

7. 社會行銷：廠商在滿足消費者需求的同時，也要對其他相關的利害關係人或團體做出符合其社會責任的考量，這就是社會行銷導向。

8. 關係行銷：行銷者與消費者直接對話，提供消費者個性化的服務或商品，進而與消費者建立長久的關係。

9. 市場導向：組織全體產生有關顧客現有與未來需求之市場情報，跨部門傳播此情報，並以組織全體之力來反應顧客需求。

10. 顧客價值可以分成三個層次，分別為屬性利益層、使用結果層、消費目標層。

一、名詞解釋

1. 行銷

2. 行銷管理

3. 市場導向

4. 顧客價值

5. 社會行銷

二、選擇題

( ) 1. 下列哪項是行銷導向與銷售導向之差異？ (A) 行銷導向由顧客需求為出發點 (B) 銷售導向重視促銷 (C) 行銷導向是拉式行銷 (D) 以上皆是。

( ) 2. 下列哪項為行銷的定義？ (A) 不必管消費者需求 (B) 是一種銷售的過程 (C) 本質是交換 (D) 以上皆非。

( ) 3. 社會導向的特性是？ (A) 除了交易雙方之外還要注意社會責任 (B) 重視品牌 (C) 重視促銷 (D) 以上皆非。

( ) 4. 市場導向的定義為？ (A) 注意產品開發 (B) 注意生產效率 (C) 蒐集顧客需求資訊並傳播到全組織後回應 (D) 以上皆是。

( ) 5. 影響市場導向的組織內部因素有哪些？ (A) 高階主管的態度 (B) 公司的設備 (C) 經濟環境 (D) 以上皆是。

( ) 6. 行銷管理理論的核心？ (A) 目標市場 (B) 顧客需求 (C) 獲利能力 (D) 以上皆是。

( ) 7. 消費者感覺到產品功能很好用，是顧客價值的哪個階層？ (A) 屬性層 (B) 使用結果層 (C) 目標層 (D) 以上皆非。

( ) 8. 消費者使用產品過後，感覺很高興，是顧客價值的哪個階層？ (A) 屬性層 (B) 使用結果層 (C) 目標層 (D) 以上皆非。

(   ) 9. 顧客價值的階層有哪些？   (A) 屬性層   (B) 使用結果層   (C) 目標層   (D) 以上皆是。

(   ) 10. 行銷者與消費者直接對話，提供消費者個性化的服務或商品，進而與消費者建立長久的關係，稱為？   (A) 關係行銷   (B) 價值行銷   (C) 社會行銷   (D) 內部行銷。

三、問題討論

1. 行銷觀念與銷售觀念的差異為何？

2. 說明行銷觀念的演進？

3. 行銷管理理論的四大核心為何？

4. 企業採行市場導向成功的關鍵為何？

5. 說明顧客價值的三個階層？

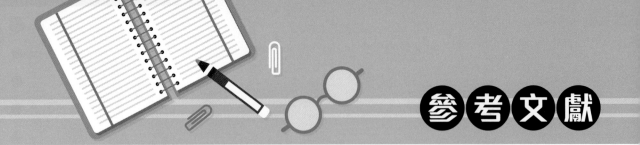

參考文獻

- 林勤豐（2002），國內行銷研究之發展與評估－以行銷思想學派為分類基礎，商管科技季刊，第三卷，第二期，p.135～160

- 耿慶瑞（1999），WWW 互動廣告效果之研究，國立政治大學企業管理系博士論文。

- 蔡明達（2000），市場資訊處理程序與組織記憶對行銷創新影響之研究，國立政治大學企業管理系博士論文。

- Bagozzi, Richard P. (1974), "Marketing as an Oringized Behavioral System of Exchange", Journal of Marketing, 38 (October), pp.77-81.

- Binter, J. M. (1990), "Evaluating Service Encounters: the Effects of Physical Surroundings and Employee Responses", Journal of Marketing, 54 (April), pp.69-82.

- Blattberg, Robert C. and John Deighton (1991), "Interactive Marketing: Exploiting the Age of Addressability", Sloan Management Review, 33 (Fall), pp.5-14.

- Butz, Howard E., Jr. and Leonard D. Goodstein(1996), "Measuring Customer Value: Gaining the Strategic Advantage", Organizational Dynamics 24 (Winter): pp.63-77.

- Csikszentmihali, Mihaly (1975), Beyond Boredom and Anxiety, San Franciso, CA: Jossey-Bass.

- Gronroos, Christian (1990), Service Management and Marketing, Lexington, Massachusetts: Lexington Books.

- Hoffman, Donna L. and Thomas P. Novak (1996), "Marketing in Hypermedia Computer-Mediated Environments: Conceptual Foundations", Journal of Marketing, 60 (July), 50-69.

- Horng, Shun-Ching and Arthur Cheng-Hsui Chen (1998), "Market Orientation of Small and Medium-Sized Firms in Taiwan," Journal of Small Business Management, July, pp.79-85.

- Jaworski, Bernard J. and Ajay K. Kohli (1993), "Market Orientation: Antecedents and Consequences", Journal of Marketing, Vol. 57 (July), pp.53-70.

- Klein, Lisa(1999), Creating Virtual Experience in the New Media, Doctoral Dissertation, Harvard University.

- Kohli, Ajay K. and Bernard J. Jaworski (1990), "Market Orientation: The Construct, Research Propositions, and Managerial Implications", Journal of Marketing, Vol. 54 (April), pp.1-18.

- Kotler, Philip and Keller, Kevin (2011). Marketing Management, Analysis, Planning, Implementation, and Control. 14th Edition, Prentice-Hall Inc., NJ. USA., pp.262-263, pp.393-394.

- Kotler, Philip, Gregor, William & William Rogers (1977), The Marketing Audit Comes of Age. Sloan Management Review, 18, pp.25-43.

- Monroe, Kent B.(1990),.Pricing: Making Profitable Decisions. New York: McGraw-Hill.

- Parasuraman, A.(1997), "Reflections on Gaining Competitive Advantage Through Customer Value", Journal of Academy of Marketing Science, Volume 25 No.2, pp.154-161

- Pelham, Alfred M. and David T. Wilson (1996), "A Longitudinal Study of the Impact of Market Structure, Firm Structure, Strategy, and Market Orientation Culture on Dimensions of Small-Firm Performance", Journal of the Academy of Marketing Science, Vol. 24 (1), pp.27-43.

- Peppers, Don and Martha Rogers (1993), The One to One Future: Building Relationships One Customer as a time, New York, NY: oubleday/Currency.

- Kotler, Philip (1972), A Generic Concept of Marketing. Journal of Marketing, 36, 46-54.

- Rafaeli, Sheizaf (1988), "Interactivity: From New Media to Communication", in R. Hawkins, J. M. Wiermann, and S. Pingree (Eds.), Advancing Communication Science: Merging Mass and InterpersonalBervely Hills, CA: Sage, pp.110-134.

- Ruekert, Robert W. (1992), "Developing a Market Orientation: An Organizational Strategy Perspectives", International Journal of Research in Marketing, Vol. 9, 225-245.

- Shapiro, Benson P. (1988), "What the Hell is 'Market Oriented'?", Harvard Business Review, Vol. 66 (6), pp.119-125.

- Sheth, Jagdish N., Gardner, David M., & Dennis E. Garrett (1988), Marketing Theory: Evolution and Evaluation. New York: John Wiley & Sons.

- Slater, Stanley F. and John C. Narver (1994), "Market Orientation, Customer Value, and Superior Perfornance", Business Horizons 37(March-April): pp.22-28

- Woodruff, Robert B (1997), "Customer Value:The Next Source of Competitive Advantage", Journal of the Academy of Marketing Science 25 (2): pp.139-153.

- Woodruff, Robert B. and Sarah F Gradial. (1996), Know your Customer: New Approaches to Understanding Customer Value and Satisfaction, BlackWell Business.

- Zeithaml, Valarie A (1988), "Consumer Perceptions of Price, Quality, and Value: A Means-End Model and Synthesis of Evidence", Journal of Marketing 52 (July): pp.2-22.

·NOTE·

Chapter 2

行銷環境

自由貿易協議與保護主義對行銷環境的影響

戳破反服貿人士 5 大謊言 關於個別產業的疑慮（經濟部）
https://www.youtube.com/watch?v=g17Em5njStk

前言

美國總統川普雖然行事風格獨特引人爭議，仍然以訴求「美國優先」政策贏得總統大選，選後也不遺餘力地保護美國利益，在當選一年多後的 2018 年 3 月，為促進美國中西部的工業，宣布將對進口鋼材及鋁分別課徵 25% 及 10% 的高關稅，川普宣稱這將讓製造業重回美國。但消息宣布後，大量使用鋼材的美國

圖片來源：美聯社

製造商，如通用及福特汽車等股價一落千丈，道瓊工業指數也繼續下挫。

各界普遍認為，川普此做法看似針對中國的鋼鐵產能過剩問題，實則懲罰中國長期廣泛竊用美國知識產權，後續一些保護政策的目的，也都在遏止中國取得製造業與科技業全球領先地位的企圖。美國鋼材大約三分之一靠進口，來源國除了中國、南韓還有加拿大、歐盟等，而鋁的影響比較大，約九成要靠進口，不過總體而言，短期美國國內物價並不會有太大的衝擊，而長期或許可以刺激國內鋼鋁產業增產，帶來就業機會。

然而目前更嚴重的問題，反而是對全球貿易體系的影響，中國宣稱美國不斷地援引國家安全為由，實施貿易限制的作為，將持續弱化世界貿易組織 (WTO) 在貿易仲裁上的地位，破壞現有的貿易秩序。美國主要盟友如日本及加拿大，還有歐盟也認為這將對擴大西洋關係和全球市場產生負面影響，還有其他相關的貿易團體都發聲譴責此事，唯恐此舉引發全球貿易戰，各國保護主義都將興起。

為何鼓吹自由貿易

　　我們用一個例子簡單說明「自由貿易」的立場，如果世界只有你家和我家（兩國貿易模型），各自自給自足，我和你都要養雞、種菜，但是我可能相對擅長種菜，你可能擅長養雞，所以如果我們各自把所有時間、精力放在擅長的項目，則總產量都可能增加（比較利益理論），然後再來交換彼此需求的量，因此自由貿易後，「效率／產值提高」世界多美好。

為何鼓吹保護主義

　　有沒有人想過雞和菜哪個值錢、哪個相對重要、哪個需求高階技術或較多就業人口？這會決定這家人最後變成大戶人家，或小康之家，或被收購之家。保護主義的精神在於，用關稅、配額等貿易政策，或規格制定、投資限制等產業政策，提高進口財價格或進口門檻，以增加相對弱勢的國產品競爭力，進而能帶動相關產業發展和就業機會。

　　相對於「自由貿易」強調效率，「保護主義」強調分配正義以及長期發展或轉型，但是後者，在大家都自我保護的氛圍下，又會回到鎖國不利於全球經濟發展，而且對於貿易依存度（進出口佔 GNP 比例）高的國家不利。

台灣市場面對的現實

　　1990 年代以前，台灣的高經濟成長，靠的是對外貿易，是製造業為主、商品跨國移動的模式。後來台幣升值、外幣貶值，對低毛利的玩具、成衣（勞動密集財）外銷廠商不利，因此形成產業外移，大量勞工失業（聽過聯福製衣、福昌等「關廠工人」嗎？），還好 IC 產業和服務業填補了產值，Know-how 是競爭優勢來源，不可否認，台灣還是貿易依存度高的。

圖片來源：中時電子報

台灣無法置外於區域經濟整合之外，若以全球布局的觀點，更應多與貿易國簽訂自由貿易協議 (FTA)，去除關稅與非關稅障礙。在中國的掣肘下，台灣錯過加入東南亞國協 (ASEAN) 的機會，2013 年 6 月 21 日基於「兩岸經濟合作架構協議（ECFA）」，簽訂兩岸服務貿易協議 (簡稱「服貿協議」)，接下來尚有爭端解決協議、貨品貿易協議要討論。然而由於台灣許多產業與民眾擔憂協議內容向中國利益傾斜，而產生對服貿協議內容的諸多抗爭，也就是太陽花學運。

　　若從台灣作為一個「品牌」的角度，來看服貿這個事件的影響。這個品牌與誰有關呢？主要包含三大部分：台灣人民（股東＋員工的角色）、中國大陸（如影隨形的共同品牌 co-brand）、國際觀感（我們不同於其他競爭者的特殊定位，使得此項目的影響指數爆高）。

　　首先，服貿對於台灣人民的內部行銷／溝通，事前的形式告知看似周延，卻沒有做好內容上的討論和影響評估，否則為何不受學者支持。台灣人民又分政治人物、相關產業／企業、勞動市場，在利益上各有不同考量，中小企業或個別就業者，不見得是因為怕競爭才抗爭，而是怕在不公平的遊戲規則下競爭，所以為了這個品牌好，主政者該做好溝通。

　　其次，中國大陸在國際政治和區域經濟發展中，有其對台灣定位的政治堅持，每多掣肘，台灣要和許多國家簽 FTA，得看大陸的臉色，這是國際政治現實，也是台灣這個品牌只能成為共同品牌的現實。

　　再論國際觀感，有人說：服貿不能過關會喪失國際誠信。有人回：與其失信於人民不如失信於外侮，孰輕孰重？人民為重，我們是民主國家！不過，誠信不是一朝一夕建立的，從今爾後台灣談判代表的授權程度會受到高度質疑，這是事前溝通不良造成的翻盤，卻要用台灣這個品牌的國際惡感來付出代價……。

　　事件至今落幕數年，而服貿協議仍被擱置，後續也未進行任何實質討論，台灣市場未因此崩盤，也未因此翻盤，然而產業成長、薪資成長皆呈現停滯……。在考量這些總體與個體環境因素的影響後，商家才能開始行銷啊！

💡 問題討論

1. 請上網查閱川普採取懲罰性貿易措施之後，對加拿大、中國、南韓的鋼材產業有何影響？對美國本土的鋼材產業有多少正面效益？真的有引發全球貿易戰嗎？對全球汽車產業的產銷又有何影響？

2. 列表比較一個國家採取自由貿易政策或保護主義政策的優點、缺點。並討論應該在什麼前提下才採取保護主義？或者應該在什麼前提下才開放市場、採取自由貿易？

3. 「商品」的跨國移動（交換雞和菜）和「Know-how」的跨國移動（交換養雞和種菜的技術）要考慮的因素有何不同？

4. 在服貿談判過程中，雙方的資源、權力對稱嗎？我們可能要求公平分配嗎？

5. 請上網閱讀海峽兩岸服務貿易協議本文與服務貿易特定承諾表，在承諾表中選一個你有興趣的產業（也就是表中的部門或次部門，例如：旅行社、美髮美容業、線上遊戲業等），比較台灣方面的開放承諾與大陸方面的開放承諾是否有程度上的差異，有和沒有代表的意義是什麼？

🌏 章前導讀

　　大家應該都有去餐廳打卡換優惠的經驗、或者有聽過，其實在國外並不常見，想想看是多久以前才開始有這種行為，需求什麼樣的環境因素配合呢？首先要有網路、而且密度高、速度快（屬於科技環境因素），加上消費者使用智慧型手機的普及性（屬於消費者市場環境因素），還要有業者提供優惠的上網資費方案、方便好用的 APP 軟體（屬於產業與競爭環境因素），讓消費者打卡的成本降低、意願增加，行銷者的促銷溝通才能有效進行。然而，2015 年 5 月有新聞報導指出，打卡、按讚的簡單心得，可能被認為是網路薦證式廣告，須受公平交易法規範，因有討論空間需舉辦公聽會，才知道打卡換優惠算不算有對價關係，需配合廣告送審規定（屬於法律環境因素）。

　　近年來因為網路科技、行動商務的快速發展，加上政治經濟、社會文化的變遷，導致各種產業的遊戲規則更迭，國際競爭加劇，行銷者須加速採取因應政策才能達成策略目標。如果把「達成策略目標」想成蒔花弄草，那麼應先了解要在什麼土壤中種植、要面對什麼病蟲害、可以用哪類肥料等問題，就像行銷者要擬定策略前，必須了解是要吸引哪類客戶或消費者，將面對什麼樣的競爭者，上下游供應鏈是阻力或助力等，這些都是影響決策的「個體環境因素」。此外在地市場的政治法規、經濟貿易、社會文化、科技發展等「總體環境因素」，就像種植花草的溫室，必須先了解溫度、溼度，當要移植花木到不同溫室（進行國際行銷）時，這些總體環境因素就更加重要了。

　　本章節首先說明行銷環境的重要性，並討論近年行銷環境變遷的一些重要趨勢。進而藉由行銷環境與策略之互動，說明個體環境分析與總體環境分析的重點。最後以實例示範如何進行整體環境評估，幫助讀者撰寫評估分析報告。

2-1 行銷環境的重要性

一、何謂行銷環境

「行銷部門或功能之外的、對市場或行銷活動有影響的因素集合」是簡明扼要的定義。泛指一切影響企業與顧客建立和維持良好關係的因素，也就是制約企業行銷決策、執行的內部因素和外部環境的總和。內部因素包含跨部門協調、整體資源配置、決策權模式等，而外部環境是指企業在其中開展行銷活動，並受之影響的外在諸多因素，如供應商、顧客、文化與法律環境等，外部環境將是本章節討論重點。

企業的外部環境因素相較於內部因素，屬於較不可控制或無法充分掌握相關訊息的範圍，將使企業面臨相對較大的決策風險，因此需求盡可能收集資料加以分析。

外部環境又可分為總體環境（Macro environment）與個體環境（Micro environment），如圖 2-1。前者對多數同業來說面對的是類似的環境，包含社會文化（social-cultural）、經貿人口（economic and demographic）、政治法律（political-legal）、科技自然（technological and natural）等影響因素，統稱「PEST 分析」，雖然無法控制，但是藉由資料收集與分析以便做好應變準備。

而個體環境會因不同企業而有不同分析重點，若不討論企業內部因素[1]，則可以供給面與需求面來分析，供給指的是產業（industry）環境，會影響企業產業競爭力的包括上下游供銷商、行銷支援機構的配合程度；另外需求面指的是市場（market）環境，主要是要衡量市場規模，包括顧客人數、購買力、競爭者與替代品，以及評估影響顧客購買的其他因素，例如社會大眾的看法、口碑傳播等。個體環境分析最常被採用的分析觀點，就是 M. Porter 提出的「五力分析（Porter's 5 Forces）」，將於後續章節詳細說明。

---

1 維基百科將行銷環境的區分為：Micro（internal） environment（微觀環境／企業內部環境）、Meso environment（中間環境／產業市場環境）、Macro（national） environment（宏觀環境），較少被採用 http://en.wikipedia.org/wiki/Market_environment。

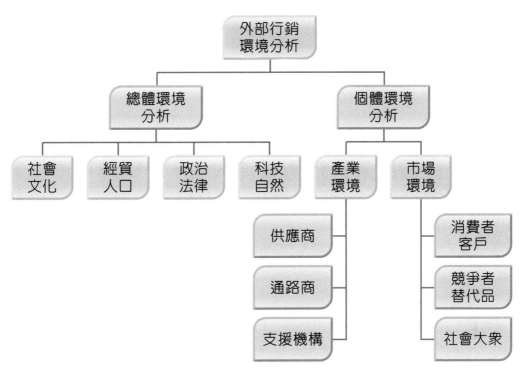

圖 2-1　外部行銷環境分析內容（資料來源：陳銘慧）

二、為什麼行銷環境是重要的

根據美國行銷協會（American Marketing Association）在 2007 年，對行銷定義的最新修正：「行銷是為了消費者、客戶、關係夥伴、社會大眾，創造、溝通、傳遞、交換有價值的提供物（offerings）之活動、過程和組織體系」。

Gundlach and Wilkie（2009）提到修正主要原因是，之前把行銷定義為「一種組織功能和一套流程」過於窄化，忽略了組織外部有影響力的機構、角色、流程，以及行銷應該是系統性運作的加總效果。

從新修正的定義來看，過去焦點放在目標客群以及顧客關係管理，修正後關係人擴及「關係夥伴、社會大眾」，並且強調行銷是組織體系，是一整組機構協調運作的成果，這都代表著環境對行銷的影響不容忽視，同時有越來越重要的趨勢。

在實務上，擬定行銷策略或企劃進行思考規劃時，必然要了解當環境變動時，策略也要動態應變，因此，企業必須時時掌握內外在環境的變化。

小專欄

統一超商持續投入升級數據資料庫，用氣溫預測銷量，用數據精準行銷

溫度商機：超商推鍋物天冷業績熱
https://www.youtube.com/watch?v=A5cB2ZaElr8

　　根據統一超商 2018 年 3 月官網資料，每天有六百萬人在 7-ELEVEN 消費，每刷一次條碼就代表一筆銷售資料儲存進 POS 服務情報系統龐大的資料庫。從每一家門市訂單的處理、數千種商品的管理到每日門市銷售資料的蒐集和分析，整個 7-ELEVEN 都是圍繞著具有強大情報分析能力的 POS 服務情報系統運作。

　　為了精準掌握消費需求，統一超商在 2003 年導入二代 POS (point of sales) 服務情報系統，根據 2004 年商業周刊第 850 期的報導，統一超商砸四十億、費時三年，推出二代 POS 服務情報系統，將氣象資訊導入，同時建立可以分析顧客購買行為的強大資訊系統。日本 7-ELEVEN 也曾在 1997 年花六百億日圓（約台幣一百八十億）、耗時兩年，打造 NASA 等級的資料庫，在在顯示環境中許多資料，在經過分析後都可以變成決策資訊，找出相關性就等於建立了企業內部的知識系統。

　　根據 2004 年統一超商的統計，氣溫在 20 到 25℃ 之間，每增加 1℃，當日涼麵的銷售就成長 10%；氣溫在 25℃ 以上，每增加 1℃，當日涼麵的銷售就成長 15%。統一超商商品經理周力行在 2009 年指出：「氣溫達到 28℃ 後，只要每升高 1℃，每家店的涼麵就會多賣 2 盒。」；若以五千家門市來計算，當氣溫達到 29℃ 時，統一超商一天就要比平常多準備 1 萬盒涼麵，對產銷的影響極大。

　　不只溫度上升可以預測特定商品銷量，當溫度下降也有預測效果。據中時電子報在 2013 年 11 月 29 日的報導引述調查結果顯示，冬季氣溫 20℃ 以上，每降 1℃，熱熟食、熱飲（咖啡、茶）的業績甚至可能倍數成長；若每降 2℃，火鍋料銷售就會多 1 倍。若

是一口氣降 10℃，手套、圍巾的銷售立即成長 4 倍，暖暖包成長 2.5 倍，老薑茶銷量也大增 1 倍，顯示溫度驟降會即刻影響消費行為，進而也牽動超商對產品的生產規劃與促銷活動企劃。統一超商在當年度首波寒流來襲時，就搶先推出兩樣加起來百元有找的火鍋青菜組合，份量適合 1 至 2 人食用，內部預期將可帶動整體生鮮蔬菜業績數倍成長。

因應未來環境變化，統一超商在 2013 年全面升級導入三代 POS，不斷升級架構出7-ELEVEN 強大的情報競爭力，每小時為單位的即時進銷存情報、每日四次的天氣情報、以多媒體方式展示並即時傳送集中化的商品情報。透過這套功能強大的資訊高速公路，7-ELEVEN 總部可快速反應消費者需求，改善商品的結構與開發，強化採購能力與銷售預估，

圖片來源：7-ELEVEN 官網

準確擬定各種行銷方案。門市店長則能直接掌握當地商圈的消費特性，進行精準的訂貨，減少庫存和報廢商品，有效提昇經營水準，提高銷售業績。

在 2018 年初推出「未來形象店」，主軸一在擴大店格、優化動線，大店標準將由三十坪提升至四十坪以上，保留 25% 空間給獨立座位區，更把裝潢改為粉嫩色系，以期拉長留客時間。主軸二是節省資源，例如：把冷藏櫃的高度降低十公分、縮短店員的補貨時間，或將 LED 螢幕、電燈、店招牌等設備連線，一有異常，系統就會自動通報；靠著調節燈光明暗，一年可節省 25% 用電量⋯⋯。

以台灣現今的支付發展來看，無人商店仍處於「本大利小」的引介期，即使在國外市場也難立刻有高投報率，在台灣已具有經濟規模的統一超商，現階段選擇追求成本控制，從細部改善體驗感，例如：在店內增設血壓計、不定期舉辦年菜試吃、小小店長、好鄰居同樂會等商圈活動。統一超商公共事務部部經理林立莉強調，未來體驗將以「社區服務中心」為主軸，優化設備正是為了縮減工作流程，讓店員有更多時間與消費者互動，務求穩住市佔率。但若人工智慧跟電商仍是大勢所趨，統一超商也不會置外於這一波服務創新的變革浪潮。

2-2 行銷環境趨勢

了解行銷環境的意義和重要性後，當然應該進一步了解近年來的發展趨勢，例如了解溫室效應有多嚴重、全球人口是爆增還是在少子化趨勢下將會成長趨緩？種種環境因素都會影響我們對市場需求的評估。觀察近年來重要的行銷環境趨勢包括（如：圖2-2）：

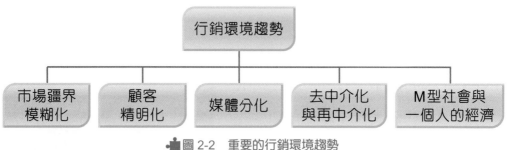

▫ 圖 2-2 重要的行銷環境趨勢

1. 網路、資訊溝通科技的進步，導致市場疆界模糊化，正如「世界是平的」作者 Thomas L. Friedman 所提出的觀點，工作機會和商機都可以很容易地跨國取得，競爭的立足點變平等也更激烈。此屬於總體環境中的科技環境變化，會影響到行銷組合策略。

2. 顧客精明化，全球性顧客越來越挑剔，想要取悅目標客群，找到區隔間差異大、區隔內差異小的市場區隔，將越來越困難。此屬於個體環境中的市場環境變化，會影響到區隔定位策略。

3. 媒體分化，媒體數量變多且多樣化，收訊者也因為訊息來源多而自主性提高，使得單一媒體的顧客觸及率和影響力大不如前，將不可避免使行銷成本增加。此屬於個體環境中的產業環境變化，會影響到推廣溝通策略。

4. 去中介化與再中介化，因為網路平台降低了交易成本與時間，虛擬通路取代了部份實體通路，通路結構追求零中間商化；但是近來年為了交易效率，又出現了新型態的中間商，例如：團購業者、代購業者。此屬於個體環境中的產業環境變化，會影響到通路策略。區塊鏈的技術也是植基於「去中介化」的概念，應用於資訊與金融領域，影響力值得關注。表 2-1 內容「分析重點」+「總體環境」那一欄與「分析重點」+「個體環境」那一欄對多數同業來說面對的是類似的環境，分析重點相同；但不同產業重視的構面可能不同，即使是同業也會因不同企業而有不同分析重點。

5. M 型社會與一個人的經濟，是趨勢觀察家大前研一對於社會型態演進的前瞻性看法，提醒行銷者，社會文化、家庭人口結構等總體經境因素，會影響我們所處的個體環境，尤其是消費者消費行為，會影響到區隔定位策略。

藉由現象觀察、資料收集、不預設立場的分析，掌握行銷環境的重要趨勢，進而才能規劃出決策風險最低、可行性最高的行銷策略。綜觀以上各項行銷環境趨勢，不難理解何以網路行銷、社群行銷日益重要，何以要強調允諾式行銷、一對一行銷，何以超商的包裝越來越小、服務越來越個人化，原來都是有跡可循的。

2-3 行銷環境與策略之互動

Kotler and Armstrong（2006）以圖 2-3 說明行銷環境與行銷策略之互動，圖中第二和第三圈圓形的部份代表企業內部策略與運作，行銷策略必須針對「目標客群（customers）」與外在環境考慮，然後藉由組織動態運作，從規劃到執行到監控檢討，最後回饋到行銷資訊系統中，作為下次規劃的參考，為了每次的行銷策略規劃，當然必須收集企業內部的執行經驗、外部顧客反應，以及外部環境中所有影響因素。

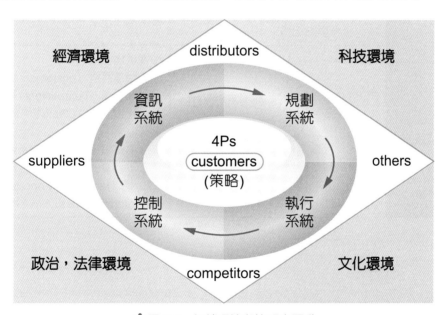

◾圖 2-3　行銷環境與策略之互動

資料來源：Kotler and Armstrong（2006）

上圖所謂外部環境中所有影響因素，包括菱形中的個體環境因素，以及方形中的總體環境因素。對照圖 2-1，總體環境因素同樣是指 PEST －政治法律、經濟、社會文化、科技等，放在最外層表示其對行銷策略的影響是屬於比較長期且深遠的，若無其他特別變數，可採取定期監測來掌握大趨勢的變動。

　　而最接近企業內部策略與運作的，就是個體環境因素，包括市場環境因素－目標客群（customers）、競爭者（competitors）、社會大眾（others），以及產業環境因素－上游供應商（suppliers）、下游通路商與行銷相關支援機構（distributors and marketing intermediaries），這些因素對行銷策略的影響是屬於比較立即且切身的，必須採取不定期隨時的監測，才能夠適時因應。

　　以下列表比較總體環境與個體環境的差異，並會在之後的章節說明各項影響因素的內容。

表 2-1　總體環境與個體環境的差異

	總體環境	個體環境
對行銷策略的影響	是屬於比較長期且深遠的；在國際行銷時更須重視	是屬於比較立即且切身的
監控模式	若無其他特別變數，可採取定期監測	不定期隨時的監測
分析重點	對多數同業來說面對的是類似的環境，分析重點相同	會因不同企業而有不同分析重點
主要內容	PEST－ P：政治法律 E：經濟人口 S：社會文化 T：科技自然	市場環境因素－ 　目標客群（customers） 　競爭者（competitors） 　社會大眾（others） 產業環境因素－ 　上游供應商（suppliers） 　下游通路商與行銷相關支援機構（distributors and marketing intermediaries）

資料來源：陳銘慧

2-4　個體環境分析

　　個體環境分析在擬定行銷策略或行銷企劃時非常重要，如果把「達成策略目標」想成蒔花弄草，那麼應先了解要在什麼土壤中種植什麼花草？可以用哪類肥料？將會面對什麼病蟲害？有沒有有效的殺蟲劑？就像行銷者要擬定策略前，必須了解要吸引哪類客戶或消費者，相關的行銷支援機構是否足以有效配合，將面對什麼樣的競爭者，上下游供應鏈是阻力或助力等，這些都是影響決策的「個體環境因素」。

　　本節將分供給面與需求面來分析，供給指的是產業（industry）環境，會影響企業產業競爭力的包括上下游供銷商、行銷支援機構的配合程度；另外需求面指的是市場（market）環境，主要是要衡量市場規模，包括顧客人數、購買力、競爭者與替代品，以及評估影響顧客購買的其他因素，例如社會大眾的看法、口碑傳播等。最後說明個體環境分析最常被採用的分析工具─ Michael E. Porter 提出的「五力分析（Porter's 5 Forces）」。

一、產業環境分析

　　產業環境分析代表從供給面來分析影響行銷策略與運作的因素，主要包含了上游供應商、下游通路商、其他行銷支援機構。

1. 上游供應商

　　上游供應商會影響我們產品或原料的質量和成本，近年產業結構強調「供應鏈整合」，就是希望藉由上下游整合，降低交易成本，共同創造整體供應鏈的最大利益與競爭優勢。在實務上，需求了解可以選擇的供應商有哪幾家？報價與付款條件如何？以及產品品質、數量穩定性與周邊服務配合度如何？周邊服務配合度包含物流效率、售後服務品質、危機處理能力等。

2. 下游通路商

　　下游通路商會影響顧客對我們產品或服務的知覺價值、購買意願與購後滿意度，所以是影響實際市佔率與銷售潛力的因素。在實務上，對所有可能的通路商都要加以評估，包括批發商、零售商、代理商，因為這代表所有與顧客接觸的機會，一般而言，通路商對產品的推廣溝通能力越好、市場涵蓋面越廣、集客力越強，則其要求的通路費用越高。此外也可以藉由上下游整合，降低通路成本，不過整合意願需視彼此對價值交換與價值分配有無共識。

3. 其他行銷支援機構

(1) 外部專業物流公司：當第三方物流越來越專業化，物流外包可能提升效率或降低成本，應評估此項環境因素對行銷模式與成本可能的影響。

(2) 行銷客服、展銷人力：若要提升行銷人力的效率，可以考慮把工作內容標準化的客服人員外包，也可以把短期人力例如商場促銷、展場推廣外包，則需求評估承接服務的客服中心或展銷公關公司之人力素質與訓練品質。

(3) 廣告代理商與媒體：不同型態與企劃能力的廣告代理商，將影響我們與顧客溝通的成效，媒體分化現象也會降低整體溝通效果。是否能選擇可用的廣告代理商與媒體進行有效溝通，更是市場是否區隔的重要指標。

(4) 財務、法務等諮詢服務：若要持續提升我們在產業中的競爭優勢，必然需求專業諮詢服務，尤其對於資金、法律、經營模式等等，是否有相關行銷專業顧問公司可以提供服務也需求加以評估。

二、市場環境分析

市場環境分析也就是需求評估與預測，代表從需求面來分析影響行銷策略與運作的因素，主要包含了市場規模（顧客人數、購買力），競爭強度（競爭者與替代品），以及影響顧客購買的其他因素（例如社會大眾）。

1. 市場規模－顧客人數、購買力

首先要了解「顧客」指的是對我們所提供的產品服務有購買意願、有購買力且有購買資格[2]的個人或企業機構，評估他們有多少、有何特徵、在哪裡、會在何時何地買，有助於預測整體需求，以及我們可以爭取的銷售額。對於目標客群購買力、價格敏感度以及議價能力的評估，例如所得、相對在意價格或品質、購買量、轉換成本等資訊，有助於我們擬定行銷組合策略。

例如有些促銷活動僅限學生，有些標案僅限資本額千萬以上者投標，則不符合資格者，就算有意願也有能力，也無法成為有效交易方。

企業的產品或服務在整體市場規模中可以取得多少佔有率，須考量的因素除了上述的顧客人數、購買力之外，客戶覺察企業的提供物相對於其他競爭者的替代性高低，將決定我們市佔率的穩定性與未來成長性，也就是以下將要討論的競爭強度、社會大眾，都可能影響對未來銷售的預測。

2. 競爭強度－競爭者與替代品

競爭強度要考慮同業間的競爭、潛在競爭者的進入障礙以及替代品多寡，因為現存的、潛在的競爭者與替代品，都在競爭同一群目標客群，當彼此的產品服務越相似、產業進入障礙越低、替代性越高，企業與競爭者之間的競爭越激烈，對於我們要爭取市佔率相對不利，但也有可能造就產業轉型或技術進步。

---

2 例如有些促銷活動僅限學生，有些標案僅限資本額千萬以上者投標，則不符合資格者，就算有意願也有能力，也無法成為有效交易方。

在分析時如何分辨競爭者與替代品？通常使用類似的技術與原物料，採用類似通路的就是競爭同業，而使用不同的技術、原物料、通路來爭取同一群顧客的就是替代品。

例如要評估速食業市場的競爭強度，現存競爭同業指的是麥當勞、肯德基、摩斯、漢堡王等，要分析他們在產品服務的差異化程度、品牌知覺價值與偏好度；潛在競爭者就要看這類速食餐廳一定要連鎖加盟才有優勢嗎？若是單店在開店的人、錢和技術門檻高嗎？如果不需連鎖加盟也沒有高門檻，表示潛在競爭者多，未來競爭狀況就會比較不利；現存的替代品就是超商的微波速食，甚至便當店都能滿足消費者

圖片來源：麥當勞官網

快速解決一餐的需求，只是替代性會有高低不同，其影響卻也不能忽視。

3. 影響顧客購買的其他因素－社會大眾

影響顧客購買意願和行為的重要因素之一，就是他人如何看待自己的購買行為，當社會氛圍強調環保，綠色產品的市場需求就會比較強勁；當食品安全在知名品牌也會出問題的高知覺風險下，強調健康有機甚至是 DIY 的產品就會熱銷。這些都是社會大眾對市場需求的影響力。

社會大眾是指，並非我們產品服務的買方，卻有能力影響目標客群買或不買的一群人，包括政府態度、媒體輿論、消基會、環保團體、公益團體、宗教團體、意見領袖，甚至是能引起社會注意的爆料者等，都會影響顧客對企業產品服務的知覺價值，進而影響購買行為，影響銷量。

三、五力分析

接著以整合觀點，也是個體環境分析最常被採用的分析觀點－ Michael E. Porter 提出的「五力分析（Porter's 5 Forces）」，來說明個體環境分析的全貌。五項影響企業在市場或產業中競爭優勢的因素，包括買方議價能力（含市場環境的顧客與產業環境的通

路商）、供應商議價能力（產業）、現存競爭者（市場）、潛在競爭者（市場）、替代品（市場），如圖 2-4。

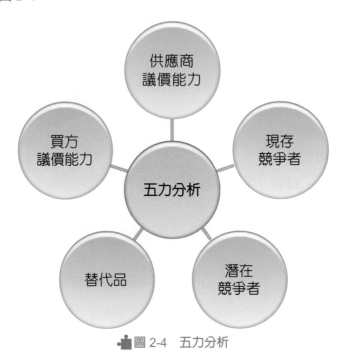

▲圖 2-4　五力分析

1. 買方議價能力（Bargaining power of customers）

　　買方包含一般消費者（最終使用者）或是企業機構（通路商如零售商、批發商）等，他們的議價能力受到買方的人數、購買數量及轉換成本影響。

　　若市場型態（Market types）是接近完全競爭，表示各家產品屬性類似，且買方人數很多，像衛生紙這類基本民生必需品，個別消費者多數買一兩串，無法影響價格，而且人數眾多，生產者也不用討好個別消費者，買方議價能力就小。近年出現團購業者這類新型態中間商，集合個別顧客購買量，就可以取得議價能力。

　　另方面，若買方是通路商，家數不多，單次購買量又大，就比較有議價能力，但是通路商如果轉換供應商將產生一些學習或調整成本，也不會隨便殺價，可能削弱其議價能力。

　　除了議價能力之外，針對買方必須收集的資訊包括：

(1) Who：什麼人會買？評估買方的購買力（所得）、其他人口統計特徵。

(2) How much：有多少這樣的人，平均會買多少？評估購買人數、單次購買量（含議價能力）。購買人數越多、單次購買量越少，買方議價能力越小。

(3) What：這些人在意品質或價格？評估買方的價格敏感度。買方越在意品質，表示價格敏感度低，議價能力越小。

(4) How：這些人的專業化程度如何？他們如何處理接收的資訊？評估買方的資訊收集能力、轉換學習成本。買方專業化程度越高，表示其資訊收集能力越高、轉換學習成本越低，議價能力越大。

(5) Where and when：這些人在哪裡、會在何時何地買？評估買方的集中程度，因為會影響賣方的推廣觸及成本與通路成本。買方的集中程度越高，議價能力越大。

(6) Others：若買方是通路商，要評估所有可能對象對產品的推廣溝通能力、市場涵蓋面、集客力，以及要求的通路費用。通路商的推廣溝通能力、市場涵蓋面、集客力越佳，議價能力越大。

2. 供應商議價能力（Bargaining power of suppliers）

若以製造商的角度來看，下游顧客就是通路商或最終消費者，代表著我們面對的買方，他們會希望買便宜一點；而上游供應商，代表著我們面對的賣方，他們會希望賣貴一點。

上游供應商會影響我們產品或原料的質量和成本，進而影響競爭優勢。需求收集的資料包括：

(1) 可以選擇的供應商有哪幾家？評估合格賣方數目。數目越多，供應商議價能力越小。

(2) 個別供應商的產品品質、數量穩定性與周邊服務配合度（物流效率、售後服務品質、危機處理能力）如何？評估賣方提供的交易效用、利益。賣方提供的交易效用、利益越高，供應商議價能力越大。

(3) 各家報價與付款條件如何？若我們轉換供應商是否有調整成本？評估我方的交易成本、代價。我方的轉換成本越低、各家報價與付款條件越具多樣性，供應商議價能力越小。

(4) 這個供應商／原料對我們有多重要？是否有必要分散採購？評估其所供應之原物料價格佔我們產品售價的比例，以及我們對原料採購的風險承擔能力。原物料價格佔比越低，或是應分散採購風險者，供應商議價能力越小。

3. 競爭強度－現存競爭者（Intensity of competitive rivalry）

　　狹義的競爭強度是指企業在產品市場中，企業與同業之間競爭的激烈程度。廣義的競爭強度則如前所述，除了考慮同業間的競爭，還要考慮潛在競爭者的進入障礙以及替代品多寡。以下只討論狹義的競爭強度，也就是考慮現存競爭同業間的競爭狀況時，需求收集的資料包括：

(1) 會彼此影響的競爭者有哪幾家？在哪裡？影響多大？評估競爭者數目、多樣性，定義競爭群組。

(2) 跟我們競爭的是什麼樣的同業（同業間的產品、服務品質差異性如何）？評估各競爭者提供的產品服務之核心利益、價值差異性，品牌附加價值高低，通路觸及效率高低，廣告溝通效果優劣。同業間核心價值差異性低、品牌附加價值低、通路及廣告能力不優，則同業間的產品、服務無法突顯差異性，將造成同業間競爭激烈，亦即競爭強度高。

(3) 市場的發展如何？評估整體市場需求的成長率、同業產能閒置狀況、產業退出障礙高低（固定資產處分難易、固定資產攤提到單位售價的比例），以及產業內資訊交換、經營模式複製的複雜程度。若市場成長率趨緩或飽和、同業產能閒置狀況多、產業退出障礙高，則競爭強度高，同業間競爭激烈。

4. 產業進入障礙－潛在競爭者的威脅（Threat of new entrants）

　　產業進入障礙低表示未來出現潛在競爭者的機率高，障礙越低人數可能越多，則對現存競爭者的威脅越高。例如 1990 年代在台灣流行的葡式蛋塔，剛開始因為新奇和病毒式行銷，又有高利潤，導致許多潛在競爭者也加入搶佔顧客，要進入這個產業不需求太多人力，也不用高深技術，只要花幾十萬買設備，專賣蛋塔的店面也不需求太大，資金門檻也不高，最後因為競爭者過多，而消費面又因主客群女性考慮肥胖與健康等因素而需求大幅衰退，產業僅短期繁榮曇花一現。

　　在考慮潛在競爭者的威脅時，需求收集的資料包括：

(1) 進入此產業需求多少人、錢、時間以及何種技術？評估進入門檻，此資源門檻越高，潛在競爭者的威脅越小。

(2) 產業是否存在明顯的規模經濟或學習效果？評估現存競爭者相對於潛在競爭者在生產面的先佔優勢，此優勢越明顯，潛在競爭者的威脅越小。

(3) 現存品牌忠誠持續效果如何？現存競爭者對通路掌控力如何？顧客的轉換成本如何？評估現存競爭者相對潛在競爭者在行銷面的先佔優勢，此優勢越明顯，潛在競爭者的威脅越小。

(4) 是否存在具有絕對成本優勢的潛在競爭者？評估潛在強勢競爭者進入市場可能性，也就是不論進入門檻多高、現存競爭者先佔優勢多大，是否還是有為了高利潤或是策略性因素，而加入市場的強勢潛在競爭者，其相對低成本或高效率的優勢，將使得市場競爭威脅變大。

5. 替代品的威脅（Threat of substitute products）

替代品與上述競爭同業都服務同一群目標客群，差別在於替代品使用與競爭同業不一樣的原物料、技術、通路，當環境變動，將對兩者有不同程度的影響。例如販賣西式早餐漢堡的麥當勞、肯德基、美而美、美芝城都是競爭同業，而與提供燒餅油條的傳統早餐店是替代關係，若起司價格上漲，對麥當勞等西式早餐店的影響大於傳統早餐店，因為前者使用此原料比例較高，在分析環境變動時就有不同意義。

在考慮替代品的威脅時，需求收集的資料包括：

(1) 對目標客群而言，替代性高嗎？這樣的產品多嗎？評估顧客轉換成本與轉換意願高低。只要顧客轉換成本低、轉換意願高，替代品的替代性越高，則替代品的威脅越大。這樣的替代品越多，競爭越激烈。

(2) 替代品與競爭同業在品質或品牌的異質性可被清楚認知嗎？相對的成本效益比有競爭優勢嗎？評估目標客群對替代品的偏好傾向。目標客群越能清楚認知替代品的品質或品牌異質性，且認為成本效益比是知覺價值高的，則替代品的威脅越大。

(3) 替代品企業採取迅速擴張及積極發展的經營策略，且具高獲利能力，則替代品對我們的威脅越大。

(4) 環境發展趨勢對替代品的影響較競爭同業有利，則替代品的威脅越大。

綜觀上述五項影響企業在市場或產業中競爭優勢的因素，若要化阻力為助力，可考慮採取兩大因應措施（參見圖 2-5），其一是垂直整合，包括與上游供應商整合（backward vertical integration），以便取得品質、價格、數量都穩定的原物料或製成品，降低供應商議價能力的負面影響；或是與下游通路商、顧客整合（forward vertical integration），以便建立與通路商、顧客的長期關係，降低買方議價能力的負面影響。整合前須評估優缺點，以及整合手段應採取股權涉入的合資、購併或是契約模式的策略聯盟。

另一因應措施是水平整合（horizontal integration），就是將市場環境中的現存競爭者、潛在競爭者、替代品加以整合，以前面提過的葡式蛋塔為例，競爭同業可以用連鎖加盟方式把敵人變成夥伴，其他甜點替代品也可以納入產品線，增加產品多樣化程度，甚至納入飲料、正餐等互補品，增加產品組合廣度。在周詳考慮個體環境中的各種影響之後，才能判斷是機會或威脅，進而採取適當的因應策略。

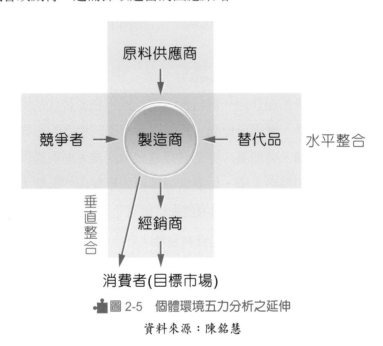

圖 2-5　個體環境五力分析之延伸

資料來源：陳銘慧

2-5　總體環境分析

　　當地市場的政治法規、經貿人口、社會文化、科技自然等「總體環境因素」，就像種植花草的溫室，必須先了解溫度、溼度，在此大框架下討論有什麼病蟲害（個體環境），與要花多少時間精力養什麼花草（內部企業環境和因應措施）才有意義。而當要移植花木到不同溫室（進行國際行銷）時，這些總體環境因素就更加重要了。本節將以 PEST 四大部分來分析總體環境對行銷策略與運作的影響。

一、政治法規（P）

　　政治法規環境分析包含政府政策穩定性，壓力團體／公益團體的影響力，行銷相關法規的周延性等。

1. 政府政策穩定性

　　一般而言政府政策穩定性應該是高的，但是在政黨政治主張岐異性高又有政黨輪替的總體環境中，企業面臨的政治風險就會較高，連帶將影響企業本身及其產品之政治敏感度，因此在評估營運風險或投資決策時，應考慮所處市場的政策穩定性。

2. 壓力團體 / 公益團體的影響力

　　此外，抵制或排外等國族主義也會影響政治氛圍，進而牽制行銷活動。例如 2012 年中國大陸因釣魚台爭議而抵制日貨，導致日本產品在大陸的銷售受到極大影響。NIKE 則因在印尼以低工資剝削勞工，在柬埔寨、巴基斯坦使用童工，引起包括荷蘭、英國等國際勞工組織關切，而且遭到學生團體抵制，興起抵制 NIKE 的「反血汗工廠（Against Sweatshops）」風潮。

3. 法規周延性

　　行銷相關法規的周延性，將影響企業在提供產品服務時，產業或市場運作的遊戲規則。相關行銷法規包括：

(1) 智慧財產權保護法

(2) 綠色行銷的立法 / 環境保護法

(3) 反托拉斯法（公平交易法）

(4) 消費者保護法

(5) 商品標示法

(6) 衛生管理條例、各類商品衛生標準

(7) 促銷活動規範 / 廣告審查制度

(8) 貪污實務法案 / 政治獻金法

(9) 反抵制法

(10) 其他：反傾銷法、對平行輸入的規定等

小專欄

妳的美麗不該讓牠們受苦－ THE BODY SHOP 以行動支持全球反對動物實驗活動

查詢無動物實驗的國際品牌：
http://www.leapingbunny.org/guide/brands（歐系）
http://features.peta.org/cruelty-free-company-search/index.aspx（美系）

　　THE BODY SHOP（美體小舖）為全球首先推動反對動物實驗的美妝品牌，自 1989 年來持續推動至今，創辦人 Anita Roddick 堅持主張人類的美麗不應該建築在動物的痛苦上，提供自身 30 年來的經驗積極投入、倡議動物權，所有的產品及原料皆不使用動物實驗，100% 素食者可適用。隨著科技發展，各化妝品安全測試均已發展出替代方案，使用殘忍動物實驗實非必要，THE BODY SHOP 立下品牌承諾，以實際行動證明美妝產品不需要經由動物實驗，也能夠提供安全無慮的產品，讓美麗遠離殘酷。

　　在 2012 年 THE BODY SHOP 與國際動物權益促進組織 (Cruelty Free International) 共同努力，推動全球企業反對動物實驗，募集全球共 100 萬人的聯署支持，歐盟於 2013 年 3 月 11 日正式立法執行禁止動物實驗之化妝品或化妝品之原物料於歐盟境內販售，並在 2013 年 10 月共同於印尼雅加達時裝周遞交全球 100 萬人聯署反對動物實驗給東亞國協美妝品委員會，呼籲立法，全球各國包括印尼、東南亞等國也持續跟進這潮流，甚至中國，身為全球最大強制使用動物實驗之經貿市場，也於 2014 年 6 月取消「非特殊性」一般國產化妝品需動物實驗的強制規定。

　　台灣 THE BODY SHOP 呼應全球品牌精神，於 2014 年 3 月聯同關懷生命協會，也一同向立法委員正式提出訴願陳情，並遞交全球 100 萬人聯署反對動物實驗連署書。於 2016 年，台灣三讀通過禁化妝品動物實驗，接軌國際生態保護趨勢，讓更多動物免於受害。聯署活動已於 2014 年 4 月圓滿落幕，對於反對美妝產品採用動物實驗的成就斐然。

圖片來源：THE BODY SHOP 聯署網址

　　但全球還有 80% 國家持續進行動物實驗，小動物們仍持續因人類追求美麗的行為受到傷害，THE BODY SHOP 秉持初衷在 2017 年 6 月 1 日再度發起全球性「永久禁止動物實驗」聯署活動（包含產品及其原料），目標在 3 年內，募集 800 萬份聯署書，並於 2020 年遞交聯合國，制訂永久禁止動物實驗的國際公約，期盼能在 2020 年讓動物實驗完全消失。企業社會責任（CSR）是企業回應環境變遷應有的態度，在 THE BODY SHOP 身上看到長期的實踐，這也成為該品牌的核心價值。

二、經貿人口（E）

　　經濟貿易環境是影響行銷策略極重要的因素，因為國家工業化程度、景氣好壞、可支用所得高低等，都會影響消費者購買型態、種類、多寡、價格容忍度；整體物價水準、利率水準、匯率變動也會影響消費型態；區域經濟整合協議則會影響產業運作規範，進而影響行銷活動。人口發展趨勢，應考慮總人口數的增減、年齡結構、教育程度、人口分布和遷移等，會影響對市場規模與市場成長的評估，以及推廣通路策略的擬定。

1. 經濟貿易

　　行銷者應分析經濟發展階段，因為不同階段有不同的所得分配、產業結構。在低度開發階段，主要依賴農林漁牧等一級產業，國民平均所得偏低，購買型態著重基本消費的滿足；進入開發中國家階段，產值主要依賴二級產業製造業，國民平均所得

漸高，購買型態在滿足更高階的需求，開始消費進口財、奢侈品，在意品牌；進入已開發國家階段，產值主要依賴三級產業服務業，國民平均所得偏高，但經濟成長率趨緩，購買型態差異性變大，要注意是否有雙峰所得分布，也就是 M 型社會出現。

　　景氣狀況，反應不同的消費者信心與購物意願；家庭型態與家庭所得，以及個人可支用所得，則會影響消費能力，一個人的經濟更造就某種市場區隔；通貨膨脹壓力會影響物價水準，投資儲蓄與信用消費意願會影響利率水準，這些總體環境指標會影響消費者購買時點、數量與付款方式。以上因素最終皆會影響消費者購買型態、種類、多寡、價格容忍度。

　　區域經貿整合的程度會影響區域發展，包括投資、貿易、就業等機會，進而影響我們對市場機會與威脅的判斷；例如兩岸服務貿易協議會影響產業運作規範，對不同產業別有不同方向和程度的影響，進而影響行銷活動。貿易政策主要考慮自由貿易與產業發展孰輕孰重，自由貿易強調經濟效益與消費者權益，對出口導向的產業獲益較大；若以

進口關稅或非關稅貿易障礙，保護國內弱勢產業發展與就業機會，則是看重關鍵產業的長期發展，應評估企業所處的產業性質才能正確判斷機會與威脅。

匯率變動也會影響消費選擇，例如日圓升值台幣貶值，表示日本進口的化妝品、汽車價格有上漲壓力，消費者會轉向購買歐系產品，此外也可發現赴日旅遊人數減少，日本遊客來台旅遊人數則增加。由這些實例說明，多數國家對匯率政策都是希望本國幣相對外幣是貶值的，雖然直覺上貶值是不好的，對進口也確實不利，但卻有利於商品出口以及吸引外國遊客，對創造國內產值與就業機會有正面助益。

2. 人口

人口發展趨勢會影響我們對市場規模與市場成長的評估，更會影響其後的推廣與通路策略。首先應考慮總人口數的增減、年齡結構，例如 BRICs 金磚四國都是人口上億，且年齡結構比起已開發國屬於年輕的市場，被視為全球市場中最重要的行銷機會。

其次人口統計變數中的教育程度，會影響我們對溝通內容與溝通媒體的選擇，也會影響人力素質：人口分布和遷移等，則影響商圈範圍、城鄉差距、市場集中度與消長，進而影響我們應如何佈建通路，適時掌握行銷機會、避免行銷威脅。

基本上總體環境中的經貿人口相關變數，與個體環境中的市場環境分析密不可分，只是前者著重於整體因素，所有競爭同業都面對類似的機會與威脅，而後者著重於和個別企業互動的個體環境，會因不同競爭者而有不同分析角度。

三、社會文化（S）

社會文化是行銷個體環境重要的養分，因為不同的社會文化，會造就不同的消費者文化、企業文化，這些都是行銷分析的重點。

1. 社會文化的外顯因素

包括文化價值觀、信念／人類與宇宙、思考模式、儀式、符號／語言／美學藝術、社會制度等。社會共有的核心信念與核心價值，是共識高且不容易改變的，例如「萬般皆下品唯有讀書高」的信念，造就各類補習班以及名校迷思，使得國外真正因材施教的教育理念與教育體制在台推廣不易。而次文化代表一群共享特定價值觀與偏好的族群，可能代表新的市場區隔，例如「小資女」代表一群有工作經驗、有積蓄、有生活品味，對愛情不忮不求的單身白領，他們可能是美食、旅遊、小坪數住宅的主客群，這樣的次文化越成顯學，同時也衝擊家庭結構，主流從以前常見三代同堂演變成小家庭，再演變

成單身家庭結構。

　　台灣工作者工時長，休閒與工作不分，不見得是老闆規定，而是思考模式對工作投入太深，或者為了維繫「關係」，其工作價值觀重視團體利益甚於個人利益，因為我們對團隊成員都要求「犧牲小我、完成大我」，且視為理所當然。對於自然與宇宙觀，東方文化強調天人合一、尊敬老者經驗與傳統，西方文化強調挑戰自然、重視年輕創意與現代，行銷溝通前者應強調感性、地位／階級訴求，後者應強調理性、產品優點訴求。

2. 社會文化的內在特質

　　包括文化慣性、排他性、學習性、蛻變性，文化有慣性、排他性，因此不易改變，但是也因具有學習性、蛻變性，因此仍有改變的契機。以台灣過去歷史來看，曾經經歷荷蘭人、日本人統治，又經歷國民黨政府帶領大陸各省人士播遷來台，以及近年來外籍配偶比例漸增，都須面對文化衝擊，也代表文化交流的機會，造就台灣特有文化，對文化差異包容度高，對外國人熱情友善，各國美食百家爭鳴卻也有在地特色。

四、科技自然（T）

　　科技環境與自然環境會影響行銷的基礎設施與天然資源，行銷者必須詳加評估，才能槓桿化運用既有的基礎與資源。

1. 科技

　　科技環境中最明顯的就是網路造就的商機，因為網路、資訊溝通科技的進步，導致市場疆界模糊化，競爭者無國界，消費者資訊搜尋更方便、來源更多樣化，同時也造成中間商結構性改變。台灣早年寬頻基礎設施不如現在進步，公共場所也沒有Wi-Fi熱點，手機下載速度不佳，要推動手機購物是很難成功的，
對照現在，台灣消費者對手機重度依賴，加上4G手機研發成功，行動商務商機無限。

不同科技水準也象徵不同的技術革新或創意設計機會，因此企業會評估科技水準，並將研發中心設在高科技水準的地方，使得注重研發的產業有群聚現象，例如美國矽谷、台灣竹科。

2. 自然環境

主要分析地形、氣候、自然資源等自然生態環境。這些天然資源可能是機會，例如有稀有礦藏或是能源，氣候宜人適合種植葡萄製酒；也可能是威脅，例如氣候嚴寒或是地形陡峭，不適合居住或形成市場。

不論天賦自然環境如何，在環境保護和經濟開發之間，仍有魚與熊掌不可兼得的疑慮，例如中國大陸長江三峽為了水力發電，而必須面對破壞環境的指責；台灣的雪山隧道為了地方發展交通便利，也必須破壞環境，短期利益立竿見影，但對環境的負面影響有待長期觀察。

2-6 整體環境評估

所有的環境資訊經由分析，必須判斷影響的方向與程度，方向指的就是有利或不利，程度指的是影響越大則重要性越高。最後的整體環境評估就是要歸納辨識 SWOT 分析中的外部機會與威脅，以表 2-2 來看，提供全面性的外部評估，不重要的、不太可能發生的項目可以刪除不討論。

表 2-2 縱軸是前述所有的個體、總體因素，橫軸則是各因素分析重點，除了我們一直強調的「判斷機會 vs 威脅」在第三欄，以簡要文字說明並註明＋－，還要分析個別項目對企業的影響大小，也就是第一欄重要性，以 1-7 分表示，分數越高表示此環境因素越重要，越應注意後面代表的機會威脅；此外個別項目不論影響如何，機會或威脅也不一定必然如我們所料地發生，所以還要評估此影響發生的可能性，在第二欄以 1-99% 表示，百分比越高表示發生機率越高，越應正視此項極可能發生的環境因素。最後一欄以文字說明該環境因素影響的層面與時機。當企業分析完自身在整體環境中的利弊得失，判斷應在意什麼，應迴避什麼，決定要主動出擊或被動回應，才能擬定適當的行銷規劃組合。

表 2-2　整體環境評估

環境因素		重要性 （1-7 分）	發生可能性 （1-99%）	對 4P 的 機 會或威脅 （＋或－）	總結 （文字說明影響層面 與時機）
個體環境五力分析	目標客群人數與偏好				
	通路商議價力				
	供應商議價力				
	競爭者替代品				
	行銷支援機構				
	社會大眾／口碑				
總體環境 PEST 分析	政治法規				
	經貿人口				
	社會文化				
	科技自然				

小專欄

共享經濟來臨：你準備好了嗎
https://www.youtube.com/watch?v=ejBbmuDm4Ig

Uber Airbnb 等跨境電商：在台賺錢沒繳稅
https://www.youtube.com/watch?v=27zA9OAr9hM

Airbnb 共享住宅美而不好，惹怒巴黎市政府

2018 年四月巴黎市政府終於忍不住對共享住宅巨頭 Airbnb 提告，因為該網站不願撤下未確實申報房屋的出租告示。相關申報的規定自 2016 年初即開始實施並祭出重罰，要求房東基於「共享」精神與意義，短期出租自宅一年不得出租超過 120 天，並建置了網站 opendata.paris.fr 公告獲得許可的房東名單約一百多

位，然而登記在 Airbnb 的巴黎房東卻超過四萬名，巴黎一直是 Airbnb 供給最大的城市。2017 年底時，當局進一步要求房東將一列註冊號碼註明在出租告示上，以便檢查他們是否確實遵守上限規定。

此一事件就 Airbnb 的房客而言，可以住進真正巴黎人的房子裡，體會巴黎在地生活，比住在旅館更有吸引力，而且這些民宿通常比飯店還便宜。就房東而言，短租的收入比長租更好，透過 Airbnb 媒合也能有高出租率，而且早期基於共享性質，短租尚未納入徵稅，而長租需要繳稅，都使得巴黎的房東紛紛將房屋轉為短租。

就巴黎政府而言，則認為 Airbnb 導致城市中心的人口下降，因為房東們出租對象轉為觀光遊客或商旅人士，導致在地的巴黎人無法在市中心找到長租的房子，供需失調也進一步推升房價。此外，巴黎的觀光旅館因為 Airbnb 的出現，業績呈現明顯下滑，有繳稅的業主頻頻向政府施壓，希望好好「管理」Airbnb。Airbnb 網站在被巴黎政府提告後無奈回應：「巴黎針對提供家具的假期出租房訂下的法規相當複雜、令人迷惑，比起個人出租戶，更適用於專業人士。」他們相當願意與巴黎當局合力制定「簡單、明瞭又適合所有人的法規」。

　　其實 Uber 和 Airbnb 都是基於「共享經濟」，將閒置的產能空間做有效的運用或交換，而且能提供享用這一方獨一無二的體驗，本是美事一件。然而若這些產能和空間變成「專門用來產生經濟價值的手段」，而且產生的利益不用課稅，當灰色交易的金額越大，就會跟當地政府產生衝突，也會排擠原來的服務提供者，進而壓縮自己的生存空間，Airbnb 在巴黎的事件與 Uber 曾經被迫退出台灣市場是一樣的道理，同時凸顯法規的必要性與複雜性。

1. 行銷環境分析對從事行銷實務非常重要，策略與環境具有高度互動性。

2. 行銷環境包含較可控制的組織內部環境，以及較不可控制的外部環境。進行 SWOT 分析，即在探討組織內部因素的優勢（S）、劣勢（W），以及外部環境的機會（O）、威脅（T）。

3. 行銷外部環境又分總體環境因素與個體環境因素。

4. 近年外部行銷環境重要的趨勢變化，包含總體面的科技進步造成市場疆界模糊化、M 型社會與一個人經濟，以及個體面的顧客精明化、媒體分化、去中介化與再中介化，將會影響行銷的區隔與定位，以及行銷組合策略。

5. 總體環境分析最常用的工具是 PEST，內容包含 P：政治法律、E：經濟人口、S：社會文化、T：科技自然。

6. 個體環境分析最常用的工具是五力分析，五項影響企業在市場或產業中競爭優勢的因素，包括買方議價能力（含市場環境的顧客與產業環境的通路商）、供應商議價能力（產業）、現存競爭者（市場）、潛在競爭者（市場）、替代品（市場）。

7. 若將個體環境再分成產業環境與市場環境，前者包含上游供應商、下游通路商、相關支援機構，後者包含顧客、所有競爭者替代品、社會大眾（口碑）。

8. 若要化阻力為助力，可考慮採取兩大因應措施，其一是垂直整合，包括與上游供應商整合，以便取得品質、價格、數量都穩定的原物料或製成品，降低供應商議價能力的負面影響；或是與下游通路商、顧客整合，以便建立與通路商、顧客的長期關係，降低買方議價能力的負面影響。另一因應措施是水平整合，就是將市場環境中的現存競爭者、潛在競爭者、替代品加以整合，降低市場競爭強度。

9. 整體環境評估的實際作法，除了條列分析項目之外，還應考慮單一項目的重要性、發生機率、影響方向，然後做成整合性文字分析。

一、名詞解釋

1. SWOT 分析

2. PEST 分析

3. 五力分析

4. 向前與向後垂直整合

5. 產業環境與市場環境

二、選擇題

(　　) 1. SWOT 分析中的 O 是指？　(A) 內在環境的劣勢　(B) 外在環境的優勢　(C) 內在環境的威脅　(D) 外在環境的機會。

(　　) 2. 公共場所有 Wi-Fi 熱點，手機下載速度加快，帶來行銷新商機，是屬於 PEST 分析中的？　(A)P　(B)E　(C)S　(D)T。

(　　) 3. 代表「產業進入障礙」的環境因素是？　(A) 潛在競爭者　(B) 現存競爭者　(C) 買方議價能力　(D) 供應商議價能力。

(　　) 4. 媒體分化應歸類於何種環境變化？　(A) 內在環境　(B) 總體環境　(C) 產業環境　(D) 市場環境。

(　　) 5. 五力分析包含？　(A) 總體與個體環境　(B) 產業與市場環境　(C) 內在與外在環境　(D) 以上皆非。

(　　) 6. 市場環境分析代表從需求面來分析，影響行銷策略與運作的各類因素，但不包含？　(A) 競爭強度（競爭者與替代品）高低　(B) 市場規模（顧客人數、購買力）大小　(C) 行銷客服、展銷人力質量　(D) 影響顧客購買的其他因素（例如社會大眾的口碑）。

( ) 7. 有關總體環境與個體環境的差異，何者正確？　(A) 總體環境對行銷策略的影響相對更長期且深遠　(B) 若無其他特別變數，個體環境可採取定期監測，總體環境則應不定期監測　(C) 對多數同業來說，面對的個體環境是類似的，分析重點相同　(D) 在國際行銷時須更重視個體環境甚於總體環境。

( ) 8. 對通路策略影響最大的外部行銷環境趨勢是？　(A) 顧客精明化　(B) 去中介化與再中介化　(C)M 型社會與一個人經濟　(D) 市場疆界模糊化。

( ) 9. 若要降低外在個體環境中的阻力，掌握與顧客接觸的機會，製造商可以考慮？　(A) 與通路商垂直整合　(B) 與供應商垂直整合　(C) 與現存競爭者水平整合　(D) 與替代品水平整合。

( ) 10. 整體環境評估的實際作法應考慮？　(A) 個體與總體環境因素　(B) 各因素的重要性、發生機率　(C) 各因素的影響方向　(D) 以上皆是。

三、問題討論

1. 請比較總體環境與個體環境有何不同。（參考表 2-1 提出更多觀點）

2. 台鐵與高鐵可以自詡為旅遊業嗎？請以本章環境分析的工具加以說明。

3. 行銷策略無疑地受環境影響，請討論行銷策略可以影響環境嗎？

4. 上網查閱什麼是「共享經濟（sharing economy）」，對於行銷有何影響？

5. MUJI 無印良品、統一星巴克都強調「公平貿易（fair trade）」採購，請問你知道嗎？知道以後會因此願意接受品牌商的產品定價嗎？

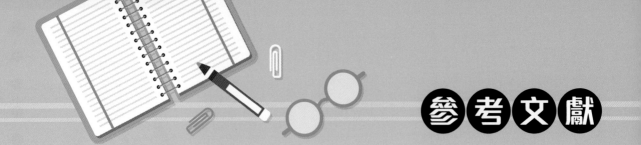

参考文献

- 曾光華（2012），行銷管理：理論解析與實務應用 5/e，前程文化，台北。
- Gundlach, Gregory T. and William L. Wilkie (2009), "The American Marketing Association's New Definition of Marketing: Perspective and Commentary on the 2007 Revision", Journal of Public Policy & Marketing, Vol. 28 (2) Fall 2009, pp.259–264
- Kotler, Phillip and Gary Armstrong (2006), Principles of Marketing (Version 12/E). Pearson Education Inc. New Jersey
- AMA 官網：https://www.ama.org/AboutAMA/Pages/Definition-of-Marketing.aspx
- 維基百科 行銷環境定義：http://en.wikipedia.org/wiki/Market_environment
- 商業周刊第 850 期，統一超商砸四十億找出氣溫和銷售關係：http://www.businessweekly.com.tw/KArticle.aspx?id=17945
- 財訊第 330 期，氣溫差 1 度就差 1 萬盒涼麵！：http://mag.chinatimes.com/mag-cnt.aspx?artid=1638
- 中時電子報 2013 年 11 月 29 日，搶賺冷商機超商量販掀熱戰：http://www.chinatimes.com/newspapers/20131129000297-260204
- ETtoday 生活新聞，台灣被美牛供應商抵制？茹絲葵：台灣法律害的啊：http://www.ettoday.net/news/20120409/37940.htm
- 聯合新聞網 / 生活，用餐打卡享優惠 違反公平法？：http://udn.com/news/story/7266/922258-%E7%94%A8%E9%A4%90%E6%89%93%E5%8D%A1%E4%BA%AB%E5%84%AA%E6%83%A0-%E9%81%95%E5%8F%8D%E5%85%AC%E5%B9%B3%E6%B3%95%EF%BC%9F
- 資料來源：https://www.thenewslens.com/article/2445 關鍵評論 2014/03/11
- 資料來源：https://fgblog.fashionguide.com.tw/4404-fg/posts/163651 FASHIONGUIDE 2014-04-12
- 資料來源：https://www.cw.com.tw/article/article.action ？ id=5083178 天下雜誌 2017-06-16

Chapter 3

消費者購買行為

IKEA －顛覆傳統家具購買行為

宜家家居 IKEA
https://www.youtube.com/watch?v=yKF199jJQvU

　　2002 年時，IKEA 已是世界級的傢俱零售商，營業額約美金 120 億，在 22 個國家有 154 家店。2003 年時在美國只有 14 家店，公司預計要再開大約 9 家分店。IKEA 與其他傢俱零售商最大的差異就是它完全是自助服務，同時還有小孩的遊戲間、瑞典風格的餐廳，所有的傢俱都是平整式包裝，木頭材質大多為合成木，材質普通，但具有北歐風格的設計質感。

　　IKEA 是由英格瓦－坎普拉在 1943 年成立，坎普拉最早是從型錄購物起家，在 1965 年第一間 IKEA 旗艦店在斯德哥爾摩開幕，店面共有四萬多平方米，IKEA 的經營哲學是 low price with meaning，也就是他承諾提供具有品味及設計感的產品，而且不會讓顧客覺得是廉價品。在美國傢俱的零售市場是高度分裂的，2002 年前十名的傢俱零售商只佔了 14.2% 的市場佔有率，整個市場大致可分成高價和低價的市場。低價的市場大致包含量販店，例如：Wal-Mart 這些商家所提供的產品就是低價，通常客戶都是價格敏感度高的人或是學生；另外一個市場是高價位的市場，提供了完整的服務，通常這一類的賣場都會有銷售顧問，協助顧客選擇傢俱。在美國的市場傢俱零售商先不論收費問題，都會提供配送的服務，同時美國人買了傢俱都是會用很長的時間，因此很重視材質，也不太自行組裝傢俱。而典型的 IKEA 客戶，具有愛旅遊、愛冒險、愛美食、為新產品的使用者等特性。

　　IKEA 的客戶在購物前通常都需求做一些準備，在 IKEA 的賣場內也會準備鉛筆、紙、公分尺、型錄、購物車與購物袋，所有在商店內的服務都得自己來，如果是小件的商品，拿了就直接放到購物袋內；如果是大的商品，就得自己去倉儲把哪些平整包裝的品項拿下來。顧客必須將傢俱自己載回家，親自動手組裝。假如顧客不想讓小孩跟著逛，就可以把小孩丟在遊戲間；或是覺得肚子餓了，就可以去餐廳用餐。如果進一步需求服務人員協助，他們還是可以在櫃台找到服務人員，但是這一類的服務人員比例在公司內佔少數。IKEA 一方面不希望自己是傳統傢俱的供應商，另一方面希望在 2013 年在美國可以開到總數 50 家店的目標，IKEA 正思考要如何在美國擴張。

💡 問題討論

1. 請描述購買傢俱的決策過程。

2. 請描述逛 IKEA 傢俱的經驗。

3. 你覺得 IKEA 傢俱提供給消費者哪些價值？和傳統傢俱有何差異？

🌏 案例導讀

　　綜合以上分析，IKEA 犧牲掉部分顧客的期望，但是又增加超出顧客期望的服務，因此可以用低價卻又具有質感的傢俱賣給顧客。如下表：

IKEA 提供給消費者的價值 （IKEA 超出顧客期望）	傳統消費者行為 （IKEA 都未滿足期望）
由設計師設計出北歐風格的傢俱 情境設計搭配 平價 餐廳，兒童 Play Room 賣場空間大，好停車	業代服務 運送服務 組裝服務 材質與耐用

IKEA 面對的問題	拓展市場策略
1.目前展店數不多，因此品牌知名度不夠。 2.美國人對傢俱的消費行為尚未改變，還停留在完整服務的期望中。	利用逆向定位改變消費者習慣，亦即減少部分期望屬性，增加超出期望之屬性。 如此可具有價格優勢。但是要注意： 1.避免低價形象 2.Commitment-free（不需承諾用很久，傢俱可以常常換） 3.與 High-end ／ Low-end 區隔，定位在中間 4.設體驗站 >> 大學城或都會區（IKEA Lite 店，較小規模的商店）、接觸典型 IKEA 客層（愛旅遊、愛冒險、美食、新產品的使用者等特性），藉以這些客戶的體驗之後，再擴散傳播給其他消費者，如此用二階段傳播將更具有說服力。

3-1 決策程序的類型

消費者行為主要探討消費者決策過程以及影響決策過程的因素。基本上消費者在決策每一階段與過程，常是隨個人差異（例如：個人的動機、資訊處理模式）、外在環境（例如：廣告促銷活動得刺激）、消費者投入資源（例如：時間體力）而有變化。要思考這些變化情形，我們將決策複雜程度高低想像成一連續帶（Engel, et al.1995; Blackwell et al., 2012）。在複雜程度高的這端，通常指消費者初次作決策，其行動過程很複雜的則稱「廣泛問題解決」；但消費者也可能簡化問題，直接選擇以前購買過品牌，這時就可稱為「習慣性問題解決」（Habitual decision making）。以下將分成初次購買、重複購買、特殊性購買來分析（Engel, et al.1995; Blackwell et al, 2012）：

一、初次購買

初次決策需「廣泛問題解決」是指：消費者在決策過程的細節需廣泛蒐集與評估資訊才可解決問題，這是屬於決策複雜程度高的這端（Engel, et al.1995; Blackwell et al., 2012）。例如：購買汽車、昂貴手錶與首飾、音響設備、房地產及其他高價或決策錯誤風險高的產品，如：投資有價證券，消費者往往要從多種管道蒐集資訊，才可作正確選擇。因此，消費者會依循決策的五個階段來完成其購買行為：需求確認、資訊搜尋、方案選擇、購買、購後行為。

「有限問題解決」是指連續帶的另一端，這種消費者因為他們既無時間、資源，也沒有廣泛搜尋的動機，反而常是簡化過程，並大幅減少資料種類與來源、可行方案與評估準則，通常這類消費者以認識的品牌或最便宜者做為選擇對象，以簡化決策過程的複雜性（Engel, et al.1995; Blackwell et al., 2012），例如：購買飲料的時候，消費者覺得口渴，可能沒經過什麼思考就直接到商店購買可口可樂了。

二、重複購買習慣性決策

習慣性決策這種行為，消費者通常不做太多外部資訊蒐集和對品牌花很多時間與資源來評估。決策過程有可能是因為高度的品牌忠誠度或只是習慣買這牌子，使消費者重複購買該品牌產品，例如：消費者可能因為習慣買黑人牙膏，或是對黑人牙膏有很高的品牌忠誠度。基本上當消費者品牌忠誠度很高時，只有當競爭品品質有重大突破，或實質對消費者的特殊利益，才有可能促使其改變，例如：對黑人牙膏忠誠度高的消費者可能被另一種敏感牙齒專用的牙膏品牌所吸引。另外對習慣性的購買者而言，他就很容易為一些促銷手段吸引，因此公司也必須提供許多誘因來吸引他，例如：促銷、降價、抽獎等方式。基本上這種顧客沒什麼忠誠度，可能說變就變（Engel, et al.1995; Blackwell et al., 2012）。

三、特殊的購買行為

另有兩種購買行為未歸入決策連續帶中：第一種是衝動性購買（impulsive buying），此種行為是指產品展示，或銷售點促銷所挑起的未計畫性的購買。例如：我們在櫃檯結帳的時候，突然看到旁邊櫃子擺了幾瓶紅酒，然後就忍不住買了一瓶；或是下班的時候經過店面櫥窗在特價，馬上進去買了一大堆衣服。這種購買行為雖然比較不複雜，但和有限問題解決有點不同，其有以下特性（Engel, et al.1995; Blackwell et al., 2012）：突然且帶有急於行動的慾望，由於心理不平衡，暫時理性失控，以致於無法客觀理性評估，以情緒感性考量為主；對決策結果不關心。

另一種特殊購買行為是尋求變化（variety seeking），雖然有些消費者對現有品牌滿意，但仍熱衷於品牌轉換，例如：購買洗髮精或是零食，一般來說消費者感受到產品的差異性不大，但是會常常換牌子，尋求變化是主因，就為了追求新鮮感（Engel, et al.1995; Blackwell et al., 2012）。

網路是否造成衝動性購物

小事典

　　除了產品本身，網路外部刺激對於衝動型購買是具有影響力的，透過網頁所營造的享樂氣氛，與衝動型購買會有相關性。Madhavaram and Laverie（2004）的研究亦指出：圖像、文字、彈出型視窗、背景音樂、色彩設計、視訊等元素，以及優惠價格、折價券、網頁版面設計等刺激都會造成衝動性購買。事實上許多購買行為的主要動機也是為了適應群體而產生，因此，當消費者在評估新產品或新服務時，若於社交網站中獲得同儕的意見提供時，往往會增加其整體愉悅性體驗價值，且接受建議進行購買決策（Chang et al., 2004）。

　　另有研究發現（Zhang et al., 2007）由同儕陪同的採購過程會增加衝動性購買慾望與行為，並且若陪同的參考群體中具有較佳的凝聚力時，則衝動性購買的行為表現會更為強烈；而當消費者在不受時間及空間限制的網路環境中，當看到他人對某商品的推薦或網路討論版對某商品的討論時，倘若此話題引發自身興趣，亦若對於此參考群體具有較大的依賴感，則更易引發社交型的衝動性購買行為。在社群網站中，使用者天天與朋友對談、分享資訊、詢求意見，就如同面對面的社交行為，亦也連帶使得網路購物的層次提升。透過社交購物網站平台，結合了社交網絡和購物比較行為，而達到了社交購物行為，當消費者與他人一起購物時，可能會為了取得群體的認同、符合群體的期望，因而產生從眾購買的行為。

3-2 消費者購買行為模式

消費者行為（consumer behavior）是指人們在購買、使用產品的決策過程與行動。E-K-B 模式（Engel, et al.1995; Blackwell et al., 2012）的發展較為成熟完備，一般的消費者購買行為皆可含括在內。在 E-K-B 模式中主要分為以下四大部分（Engel, et al.1995; Blackwell et al., 2012）：

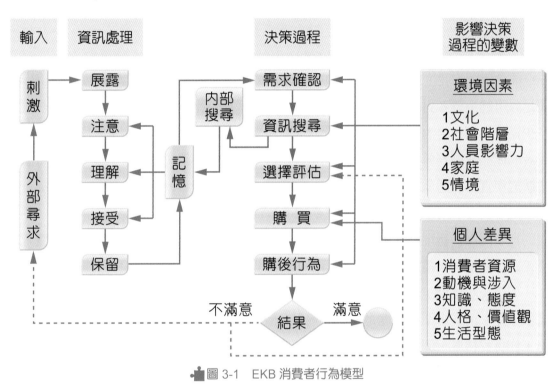

圖 3-1　EKB 消費者行為模型

資料來源：Engel, et al.1995; Blackwell et al., 2012

一、輸入

輸入是指消費者會接受到的行銷資訊刺激，其最主要的資訊來自於兩方面：

1. 行銷人員主導來源：廠商透過大眾傳播媒體像電視、報紙、雜誌的廣告、網站或是銷售人員管道送出資訊刺激。

2. 非行銷人員主導來源：消費者報導、網路口碑、新聞報導等資訊刺激，這些來源行銷人員比較難控制。

二、影響決策過程的變數

影響決策過程的變數可分為兩部分，包括文化、社會階層、人員影響力、家庭、情境等環境因素變數，以及消費者資源、動機與涉入、知識、態度、人格、價值觀、生活型態等，屬於個人差異的變數。

三、決策過程

決策過程共可分為五個階段，是 E-K-B 模式（Engel, et al.1995; Blackwell et al., 2012）最主要的部分。EKB 模型之決策過程可分為下列幾個階段：

（一）需求確認（need recognition）

需求確認的發生是在購買過程中，消費者意識到期望與實際的狀態差距。如果增大，並足以引起消費者對購買決策過程的檢討。期望狀態是指消費者對產品或服務的表現有多少期待。例如：消費者對電視期望狀態是希望能夠很清楚收看電視，實際狀態是指消費者的產品或服務真實表現。假如：電視機故障，收視不清，真實狀態變差，消費者期望狀態與實際狀態就產生了較大差距，需求就產生，消費者就會想買新的電視。另一種情況是消費者的期望狀態如果提升，例如：消費者看到最新 LED 智慧電視的廣告，對電視的期望提高，發現電視更薄、功能更強，可以變成智慧家庭中心，此時期望與實際狀態差距也會增加，需求就會產生。所以，行銷人員一方面可以提醒消費者實際狀態的增加（如電視該維修了），另一方面也可以藉由廣告刺激增加消費者的期望狀態。另外一個例子是：消費者期望狀態是希望能夠很有效率完成工作，實際狀態是該消費者常常會把工作行程搞亂，漏掉重要工作資料與顧客聯絡資料，因此該消費者期望狀態與實際狀態就產生了差距，需求就產生。

（二）資訊尋求（information search）

消費者可能會蒐集資料來辨認和評估何種產品及品牌可以滿足其需求。資料的多少須視對於產品的熟悉度而定。利用回想的方式來蒐集資料，稱爲內部搜尋（Internal search）。如果是再次購買以前曾經購買過的品牌，便不需求再做太多的資料蒐集，所以對於一種產品的良好經驗將有助於說服消費者再度購買。而當過去的經驗不足以協助決定時，消費者便可能需求蒐集外來的資訊來幫助他做購買決策，此稱爲外部搜尋（External search）。例如前階段的消費者確認有增進辦公效率的需求之後先做內部搜尋，由於該消費者先前有使用筆記型電腦的經驗，因此想是否可以利用筆記型電腦增進效率；但是先前使用經驗卻發現筆記型電腦太笨重，攜帶不方便，電池一下就沒電。所以該消費者決定透過外部搜尋，一方面問公司的同事；另一方面則上網搜尋相關的資訊。經過同事的推薦：智慧型手機可以滿足他的需求，目前主要的廠牌有 S 牌、H 牌、A 牌。

（三）方案評估（alternative evaluation）

了解產品在特定狀況下使用所提供的效益，是選擇評估的最主要步驟之一。消費者蒐集了資訊後，便就各種方案作比較並評估，藉以縮小其選擇範圍，以達成購買決策。通常具有較高涉入產品的方案評估過程，可以利用費希賓模式（The Fishbein Model）來分析（Engel, et al.1995）：

費希賓的公式符號：$A_0 = \sum_{i=1}^{n} b_i e_i$

其中

A_0：是對某標的物的態度

b_i：是對某標的物的第 i 個屬性信念的強度

e_i：是屬性 i 的評分

n：評估屬性的個數

費希賓模式對一品牌或一產品屬性與信念的加權評分。模式中屬性加權的概念，其步驟是要先確定顯要的評估屬性有哪些？然後再對各屬性打分數和權重，以得出相對的分數，得分愈高愈好，愈可以作為選擇方案。除了要注意總分的高低外，我們也要注意產品在各屬性的排列狀況。要確定顯要屬性的最簡單方法是詢問消費者在考慮某產品類中品牌時，會用到哪些屬性作為評估是否購買的決策。但是要注意的，本模式有一個重要假設前提，我們假設消費者知道重要屬性為何，也可以與願意表述出來。屬性排序較前者，可視為較顯要屬性。但是有時候消費者不一定願意表達出自己真正的感覺。人們常會在意別人對他們的看法，而扭曲其答案（Engel, et al.1995）。例如：某資訊業上班族常低報買購買電腦產品的價格，以避免別人認為其殺價功力太差。此時可以利用第三者的立場來回答問題，讓受測者以為並非在表明自己的意見，如此可減少態度偏差，增加最後分數的準確性。

現在以前面購買智慧型手機的方案決策為例，假設所確認出來的顯要屬性分別為**產品品質、產品外觀、硬體規格、其它配備、後續成本、人員服務、店家服務、價格**，其次要衡量 b_i 及 e_i。e_i 是每一個屬性的評分，通常以七點尺度從非常好至非常差來評估。

例如：

非常好	:	:	:	:	:	:	非常差
	+3	+2	+1	0	−1	−2	−3	

每一個屬性均要加以評估。b_i 則是消費者對某特定品牌是否擁有某屬性的看法、信念，通常以「非常可能」到「非常不可能」的 7 點尺度來評定。

例如：

非常可能	:	:	:	:	:	:	非常不可能
	+3	+2	+1	0	−1	−2	−3	

這個模式必須對每一品牌，都衡量消費者對每一屬性的信念。因此，若有 3 個品牌，7 個屬性，就有一個 21 個信念衡量的分數。現在假設研究對象為某銀行白領的上班族，年薪超過百萬元，他想要買一台智慧型手機，考慮的品牌有 S 牌、H 牌、A 牌，評估所得到結果如表 3-1。

表 3-1 費希賓多重屬性模式的評估結果

屬 性	評分（e_i）	信念（b_i）		
		A 牌	H 牌	S 牌
產品品質	＋2	＋2	＋2	－1
產品外觀	＋3	＋3	＋1	－3
硬體規格	＋3	＋3	－1	－1
其它配備	－1	＋2	＋3	＋1
後續成本	＋1	＋1	＋3	＋3
價 格	＋2	－3	＋2	＋3
人員服務	＋2	＋2	＋2	－2
總分 $\Sigma b_i e_i$		＋19	＋12	－6

在本例子中，硬體規格與產品外觀最為重要，其次是品質、價格與服務，其他配備較不重要，但仍為顯要屬性。

從結果中顯示 A 牌的分數最高，顯示消費者較偏愛 A 牌。廠商可以用廣告，以創造有利之態度。在表中，雖然 H 牌在其他配備、後續成本、價格的評分高過 A 牌，但其他項目低於 A 牌。S 牌則為低價品，消費者認為 S 牌外觀、品質、規格均不佳。根據公式，我們求得每一個品牌的態度得分，A 牌分數最高。

（四）購買（purchase）及消費（consumption）

消費者評估了各種方案後便會選擇一最適的方案，並採取購買及消費行為。在購買的過程中，通常一般的行銷刺激已經較難影響消費者購買，當然在此間段過程當中還包括消費者付款、取用貨品等活動。以上述智慧型手機的消費者為例，在他評估三款手機之後，決定購買 A 牌的手機，於是他就到家附近的 3C 通訊廣場購買。

（五）購後方案評估（post-consumption）

消費者購買產品後，可能有兩種結果：(a) 滿意：結果將導入其資訊和經驗，並影響將來的購買。(b) 不滿意：消費會懷疑過去的信念，並明白其他方案可能具有符合他所需的產品屬性，而會繼續蒐集資料。

基本上消費者在購後一段時間會出現認知失調，認知失調是指兩個以上的態度或行為不一致，消費者常常會買了產品會後悔。消費者往往會透過周邊的親朋好友來確認產品的好壞，以及自己的決策是否正確，如果不能找到與自己正面態度接近的觀點，消費者就會持續焦慮不安，

進而對該產品產生懷疑。這個階段廠商就應該提供使用者與專家見解降低認知失調，例如廣告常常會請一些專家說明這個產品使用之後的效果很好；另外也可以推出使用者見証的廣告。網際網路討論區所組成的社群以及社交網路（如 Facebook, Line），也是一個可以提供消費者降低認知失調的場所。以上述手機消費者為例，在購買手機使用之後，他開始覺得到底花兩萬多元值不值得；另外他也對於當初沒有選購 H 牌手機也開始有一些懷疑。於是該消費者便產生了購後認知失調，他開始找朋友詢問，結果剛好有一個朋友有在使用同一台手機，經過他分析之後，A 牌手機還是最佳的選擇，該消費者也因此排除了認知失調。

四、消費者資訊處理（information processing）

資訊處理是一種經由刺激的接受、中斷、記憶的儲存和稍後取用的過程，原則上可區分為五步驟，分別是展露（exposure）、注意（attention）、理解（comprehension）、接受（acceptance）、以及保留（retention）。

（一）資訊展露

指的是資訊暴露在消費者的眼睛之前，例如消費者在看電視節目時，看了 10 分鐘，穿插一個廣告，這時廣告的資訊就展露到消費者的眼睛之前；或是先前購買智慧型手機的例子，該名消費者在觀看雜誌某篇文章時，看了兩頁，然後一翻就是手機廣告，這個

廣告資訊展露在消費者眼睛之前。要注意的是這只是資訊處理的一個基本必要階段，因為資訊要能被接收，至少要能讓消費者接觸到該資訊。然而資訊展露並不代表廣告資訊就一定會被消費者看到，例如消費者很可能利用電視廣告期間吃飯或是上洗手間；而在翻雜誌是可能很快又翻下一頁了。基於這個理由，廣告商會重複資訊的展露給消費者，經過多次展露，代表消費者會注意的機會就大一些。

（二）資訊注意

消費者被展露的資訊吸引，這時候就會注意到這個資訊，然後資訊才有機會進入下一階段的處理。基本上消費者每天所受到的資訊刺激非常多，你可以想像，早上起床吃早餐的時候，聽廣播、看報紙、等著搭捷運的時候、到公司的路上，以及到公司打開電腦上網，這些過程當中都充滿了資訊刺激。因為資訊太多了，而人們的注意力也有限，因此廠商就要想盡辦法讓消費者注意到資訊的內容。影響消費者是否會注意的因素可以從消費者本身的態度或是涉入程度來看，當消費者對某產品或服務高度涉入的時候，相關的資訊就會特別留意，例如先前的購買智慧型手機的例子，因為工作的需求使得消費者對智慧型手機產生高度涉入，因此在看雜誌時，剛好看到有一頁手機廣告，這時他就會去注意這個廣告資訊。另外資訊本身的呈現方式也會影響到消費者資訊的注意，例如顏色是否對比強烈，資訊編排是否規律，或是以圖片呈現。

（三）資訊理解

消費者注意到資訊之後，接下來就會去思考分析資訊的內容，這時就進入了資訊理解的階段。推敲可能模式（Elaboration Likelihood Model, ELM）（Petty et al., 1983）主要說明態度說服的發生可以經由中樞路徑與周邊路徑。影響個人使用哪個路徑的因素是個人本身動機與能力，當個人有能力而且有動機去處理訊息時，態度說服的發生是經由中樞路徑，而此時訊息論點被認為強而有力時，人們會仔細思考而產生聯想，使態度朝訊息所主張方向改變，也就是說在這個條件之下，廣告透過中樞路徑的訊息較有效。例如當消費者本身是學機械的，加上因為汽車壞掉，所以對汽車的動機與能力都高，這時候廣告的資訊必須展現出汽車的優點與規格功能，該消費者才會有機會被說服。

當人缺乏動機或能力去處理訊息時，態度說服的發生是經由周邊路徑，即人們決定是否改變態度，是根據一些專家或情境（如音樂、廣告人物）等的周邊線索來判斷，並不是經由仔細思考訊息內容而來，也就是說在這個條件之下，廣告透過周邊路徑的說服

較有效果。例如消費者在買飲料的時候，通常涉入程度不高，所以像可樂的廣告都是找明星來代言，利用明星的吸引力來說服消費者。

（四）資訊接受

根據前面 ELM 模式（Petty et al.,1983）說明，當個人有能力而且有動機去處理訊息時，態度說服的發生是經由中樞路徑，此時訊息論點被認為強而有力時，人們會仔細思考而產生聯想，使態度朝訊息所主張方向改變，也就是說在這個條件之下，廣告透過中樞路徑的訊息較有效果，此時消費者就進入資訊接受。例如某上班族消費者有使用資訊產品能力，同時因為工作特性需求，有很高的購買動機，因此廣告的說服必須主打手機產品的詳細規格、品質。

當人缺乏動機或能力去處理訊息時，態度說服的發生是經由周邊路徑，即人們決定是否改變態度，是根據一些專家或情境等的周邊線索來判斷，並不是經由仔細思考訊息內容而來，也就是說在這個條件之下，廣告透過周邊路徑的說服較有效果。例如某上班族消費者不具有使用資訊產品能力，同時因為工作特性需求，有很高的購買動機，因此廣告的說服可藉由專家推薦主打手機產品的使用經驗。

（五）資訊保留

人的記憶分為長期記憶區與短期記憶區，通常以短期記憶區而言人可以記住七正負二的資訊，例如電話號碼通常是七到八個數字，但是很可能一下就忘了。但是如果資訊是經過消費者思考理解，應該就有可能進入長期記憶區，縱使時間久了可能忘記，但是只要稍微提示應該會記起來。因此廠商的產品品牌如果能進入消費者長期記憶區，哪天消費者要購買時，列入考慮品牌機會就很大。基本上廠商為了要讓資訊能讓消費者保留，通常會使用大量的重複廣告，其實不一定有效，還是要根據前面 ELM（Petty et al.,1983）的原則才有較大機會說服消費者。

小專欄

可樂廣告的訴求演變

資料來源：**http://www.coke.com.tw/zh/videos/**

　　大家現在還常喝可樂嗎？還是只喝茶類飲料？事實上在茶類飲料未普及之前，可樂可是廣告的主要對象，打開電視，經常可以看到可樂的廣告，一開始的可樂廣告大多以口味為訴求，例如清涼解渴，或是擋不住的感覺等，這個時期可樂也大量找大牌明星代言，例如：百事可樂找麥克傑克森，這樣可藉由廣告代言人的知名度吸引消費者注意的這個廣告，進而對品牌有所好感。隨著時間演進，後來的可樂廣告不再只是強調口味，例如：可口可樂就強調快樂，喝可樂可以讓心情愉快、促進與朋友的互動，這樣的訴求就可以提升喝可樂的價值，原先只是好喝或解渴的價值，現在可以提升到使用可樂之後，大家聚會互動會感到非常快樂，這是價值感就提升了。另外百事可樂在近年來則以刷新一切（refresh everything）來當成訴求，他們提出了 refresh project，也就是在網路上提供每月一定金額的獎金，讓網友提出社區改善，教育改善，環境保護等專案，透過大家投票，每月補助排名較高的專案，如此不但可以作公益，同時也將百事可樂的品牌形象提升到公益品牌的層次，效果相當不錯。

3-3 影響問題解決程序的因素

一、涉入程度

涉入程度（involvement）是形成消費決策類型最重要的因素。Zaichowsky（1985）將涉入定義為「個人基於本身需求、價值、興趣而對某些事物所知覺的攸關程度」以解釋消費者針對不同事物的涉入。例如某消費者對汽車一直很有興趣，他會主動蒐集汽車資訊，參加汽車大展，我們可以稱此消費者對汽車是高涉入。

（一）涉入的決定因素

涉入（involvement）在消費者行為理論中扮演著相當重要的角色，它解釋了人們在針對某種產品、購買決策或廣告時，為何有些時候並未依據理性的決策模式，進行充分的資訊蒐集、篩選、評估再做決策。以消費行為而言，人類消費行為大致可分成高涉入與低涉入的消費行為，高涉入的消費者比較傾向採取理性的決策模式，蒐集相關資訊，以作深度的產品比較與分析，而且容易受參考群體所影響，並藉由品牌的選擇來展現本身的生活型態與個性（Laurent and Kapferer, 1985）；而低涉入的消費行為則傾向簡化決策的程序，較少搜尋與比較各品牌相關資料，對品牌的差異性不敏感也較無品牌意識，往往直接進入購買行為（Zaichowsky, 1985）。

涉入的分類可分為情境涉入、持久涉入與反應涉入（Houston and Rothschild, 1978）。情境涉入指的是消費者可能受到外在情境的影響而有不同的涉入程度，譬如單獨購買或者與他人一起購買就可能有不同的涉入程度，或者日常購買飲料與購買宴客所用的飲料也有可能因為用途不同使消費者涉入程度有所差異。持久性涉入意即消費者受到本身特質所影響的一種持久性的關切，此「持久」是「暫時性」的一種相對的概念，它是較為持續的，但仍可能隨著消費者的人格特質、興趣、自我形象、目標與對事物的經驗的改變而有所變動。所謂反應涉入，指的是前兩種涉入的一種混合，也就是由情境涉入與持久涉入結合所產生對某事物知覺的攸關程度，由於購買情況複雜，往往無法分辨涉入的來源是受到情境或個人持久特質的影響。

（二）影響涉入的因素

　　關於購買決策涉入程度高低的原因，Laurent and Kapferer （1985）認爲可能受到六方面的影響，第一，消費者知覺產品的重要性，當重要性越高，消費者越可能高度涉入；第二是購買的知覺風險，此風險有兩方面，一爲購買後可能獲得負面後果的影響程度，另一爲做成錯誤決策的機率；第三，消費者購買此產品的象徵價值，象徵價值越高，涉入程度越高；第四爲產品的愉悅（感受）價值（hedonic value），愉悅價值越高，涉入程度也越高。第五爲興趣，消費者本身的興趣也影響著他對於每項產品的涉入程度，興趣越高在選購產品時所投注的精神與心力也越高。第六爲情境因素則包括購買／使用方式與場合等也會影響涉入程度。

（三）高低涉入的結果

　　當有高涉入的情形發生時，廣泛問題解決的決策便產生，且伴隨著購買前方案評估，消費者會仔細搜尋資訊。高涉入的消費者，易受廣告及促銷的銷售訴求影響。消費者更可能注意產品或品牌間的屬性差異，且常產生較高的品牌忠誠度（Engel, et al.1995）。

二、態度的影響

　　態度主要有三個組成因素（Engel, et al.1995），分別爲認知因素、情感因素及意圖因素。一個人對態度標的物的知識和信念即爲認知因素（Cognitive Component）。情感因素（Affective Component）是一個人對態度標的物的感覺。意圖因素（Conative Component）則是一個人對態度標的物的行動或行爲傾向。

圖 3-2　態度的三個組成因素

　　從圖 3-2，態度可從其組成份子中加以分離，而每一個組成份子又和態度有關。認知（信念）和情感（感覺）可概念化爲態度的決定因素。換言之，一個人對態度標的物的整體評估，是由一個人對該標的物的信念與感覺所決定。對於有些產品，也許信念即可決定態度（Engel, et al.1995），例如消費者對筆記型電腦的態度，可能只取決於消費者

對筆計型電腦的功能利益,如品質、速度、容量等。

　　然而有可能消費者對另一些產品而言,感覺可能是態度主要的決定因素(Engel, et al.1995)。如去逛購物中心、高級餐廳或音樂會,消費過程中的感覺是否開心就很重要。另外也有些產品,信念和感覺對態度影響均很重要的,例如購買高級名牌機械手錶,錶的機心和外觀設計的信念,及擁有與佩帶高級錶的尊貴感及心中的優越感都會影響到態度,如圖 3-3 所示。

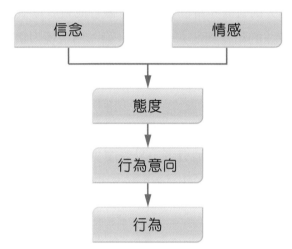

圖 3-3　信念、情感、態度、行為意向與行為間之關係

三、態度改變的方法

(一)改變信念

　　基本上,許多廠商都想改變消費者的信念(屬性得分),來增進消費者的態度。以表 3-1 的例子,H 牌其他配備、後續成本接近理想基準,任何改善不會影響到態度,因此只要改變其他屬性的信念,均可改變消費者的態度。修正產品來改變消費者的信念,尚需仰賴這些信念修改增加的成本。否則,執行產品的改變便毫無意義,例如 H 牌可增加硬體規格,但是要考慮修改規格是否會增加產品的成本,如此可能會影響到價格屬性上信念的分數。

　　此外,H 牌亦可使消費者對 A 牌的信念有相反的影響。例如,以競爭性的廣告可降低對 A 牌的知覺,例如攻擊 A 牌最強的外觀以及硬體規格。

（二）改變屬性的重要性

另一方式是改變消費者給予每一個屬性重要性的設定。這可增加或減少某些屬性的重要權數。但是改變屬性的重要性比改變信念還難，因為這已經是消費者深植於心的態度。就表 3-1 的 H 牌，究竟應改變那一個屬性？方向為何？要回答這個問題，就需考量相對於理想基準，消費者對每一品牌的知覺。若各品牌在屬性上均很接近理想基準，就無須改變屬性的重要性。如兩品牌在人員服務均很接近，即使屬性很重要，改變屬性的重要性一點用處也沒有。

但若在某屬性上（如硬體規格），A 牌較 H 牌接近理想基準，那麼降低該屬性的重要性對 H 牌就相當有利。在其他配備、後續成本屬性上，H 牌較 A 牌接近理想基準，就應增加此屬性的重要性。

（三）新增一個有利的屬性

在上例之中創造一個新屬性，而這個屬性的信念得分上，假設 H 牌是很強的，這樣會使原來屬性的結構起變化，H 牌就有機會打敗 S 牌。例如利用廣告強打使得消費者增加一個屬性，重量。假設重量屬性權重經過強打之後變成 +2，而 H 牌表現 +2，最後總分由 +12 增加為 +16；S 牌表現 -2，最後總分就會由 +19 降為 +15，如此 H 牌就打敗 S 牌了。在真實世界最有名的案例莫過於裕隆 Cerfiro 汽車。該車上市時不斷用廣告強調該車的寧靜表現優異，超過勞斯萊斯。本來消費者在考慮汽車時，幾乎不太會考慮寧靜，但經過裕隆的強打廣告後，寧靜就成為評估汽車的新重要屬型。而因為 Cerfiro 汽車在該屬性表現優異，因此最後成為銷售最好的 2.0 房車。

（四）改變對態度的可行性分析

根據上面三項說明，有一些可行方案可用來改變消費者對 H 牌的態度。但是改變需取決許多的考量。例如有些產品的修正花費頗鉅或難以施行（又用增加品質，同時要維持或降低售價），這種改變就需放棄。消費者抗拒改變亦需求考慮，且有些易於改變，有些則不太容易。例如，對價格的不正確信念很容易改正，但若產品無任何實質改善，要改變消費者的信念或態度是不太可能的。醫療技術對醫院而言非常重要。但醫療技術不佳的醫院很難去改變安全這個屬性的重要性。另一個考量是每一個改變對態度有何實質改善。這當然要看哪一個改變方案可使 H 牌態度有最大改善，及改善的先後順序而定。

3-4 創新、擴散與採用過程

　　所謂創新（Innovation）是指任何被認為是「嶄新的」產品、服務與想法。此定義存在已久，任何初次聽聞的提供品，都可算是一種創新。創新在社會體系中傳播需求花時間，Rogers（1962）把擴散過程（Diffusion Process）定義為：「一個新構想，從創新或創造的來源，散播到最終採用者或使用者的過程」。另一方面採用過程（Adoption Process）強調「一個人從得知創新，到最後採納的心智歷程」，採用則是個人決定要成為某產品一般使用者的決策。

一、消費者創新採用過程的階段

　　新產品的採用者，一般會經歷下列四個階段（Rogers, 1962）：

1. 知曉（Awareness）：消費者知道某種創新，但缺乏產品或品牌更進一步的資訊。例如消費者知道現在有完全以馬達做為動力的電動車，但不知道操控性如何，也不知道詳細規格。

2. 興趣（Interest）：消費者對新產品感到興趣，積極蒐集相關產品資訊。例如消費者對電動車感到有興趣，於是上網蒐集有提供電動車的資訊。

3. 評估（Evaluation）：消費者認真考慮是否要試用這個創新。例如消費者開始評估是否要購買電動車，這時會考慮幾種廠牌。

4. 試用（Trial）：消費者實際試用創新，以修正評價。例如消費者到汽車經銷商試用上一階段所考慮的幾種品牌電動車。

　　基本上在各階段廠商都需求設法提供廣告資訊、或是產品試用以協助消費者，以利通過前面的各階段來接受創新。例如某電動車廠商發現許多消費者都停留在興趣期，原因是產品的電池續電力不確定性與定價太高，廠商可以考慮推出產品試用方案以刺激消費者購買。

二、消費者創新程度的差異

　　Rogers（1962）將個人創新程度（Innovativeness）定義為「個人相對於他人，較早接受新構想的程度」。每個產品領域都有所謂的「消費先驅」或是早期採用者，如某些電腦玩家會購買最新款式的電腦；有些消費者會率先買新手機；也有消費者會試用最新

的減肥與美容藥品。基本上所有消費者都可以被分類，如圖 3-4，消費者採用過程呈現常態分配，也就是中間比較多，兩邊比較少的鐘形。若以時間作為橫軸，剛開始只有少數消費者會接受，隨即增加，然後達到最高，接著又逐漸降低。前 2.5% 採行新產品的人，稱為創新者（Innovators），接著的 13.5% 為早期採用者，然後是早期大眾、晚期大眾，最後則是落後者。

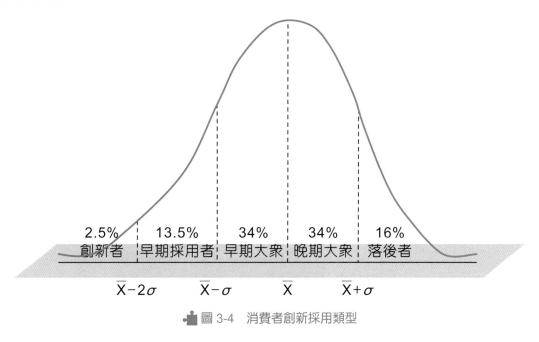

圖 3-4　消費者創新採用類型

Rogers（1962）認為這五個群體各有不同的價值與風險承擔，創新者具冒險性，願意承擔風險，試用創新產品或服務。早期採用者往往是團體中的意見領袖，會很早而小心地採用創新。早期大眾較謹慎，比一般人更早接受新事務，但非以領導者的姿態出現。晚期大眾具懷疑性格，只在多數人都嘗試過後，才會去接受創新。落後者受限於傳統社會規範，對變動感到遲疑，和其他保守的人來往，當創新獲得傳統的認可後才會接受。

根據採用者分類，創新的公司應該研究創新者及早期採用者的人口統計變數、心理變數和媒體特性，找出創新者在哪裡，以便能直接溝通，通常創新者會將產品使用的心得向外擴散到其他大眾，可以達到較好知說服效果。基本上某領域的創新者，可能是另一個領域的落後者。一個穿著保守的消費者，但卻喜歡嘗試各種新的汽車產品。行銷人員必須能夠分辨出其產品領域中，早期採用者的特質。例如創新的農夫，教育程度較高，也更重視效率（Kotler, 1997）。

　　根據 Rogers（1962）提出的假設：早期採用者往往較年輕，有較高的社會地位，良好的財務狀況，從事較專業的工作，資訊來源較廣泛而且較傾向於非人際性的來源，通常具意見領袖地位，也就是其態度與行為都會影響其他相關群體的消費者。

三、人員影響的角色

　　人員影響在新產品採用上有相當的作用。此是指一個人透過對產品敘述及印象，影響另一個人的態度和購買意願。不過人員影響在某種情況下的效果會較顯著，例如在評估階段、風險性較高的狀況以及落後者較易受他人影響時。

四、產品特性對採用速度的影響

　　影響消費者是否會採行該創新產品的創新特性有下列五點（Kotler, 1997）：

1. 相對優勢（Relative Advantage）：新產品功能較現有產品好或強的程度。例如新的智慧型手機推出，具有環景照相、手寫記事、防水功能，就比舊式手機功能更強與方便。

2. 相容性（Compatibility）：創新與個人使用經驗、價值配合的程度。例如新的手機操作介面與舊的手機介面都很類似，消費者可以很快知道如何操作新的手機。

3. 複雜性（Complexity）：消費者瞭解或使用新產品的難易度。例如新知慧型手機的功能，大多針對消費者的需求，如夜間照像、防水等功能消費者都可以很容易理解，不算複雜。

4. 可分割性（Divisibility）：消費者可以試用新產品的便利程度。例如消費者可以到手機專賣店試用手機的新功能。

5. 可溝通性（Communicability）：可將個人使用經驗傳遞給他人的難易程度。例如新的手機功能消費者可以很容易與其他消費者溝通具有環景照相功能。

五、機構購買者特性對採用速度的影響

　　組織對於接受創新的程度也不相同，例如：提倡新教學法的創造者應鎖定創新性高的學校，例如：現在很多大學採用英文授課或遠距教學的教學方式，新的資訊廠商，如：供應鏈管理、知識管理、顧客關係管理系統則需以勇於創新的企業爲目標顧客。基本上組織接受新產品的相關變數有：組織環境（社區發展階段、社區平均收入）、組織本身（規模、利潤、變革的壓力）與領導者（教育程度、年齡）（Kotler, 1997）。所以廠商只要能夠掌握這些組織的創新特性，就可以找出最佳的組織顧客作爲其目標市場。

TiVo 的創新擴散

　　TiVo 是美國大約在 2002 年時推出的產品，雖然看起來是一台「數位錄放影機」，但是 TiVo 是一台有內建電視節目表的錄放影機，透過節目表可以看到未來 2 週最新的節目時刻表和節目介紹。只要按一下，TiVo 就會把每一集想看的球賽、連續劇、影集全部都自動錄在硬碟裡。以下是 TiVo 的主要特色：熱門節目推薦，每週都會自動更新熱門強檔資訊；全影集錄製，一個按鍵就能自動錄下每一集想看的連續劇；Live 節目暫停、重播，現場節目也可暫停、倒轉或重播（資料來自 www.tgc-taiwan.com.tw）。

　　TiVo 在美國剛推出的時候，雖然一般的評價都相當不錯，也得到很多科技大獎，但是一般人還是對它不是非常熟悉，所以往往銷售人員不太清楚要如何賣此項產品，因此它剛上市之後就遇到瓶頸，銷售擴散的速度減緩。事實上有的人會認為它就是一個科技的新玩意，像是一台新的數位錄影機；也有的人會認為它是一台強化版的電視機，比傳統電視還多了一些功能；也有人認為它是一台個人化的電視機，可以提供觀賞者自由選擇與控制。從創新擴散的理論來看，TiVo 初期的購買者大多是創新者或早期大眾，如果要再進一步吸引早期大眾，TiVo 應該要加強與消費者的溝通，根據不同消費者對 Tivo 的認知去溝通，進一步將 TiVo 的優點告知消費者，鼓勵消費者試用，然後利用使用過消費者的口碑去傳播給大眾。

本章摘要

1. 消費者行為主要探討消費者決策過程以及影響決策過程的因素。

2. 基本上消費者在決策每一階段與過程，常是隨個人差異、外在環境、消費者投入資源如時間體力而有變化。要思考這些變化情形，我們將決策複雜程度高低想像成一連續帶。在複雜程度高的這端，通常指消費者初次作決策，其行動過程很複雜的則稱廣泛問題解決，但消費者也可能簡化問題，直接選擇以前購買過品牌，此就可稱為「習慣性問題解決」。

3. 消費者購買可分為初次購買、重複購買、特殊性購買。

4. 消費者決策過程可分為：需求確認、資訊搜尋、方案評估、購買消費、購後方案評估。整個決策過程都需求資訊處理，可分為：資訊展露、資訊注意、資訊理解、資訊接受、資訊保留等階段。

5. 在整個決策過程中涉入與態度扮演重要的影響角色。涉入定義為「個人基於本身需求、價值、興趣而對某些事物所知覺的攸關程度」以解釋消費者針對不同事物的涉入。有此情況時，消費者或深思熟慮，以從購買或使用中減少風險，增加利益。

6. 態度主要有三個組成因素，分別為認知因素、情感因素及意圖因素。一個人對態度標的物的知識和信念即為認知因素。情感因素是一個人對態度標的物的感覺。意圖因素則是一個人對態度標的物的行動或行為傾向。

7. 所謂創新是指任何被認為是「嶄新的」產品、服務與想法。創新在社會體系中傳播需求花時間，擴散過程為一個新構想，從創新或創造的來源，散播到最終採用者或使用者的過程。採用過程強調一個人從得知創新，到最後採納的心智歷程，採用則是個人決定要成為某產品一般使用者的決策。

8. 關鍵詞彙：消費者行為、涉入、消費者決策過程、消費者資訊處理、態度、創新擴散。

一、名詞解釋

1. 消費者決策過程

2. 消費者資訊處理過程

3. 涉入

4. 態度

5. 創新擴散

二、選擇題

( ) 1. 消費者在初次購買時，在複雜程度高的這端，其行動過程很複雜的稱為？ (A) 有限型問題解決 (B) 衝動型購買決策 (C) 廣泛型問題解決 (D) 以上皆是。

( ) 2. 消費者在初次購買時，在複雜程度低的這端，其行動過程較為簡化的稱為？ (A) 有限型問題解決 (B) 衝動型購買決策 (C) 廣泛型問題解決 (D) 以上皆是。

( ) 3. 下列哪些是消費者決策過程？ (A) 需求確認 (B) 資訊搜尋 (C) 方案評估 (D) 以上皆是。

( ) 4. 消費者資訊處理的第一個階段為？ (A) 資訊理解 (B) 資訊注意 (C) 資訊展露 (D) 資訊接受。

( ) 5. 個人基於本身需求、價值、興趣而對某些事物所知覺的攸關程度稱為？ (A) 態度 (B) 涉入 (C) 介入 (D) 以上皆非。

( ) 6. 態度有哪些組成因素？ (A) 認知 (B) 情感 (C) 行為傾向 (D) 以上皆是。

( ) 7. 下列哪個因素會影響到創新擴散？ (A) 複雜度 (B) 相容性 (C) 可溝通性 (D) 以上皆是。

( ) 8. 消費者在購買汽車的時候，會仔細蒐集與比較資訊，這時的消費者屬於？ (A) 高涉入行為 (B) 低涉入行為 (C) 衝動型購買 (D) 以上皆非。

(   ) 9. 下列哪些不是消費者創新類型？   (A) 創新者   (B) 早期採用者   (C) 晚期採用者   (D) 以上皆是。

(   ) 10. 產品展示或銷售點促銷所挑起未計畫性的購買稱為？   (A) 衝動型購買   (B) 尋求多樣購買   (C) 初次購買   (D) 習慣型購買。

三、問題討論

1. 說明消費者決策過程？請舉實際例子說明。

2. 何為涉入？涉入種類有哪些？影響涉入的因素為何？

3. 消費者資訊處理的階段為何？

4. 改變態度的方法有哪幾種？

5. 消費者創新的類型有哪五種？其消費特徵有何不同？

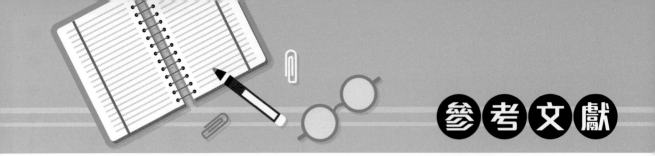

參考文獻

- Blackwell, R. D., Miniard, P. M., and Engel, J. F. (2012), Consumer Behavior, Singapre : Cengage Learning

- Chang, E., Burns, L. D., & Francis, S. K. (2004), Gender differences in the dimensional structural of apparel shopping satisfaction among Korean consumers: The role of hedonic shopping value. Clothing and Textiles Research Journal, 22 (4), pp.185-199.

- Costley, Carolyn L. (1988), "Meta Analysis of Involvement," Advances in Consumer Research, Vol.15, pp.554-562.

- Engel, James F., Roger D. Blackwell, and Paul W. Miniard (1995), Consumer Behavior, Dryden Press.

- Gronroos, Christian (1990), Service Management and Marketing: Managing the Moments of Truth in Service Competition, MA: Lexington Books.

- Hoffman, Donna L. and Thomas P. Novak (1996), "Marketing in Hypermedia Computer-Mediated Environments: Conceptual Foundations", Journal of Marketing, 60 (July), pp.50-69.

- Houston, Michael J. and Michael L. Rothschild (1978), "Conceptual and Methodological Perspectives in Involvement", in Research Frontiers in Marketing: Dialogues and Directions, ed. S. Jain, Chicago: American Marketing Association, 184-187.

- Kotler, Philip (1997), Marketing Management, 9 ed., Prentice-Hall.

- Laaksonen, Pirjo (1994), Consumer Involvement: Concept and Research, London: Routledge.

- Laurent, Gilles and Jean-Noel Kapferer (1985), "Measuring Consumer Involvement Profiles", Journal of Marketing Research, Vol. XXII (Feb.), pp.41-53.

- Madhavaram, S. R., & Laverie, D. A. (2004), Exploring impulse purchasing on the internet. Advances in Consumer Research, 31 (1), pp.59-66.

- McQuarrie, Edward F. and J. Michael Munson (1992), "A Revised Product Involvement Inventory: Improved Usability and Validity", Advances in Consumer Research, Vol. 19, pp.108-115.

- Petty, Richard E., John T. Cacioppo (1986), Communication and Persuasion: Central and Perpherial Routes Approaches, New York, NY:Springer-Verlag.

- Petty, Richard E., John T. Cacioppo, and David Schuman (1983), "Central and Peripheral Routes to Advertising Effectiveness: The Moderating Role of Involvement", Journal of Consumer Research, 10 (September), pp.135-146.

- Rogers, E. M. (1962), Diffusion of Innovation, NY: Free Press.

- Zhang, X., Prybutok, V. R., & Strutton, D. (2007), Modeling influences on impulse purchasing behaviors during online marketing transactions. Journal of Marketing Theory & Practice, 15 (1), pp.79-89.

- Zaichkowsky, Judith Lynne (1985), "Measuring the Involvement Construct", Journal of Consumer Research, Vol. 12 (Dec.), pp.341-352.

- Zaichkowsky, Judith Lynne (1986), "Conceptualizing Involvement", Journal of Advertising, Vol. 15 (2), pp.4-14.

·NOTE·

Chapter 4

行銷研究

教學目標

研讀本章之後，讀者可以了解

1. 認識行銷研究的規劃功能
2. 熟悉行銷資訊系統的特質
3. 決定行銷研究的方法階段
4. 執行行銷研究的資料來源
5. 培養行銷研究的倫理規範

本章架構

4-1 行銷研究的重要
4-2 行銷資訊系統的決策支援
4-3 行銷研究的步驟流程
4-4 行銷研究的資料蒐集
4-5 行銷研究的倫理素養

像精品店的小吃店－鼎泰豐

《遠見》2014 年 2 月號封面故事－鼎泰豐，你學不會
https://www.youtube.com/watch?v=brwmzhMijkY

　　美國有線電視新聞網（CNN）在 2014 年元月列舉了十件台灣無人能及的事，其中一件就是小籠包，CNN 評論「儘管小籠包的發源地是上海，不過台灣卻在全世界小籠包界擁有一席之地」。把這一顆顆細皮嫩肉的小籠包推上國際舞台，讓小籠包成為台灣代名詞的，就是現在還稱自己是「小吃店」的鼎泰豐。

連玻璃擦拭都有專門步驟的透明櫥窗式廚房

　　鼎泰豐的特色之一就是透明櫥窗式廚房。鼎泰豐董事長楊紀華首創把製作點心的前廚，改造成半開放式櫥窗廚房，顧客隔著透明、潔淨的大片玻璃，欣賞到廚師們如何分工合作，現點現做黃金 18 摺小籠包，就像看一場精巧的表演秀一樣，甚至拿起相機拍照。當廚房變成景點，就大幅減少了顧客等待時無所事事的無聊時光；而且觀察到顧客的行為，鼎泰豐為了方便顧客拍照，大型店還貼心設計能雙手倚靠的大理石檯面。

　　為了更從顧客角度觀察需求，鼎泰豐甚至找員工實境拍成影片，讓內部人員站在客人的角度觀賞，更能揣摩到位的動作與表演的精髓。例如鼎泰豐擦玻璃的方法，就因此被拆解成「由左至右、由上至下」、「左到右是順時針」、「右到左是逆時針」及「S型方式擦拭」四個口訣，擦拭者更要從頭到尾嘴角揚起微笑，動作細心又優雅，專注溫柔地對待面前的玻璃，因此讓顧客連看員工擦玻璃都感到開心，被稱讚為「連擦玻璃都是一場秀！」

依排隊人數分組的叫號系統

　　在鼎泰豐的門市，都設有排隊叫號燈，但原本的設計，只能提供一組號碼，常發生因為大小桌的不同，導致客人產生「為什麼我先來，卻是後來的人先有位？」的誤解。例如等候第一順位是 6 位客人，第二順位是 3 位客人，總控通報一線人員，目前有四人桌的空位釋出，接待人員就會安排第二順位的客人先入座，這時候，很容易就造成第一順位的客人感覺不悅。

為了解決這類型客訴，鼎泰豐研發了可分「1～2 人」、「3～4 人」、「5～6 人」及「7 人以上」的排隊叫號系統，各用餐區與廚房也能了解店外排隊等候人數現況，各區服務人員一旦整理好位子，可以直接輸入系統通報可帶位的桌號。把不同人數區分，讓客人不會有「我先來卻別人先進去」的感受，讓顧客就算長時間等待也不會生氣。

推出預計等候時間螢幕

等待最讓人感到不耐的不是「需求等」，而是「不知道到底要等多久」，因此 2014 年，鼎泰豐推出「預計等候時間螢幕」，並在店門內外都設有螢幕。店外的螢幕，是讓門外排隊的顧客看，可以知道取票後的等待時間；門內的則是給工作人員看。螢幕的設置，是因為鼎泰豐發現「眼見為憑」是人的天性，裝上預計等候時間的螢幕後，反而讓更多顧客願意上前取票、甘願花時間排隊。因為可以「看見」時間，顧客就會依據等待時間，決定是否取票，甚至能讓原本看門口的人潮以為需求等待 40～50 分鐘，看到螢幕就知道只要 15 分鐘，自然就會二話不說留下等待了！

甜美笑容、外語流利的人員互動

當客人取完票後，第一線組員會先請顧客到附近商圈逛逛，接近取號單上的時間再回到現場；等待入場的同時，第一線組員會先拿菜單給客人參考，也會跟客人聊天互動。鼎泰豐各店的第一線組員都是特別精挑，她們有著甜美笑容，以及應答如流的外語能力，透過互動，讓客人有良好感受。

極致吹毛求疵

首先，鼎泰豐吹毛求疵的徹底落實中華料理的標準化，簡直把小吃店當作精品店。走到任何一家分店，到處都看得到溫度計和秤子。前廚工作台上師傅包好的所有小籠包，重量只允許 0.2 公克的差距，包前的材料和包完的成品都要測量。其實多 1 公克，客人也不會發現，但在要求完美的鼎泰豐董事長楊紀華眼中，卻是天與地的差別。

鼎泰豐建立中央廚房，餃子、燒賣皆在中央廚房內統一製作和配送。一個產品從原料處理、製皮、成型、完成，均能計算出每一個步驟所需求花的時間，對每一個流程作控管，並設有每十五分鐘負責抽查的機制。每道菜出場送到客人餐桌前，外場人員也必須拿出筆型溫度計確認，比如元盅雞湯和酸辣湯的最佳溫度是 85 度，才不至於燙口，肉粽則必須提高到 90 度，確保豬肉塊熟透。

徹底執行標準化 品質口感一致

楊紀華請台北六家門市各推派一位炒飯達人，到中央廚房比賽炒飯，六個人從下鍋、翻炒到起鍋，不但時間和動作一致，就連吃起來的口感都相差無幾，可見標準化執行徹底。

從不停止追求完美的腳步，討論抹布怎麼擰

鼎泰豐更讓別人追不上的就是，從來沒停止討論如何進步。楊紀華和主管們在早上例行和分店的視訊會議上，花一個小時討論「抹布」。原來楊紀華在店內碰到一位客人，向他反應擦完桌子後，桌面仍是溼的，於是便開始檢討抹布該如何擰，才會乾濕適中。接著要所有分店上傳折好的抹布，比一比誰折得最好。之後規定，抹布必須折成像軍人棉被般方正，且四個角要對齊，LOGO 也不能露在外面。

放眼國內服務業，很少老闆像楊紀華般重視顧客的不滿意。每件客訴都會在隔天早上的視訊會議上討論，不光只是楊紀華一個人，而是全台灣所有店長及儲備主管，一起解決顧客的不滿意，一有結論然後馬上加入 SOP，所有分店當天立刻照辦。

對於美食的堅持，是對客人的一種責任，客人消費要的是口欲的滿足，如果不能替客人把關，就算再便宜也不值得品嚐，鼎泰豐堅持口味一致，產品的新鮮與衛生，可以讓每一個客人都品嚐到。

資料來源：本文修改自《鼎泰豐，有溫度的完美》，天下文化出版，2014

💡 問題討論

1. 您去過鼎泰豐嗎？對於上述內容有何心得？

2. 如果您是楊紀華董事長，在行銷觀點上還有哪些地方是值得提出改進的呢？

3. 試討論鼎泰豐的經營型態，要有什麼樣的變化才能迎合未來的消費者呢？

🌏 案例導讀

從這個案例當中，我們可以看到鼎泰豐幾乎各家的分店門口總是都大排長龍，就算設有取票叫號系統，但如何降低顧客等候時的煩躁感，依然是鼎泰豐一直持續追求改善的目標。鼎泰豐不斷從各式各樣的客訴中，仔細研究與推敲顧客的心理變化過程，思考如何改善在第一線接待的軟硬體流程，降低因為等待時間過長的不耐情緒。讓更多人心

甘情願來鼎泰豐排隊，而且等得更開心、對服務更滿意。

　　隨著企業經營環境的發展，資訊科技的創新流通，企業體的管理者已經從原有的生產導向思維、銷售導向思維而轉變至以行銷導向思維之企業經營決策的變革思維。在此變革思維決策的企業經營環境之中，行銷研究（**Marketing Research**）實為扮演以協助企業體即時洞悉市場環境的發展趨勢、顧客的消費需求與競爭廠商的因應訊息之重要角色。其亦以孕育出透過有效適宜的運用企業內、外部資訊與行銷資訊系統，而顯現出不同行銷決策問題解決方案的落實。

4-1 行銷研究的重要

　　從以上的章前個案內容可以得知，行銷研究（Marketing Research）中的研究資料與其相關所需服務提供的重要性。依據美國行銷協會的詮釋，行銷研究的定義是藉由資訊融合企業體、顧客而有效控制其研究品質有：

1. 解決行銷決策所需資訊於行銷機會的定義與辨識。
2. 設計行銷資料蒐集方式於行銷活動的評估與修訂。
3. 執行行銷資料蒐集預測於行銷績效的管理與控制。
4. 評析行銷研究結果獲得於行銷過程的認識與發現。

　　行銷研究的研究領域包含：行銷市場環境、服務或產品的價格定位、配銷通路的推廣籌劃等，行銷管理領域所需的資訊訊息為其行銷管理決策的依據。其研究領域有：

1. 行銷市場產業環境特性趨勢於企業體或其競爭廠商之研究。
2. 市場區隔、品牌知名度、產品滿意度之消費者行為。
3. 產品的發展、測試、試銷與包裝設計之分析。
4. 服務或產品價格之相關需求分析。
5. 服務或產品於配銷通路的促銷推廣。

　　行銷研究的三項問題類型之用途包含：

1. 規劃
   (1) 何者購買我們的產品？他們住在何處？有多少所得收入？有多少人數？
   (2) 我們的產品在市場是逐漸成長或下降？是否有些尚待開發的市場潛力？
   (3) 產品的配銷通路是否需求調整？是否有新的行銷通路機制正在形成？

2. 解決問題
   (1) 產品
      (a) 最有可能成功的產品設計為何？
      (b) 應該使用何種產品包裝？

(2) 價格

    (a) 產品的價值應該為多少價錢？

    (b) 當生產成本減少後，我們應該降低價格或開發更高品質的產品？

(3) 通路

    (a) 我們的產品應該由何種管道銷售及其銷售至何處？

    (b) 我們應該提出何種誘因而使經銷商願意促銷及推廣產品？

(4) 推廣

    (a) 推廣的費用應該是多少？而其費用要如何分配至各地區與產品之中？

    (b) 大眾傳播媒體如廣播、電視、報紙、雜誌等，我們應該使用何種組合？

3. 控制

(1) 各類型顧客在每個地區及整個市場佔有率有多少？

(2) 我們的服務績效如何？顧客滿意我們的產品嗎？有很多退貨嗎？

(3) 民眾對我們企業有何種看法？我們在同業的評價為何？

行銷研究的迷思

小事典

    很多經理人都知道行銷研究的重要性，但常常花了大筆預算，請市調公司做調查，拿了一大堆數據，就以為很瞭解消費者，結果真的就瞭解消費者嗎？

    如果一個行銷人員很願意去傾聽顧客的意見、常常實地的去瞭解顧客的想法，雖然會有主觀偏誤的限制，但是只要是長期真心的想要瞭解目標客群的想法，這樣的質性瞭解消費者往往比量化調查研究還來得有效。

    也有很多人誤解行銷研究就是量化問卷研究，請專家設計一些題目，透過問卷調查與統計分析來瞭解消費者。雖然問卷調查是行銷研究的重要一環，但是絕不是行銷研究的全部，在許多議題跟情境中，問卷的重要性甚至低於質性研究（如觀察法、深度訪談、焦點團體等方法）。

    運用愈多的量化統計分析，愈能展現出行銷研究的功力，其實這個觀念是不正確的！行銷研究主要目的是幫助管理者找出行銷問題的答案，而這些答案往往是不能僅用量化問卷題目知曉，在很多時候，管理者對於實務經驗的判斷能力，再輔以行銷研究的結果，往往才是企業無往不利的關鍵因素。

4-2 行銷資訊系統的決策支援

行銷資訊系統（Marketing Information System）是處理行銷資訊的電腦化項目之行銷管理決策支援工具（如圖 4-1）；其定義是行銷與研究人員進行行銷研究時所需的資訊處理程序設備或元件，以輔助行銷管理上的決策制定。而其主要功能有：

1. 管理決策於非替代性協助制定決策之支援。

2. 行銷與研究人員輔助企業體中、高階管理者如何運用於市場區隔之產品或服務銷售與價格的行銷決策。

3. 促進其系統操作人員和系統設備應用資訊有效處理的統計分析與數學運算的顧客相關資料。

4. 落實配置行銷資源於其資料來源程序之蒐集分析的整理儲存與傳達。

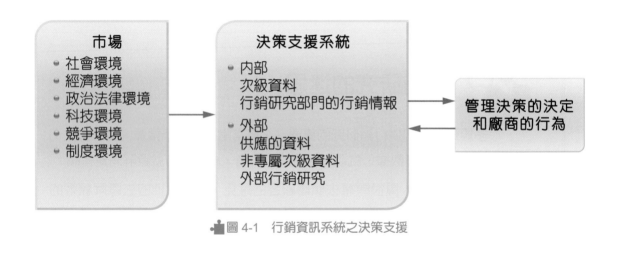

█ 圖 4-1　行銷資訊系統之決策支援

小專欄

DSS 最主要的三個資料管理技術

資料倉儲（Data Warehousing）

　　資料倉儲的功能除了儲存資料外，還要整合資料。最重要的是，資料倉儲藉由整合公司內部資料，並綜合各種外部資料，透過電腦的分析、模擬、比較、推論等，將作業中的資料轉換成有用的、策略性的資料，進而提供公司重要決策者一個完整的、廣泛的訊息，以支援決策的制訂，藉此提升企業競爭力，迅速做出正確決定，以因應快速變動的市場需求。

資料探勘（Data Mining）

　　資料探勘就是指大量的資料進行分類、排序以及運算，歸納出事先未知的有用知識過程。而這個過程所產出的結果，透露出特殊的資料模式，是光作排列或是摘要時所看不出來的。是一種新的且不斷循環的決策支援分析過程，它能夠從組合在一起的資料中，發現出隱藏價值的知識，以提供給企業專業人員參考。

OLAP（On-Line Analytical Processing）線上分析處理

　　透過快速、一致、交談式的界面對同一資料提供各種不同的呈現方式，供不同層面的使用者如分析師、經理及高階主管等使用，使其具備透析資料反應出來資訊的能力。簡單的說，OLAP 能彙整資料庫的原始資料，並轉成多維度的分析模組 （Multidimensional Module），將原始資料加值成有意義的資訊，便於使用者做決策分析。

DSS 在企業 e 化中的角色

　　一般企業的資訊系統，大別可分成三個層次，包括作業層、管理層、策略層。作業層為企業資源規劃（Enterprise Resources Planning, ERP），主要為交易處理，中小型企業購買現成軟體，大型企業進行專案開發，大多沒問題。管理層為辦公室整合系統（Office Integration System, OIS），最簡單，只要購買 Microsoft 的相關產品，一切就緒。策略層為決策支援系統（DSS），中大型企業需求最迫切，也是高階主管最頭痛的問題，因為要找到適當的專業系統，才能知道如何規劃應用、應用及解決公司的決策問題。

4-3 行銷研究的步驟流程

行銷研究過程（Marketing Research Process）（如圖 4-2）要使研究人員能夠瞭解研究問題的先後順序之完整過程至最後研究問題的評析解讀，以顯示出有效成本且適用的資訊。同時，行銷研究的結果將與企業的成本控制與改善管理決策品質具有相當的影響。

一、定義問題（Problem Definition）

其以顯示出企業執行該行銷計畫是否有所成功之關鍵性影響。同時，本研究問題的定位是關注於企業體的產品或服務所「期許」與「現實」行銷情況之間的差別，而管理決策者和行銷研究人員要對此研究問題的預期差異有清楚的體認。所以，本步驟實屬一個相當重要的階段。

二、行銷研究設計（Marketing Research Design）

針對前述的定義問題與後續的資料蒐集（如 4-4 節）所擬出的行動決策計畫而言（如表 4-1），其設計種類有：

1. 探索式設計（Exploratory Design）

其特質是符合研究人員針對研究問題有較適宜瞭解的期望，以獲取主題研究的初始背景和問題建議，而有後續更進階的追蹤研究。

2. 敘述式設計（Descriptive Design）

其特質是規劃一個或多個正式且假設性的主題研究問題而言。

3. 因果式設計（Causal Design）

其特質是研究人員需求以從事實驗的方式而操控各種變數型態的一種實驗性研究，以界定各種變數的前因後果。

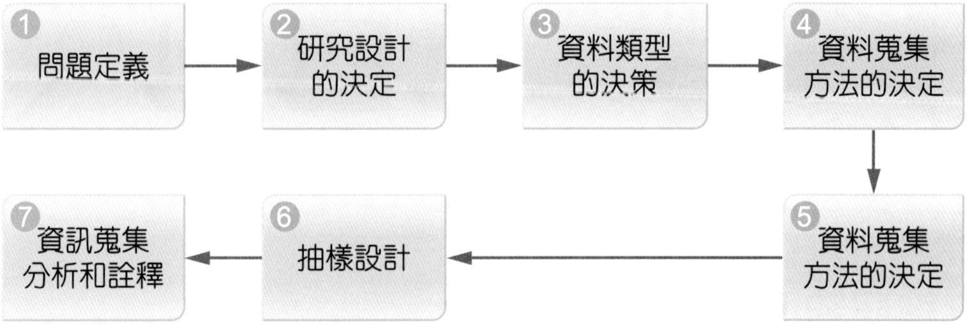

圖 4-2　行銷研究過程

表 4-1　行銷研究之設計種類

類型	使用方式	範例
探索式設計	個案分析 文獻回顧 焦點小組 深度訪談	新產品概念評估 產品屬性辨識 環境趨勢分析
敘述式設計	小組研究 商店稽核 產品動向調查 電話郵件 人員訪問	市場潛力 形象研究 競爭力分析 市場特色檢視 顧客滿意度研究
因果式設計	實驗設計 （實驗室現場研究） 市場測試	各類行銷組合評析 （改變促銷與人力調整配置）

由行銷研究而起的品牌
－左岸咖啡館法式浪漫的杯裝咖啡

　　統一企業在西元 1995 年引進了新技術的冷藏塑膠杯包裝機，可以生產冷藏塑膠杯飲品，於是與奧美傳播集團旗下的台灣奧美廣告，構思應該出產哪種飲品，最後拍板決定推出咖啡產品。奧美廣告公司開始進行行銷研究，利用研究結果，找出現有市場的潛在需求，即消費者心中尚未被滿足的需求，並精準抓住消費者的偏好，創造品牌聯想與品牌價值，創造「左岸咖啡館」品牌形象。

定義問題與研究目標

　　展開行銷研究之初，清楚定義問題，不可過狹窄或過於廣泛，而所定義的問題分為三大類：探索性（Exploratory）、敘述性（Descriptive）及因果性（Causal）。在決定進入咖啡公司後，奧美公司需求找出咖啡市場中尚未被滿足的消費者、消費者選購產品時的偏好、可接受的價格、對品牌的期待等，清楚了解此項研究目標後，方能得出有效結論。

發展研究計畫

　　研究計畫的目的在於搜集需求的資料，而研究計畫應包含：資料來源、研究方法、研究工具、抽樣計畫、接觸方法。奧美除了以現有的次級資料了解咖啡產業外，也著手發展初級資料，以取得針對特定問題更精確的第一手資料。

　　而就方法與工具部分，奧美首先採用觀察法，藉由觀察相關的行為者與背景，以了解消費者購物或使用產品的情形。再著重在焦點群體訪談的質化式方法，以取得質性的研究結果。焦點群體訪談方式為一次找來符合相關條件的受訪者約 6～10 人，透過一位客觀且具有專業知識，又熟知團體動力學的主持人，針對對於飲用咖啡的感受，及相關主題進行討論，從中獲得深度訊息。利用互動式訪問，更有利於受訪者提出多元意見，在像奧美此種欲發掘潛在客群的需求的研究中，利用焦點群體訪談，更容易得出意外的收獲。

搜集資料

　　而奧美的確藉由觀察法找出消費者購買咖啡時的決策因素，並在焦點訪談中有了突破式的發現，發掘存在一潛在族群，擁有浪漫幻想情懷、喜愛閱讀，文藝氣質濃厚，鎖定台灣 17 至 22 歲女性客群，於是才構思推出一種具有法國情懷的咖啡。

分析資訊

　　運用統計方法，數據化分析資訊，才能針對問題從中找出有效的解答。分析資訊的方式包含以下五種：因素分析（factor analysis）、集群分析（cluster analysis）、聯合分析（conjoint analysis）、回歸分析（regression analysis）及量表發展（scale development）。奧美以集群分析做出新產品的市場區隔，找出產品定位，並以聯合分析找出對購買行為最具影響性的因素，及對消費者最具吸引力的特色。

呈現研究結果 & 進行決策

　　奧美將這些發現整理呈現給統一集團，並讓統一集團可以依循行銷研究結果制定相關行銷決策。

「左岸咖啡館」誕生

　　依循行銷研究得出的結果：擁有浪漫情懷，且具備文藝氣息的族群，而影響購買最主要的因素，即對咖啡產品的要求，不僅止於產品本身，更著重在生活態度與氛圍。因此統一企業決定透過法國巴黎這個浪漫的城市中，一個景色怡人，佈滿咖啡廳，被稱作「左岸」的河邊地區，將新產品取名為「左岸咖啡館」。透過具有浪漫情調的品牌名稱，打造消費者憧憬的品牌形象，以滿足消費者的潛在需求，並符合她們對品牌的期待。而「左岸咖啡館」鮮明的品牌形象因而誕生。

　　正因如此，我們可以發現，左岸咖啡館的所有行銷手法，無論產品包裝、廣告、官方網站，或近來盛行的臉書粉絲專頁經營，都在傳遞給消費者一個關鍵的形象：浪漫。左岸咖啡館在報章媒體上刊登巴黎左岸的風景照片，透過影像對消費者建立品牌認知；在電台播放一首首的左岸情詩，透過聽覺將形象深植消費者記憶；而在電視管道中除定期推出系列廣告外，也播放左岸咖啡館之旅的電視特輯，無論在廣告或特輯中都帶領觀眾進入巴黎左岸的實景，以視覺品嘗 20 種不同味道的咖啡，並營造啜飲左岸咖啡館的咖

啡，即如同親臨法國巴黎一般。而在粉絲專頁也不斷利用暖色基調的照片，搭配溫暖的文字，營造悠閒浪漫的形象。

在即飲咖啡以男性為主力的市場中，左岸咖啡館仍以鮮明的品牌形象及定位，在市場中位居前五大的市場佔有率，商品單價也高於平均購買單價，顯示經過行銷研究結果開發的「左岸咖啡館」系列在市場的接受度，與在消費者心中的法式浪漫形象讓該品牌持續立足於市場。

【本文摘錄自維京人酒吧網站】

行銷研究的資料蒐集

　　行銷研究工作要繼續進行時，研究人員能夠決定研究資料如何蒐集以依據其規劃目標而如何持續資料分析與選擇樣本。

一、資料來源類別

1. 原始（亦稱【初級】）資料（Primary Data）

　　其定義是為特別的行銷研究相關問題而蒐集的資料（如：顧客對於產品或服務滿意程度之調查、政治人物之民意調查）。而其優點有一特定的研究主題，以其資料內容顯示出現況；而研究成本過高為其缺點。

2. 次級（亦稱【二手】）資料（Secondary Data）

　　其定義是為其它研究主題、且從不同的資料來源獲得而蒐集的資料。其類別有內部次級資料，有企業組織現有的資料（如：企業體員工報告、營運績效）；外部次級資料有如報紙、雜誌等。網際網路亦是次級資料的來源之一。研究成本適宜為其優點；而相關研究資料內容的時效準確性為其缺點。

　　不同類型來源之資料比較整理，如表 4-2 所示。

表 4-2　不同類型來源之資料比較

原始（初級）資料	次級（二手）資料
• 調查 　電話 　郵件 • 訪問 　購物賣場 　百貨公司 　人員訪問 • 焦點小組觀察 　人員 　機械式	• 內部資料 　行銷設計資料 　研發生產資料 　公司記錄內容訊息 • 外部資料 　專屬性 　客製化研究 　資料提供公司之業務 • 非專屬性 　公布報告之內容訊息 　普查資料之內容訊息 　期刊 　報紙 　雜誌

二、資料來源取得

綜而論之，為考量到管理決策的正確性，其亦限於真實正確的研究資料，很多行銷管理決策仍以原始資料為依據。本章節僅以原始資料說明之，其取得資料的方式有：

1. 焦點小組（Focus Group）：其為常用的研討方式，焦點小組由 8～12 人組成，由一位協調者帶領其組員針對特定的研究主題而進行更細部的焦點式研討，以得知參與者的反應，且每次研討時間為二小時為限。

2. 電話調查（Telephone Interview）：其為在廣大的地區能夠即時且有成效益的執行電話訪問。

3. 郵件調查（Mail Survey）：其為在廣大的地區能夠以快速便宜的郵寄資料蒐集方法。

4. 人員訪問（Personal Interview）：其為訪問者與受訪者採取面對面且一對一在家中、工作地點或特定場所的互動訪問。

5. 購物賣場攔截訪問（Mall Intercept Interview）：其為訪問者於購物賣場針對從事購物的受訪者亦進行面對面且一對一的互動訪問。

6. 網際網路調查（Internet Survey）：其為透過電子郵件或網路操作，以進行其非實體的研究調查工作。

7. 觀察法研究（Observation Research）：其為觀察者藉由攝影機等電子設備以監控觀看被觀察者行為事物的觀察研究。

8. 投射式技巧（Projective Techniques）：其為從如所完成句子或關聯文字的正常情形而有不知如何預期的誠實感受之回應評估。

以下將原始資料來源之取得依據比較綜合整理，如表 4-3 所示。

☆ 表 4-3　原始資料來源之取得依據比較

方法	優點	缺點
焦點小組	• 蒐集的資料有深度 • 使用有彈性 • 低成本 • 快速蒐集到資料	• 有專業協調人員 • 小組規模和參與者認識有問題情形發生 • 協調者有偏誤 • 樣本數較少
電話調查	• 蒐集的資料集中化控制 • 比人員訪問較有成本效益 • 資料蒐集快	• 在蒐集財務所得資料時有阻力 • 回應深度有限 • 低所得區隔涵蓋比例不足 • 行銷人員於電話的濫用 • 有侵犯的感受
郵件調查	• 每次完成的回應有成本效益性 • 地理區較分散 • 容易管理 • 資料蒐集快	• 產生區隔且拒絕接觸的問題回應的深度有限 • 於非回應誤差估計有困難 • 在蒐集財務所得資料時有阻力 • 以後的郵件不能控制
人員訪問	• 較電話訪問有更深度回應 • 與小組方法比較，能產生較多創意	• 易傳遞偏誤暗示 • 不在家中 • 廣泛涵蓋不可行 • 接觸成本高 • 資料蒐集時間長
購物賣場攔截訪問	• 在資料蒐集、回答問題、偵察回應有彈性 • 資料蒐集快 • 在概念測試、模仿評估和其它視覺作用效果甚佳 • 高回應率	• 時間有限制 • 樣本組成代表性懷疑 • 成本決定於事情發生的比率 • 訪問者管控困難
網際網路調查	• 便宜快速執行 • 評估視覺刺激 • 即時資料處理 • 回應者方便時回答	• 回應必須檢查重複情形與假答案 • 回應者有自行選擇偏誤 • 於回應者資格不能控制確認回應 • 不易產生機率分配樣本
觀察法研究	• 蒐集敏感資料 • 精確衡量外部行為 • 與調查的自行報告有不同觀點 • 從事不同文化差異研究有用	• 只適合經常出現的行為 • 不能評估態度的意見 • 資料蒐集時間且成本高
投射式技巧	• 在文字與新品牌名稱相關有用 • 在敏感問題回應者的威脅較小 • 辨認選擇背後的重要動機	• 有訓練的訪問人員 • 訪問成本高

個資法風暴來襲衝擊企業

全臺灣 136 萬家企業、2300 萬民眾都要遵守新法的規範。新版《個人資料保護法》已經上路，比過去法規更嚴厲，若違反個資法，不只企業面臨更高的罰則，連老闆和員工都會受罰，甚至要入獄服刑。

不論是一個人或一群人、中小企業或跨國企業、任何工作、任何活動，凡是需求蒐集、處理或利用到個人資訊的行為，包括紙本記錄和電腦資訊、甚至是隨手寫在便條紙上的聯絡資訊，若不留意，都有可能牴觸了個人資料保護法的規範。

個資法新增加了團體訴訟求償的規定，受害當事人可集體向違反個資法的企業求償。每人每次可求償 500～20,000 元，相同原因產生的賠償金額合併計算，最高可以達到 2 億元，這個金額是舊有法規的 10 倍。

當企業違法使用個資造成當事人損失，除了賠償當事人以外，經手個資的員工也要面臨 2 年刑期或 20 萬元以下的罰金，若是故意違法利用個資來營利，刑期更是加重到 5 年以下有期徒刑，或併科罰金 100 萬元。

平時，各行業的主管機關可以派員檢查企業是否符合個資法的規範，發現有違法情況，除了可以扣留違法使用的顧客資料外，主管機關還可以限期要求企業改善，若不改善則可以按次罰鍰，依違反情節不同，從 2 萬元到 50 萬元不等。如果企業老闆若沒有盡力避免違法情況發生，主管機關也會用同一額度罰鍰來處罰企業老闆。上至老闆、下至每一位員工，都必須清楚了解個資法的影響，才免於觸法的風險。

三、資料蒐集工具

　　行銷研究資料要繼續進行蒐集且研究人員要正式使用問卷調查前，應準備好經由修正且測試的樣本代表性之簡易明瞭的非模糊性問題，使受訪者願意回答。而資料蒐集之問題答案形式類型實例綜整如圖 4-3 所示。

尺度

　　同意—不同意
　　我對綠能環保使用的增加(圈選一種)

　　強烈同意　　同意　　不同意也不反對　　反對　　強烈反對
　　===
　　文意的差異
　　對我而言，足球是……

　　重要＿＿＿　＿＿＿　＿＿＿　＿＿＿　不重要
　　===
　　多重選擇
　　您選擇本銀行為支票帳戶的主要原因為何？

　　＿＿＿地點　　　＿＿＿利率　　　＿＿＿聲譽　　　＿＿＿服務　　　＿＿＿其他(請說明)
　　===
　　分類
　　在2014年，您的薪資所得為：

　　＿＿＿500,000元以下　　　　＿＿＿500,001-800,000元
　　＿＿＿800,001-1,200,000元　＿＿＿1,200,001-1,500,000元
　　＿＿＿1,500,001元以上
　　===
　　沒有固定答案
　　請您建議應如何改善我們的服務品質？　＿＿＿＿＿＿＿＿

圖 4-3　資料蒐集之問題答案形式類型

四、資料抽樣調查

抽樣調查繼續進行其次序決策時，研究主題的特殊目的對於抽樣有著重要的影響，會影響至母、群體的問題本質。而其問題次序決策如圖 4-4 所示。

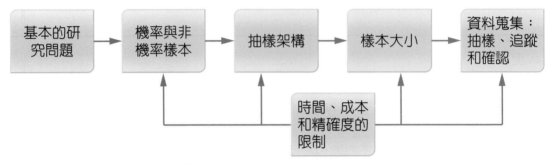

圖 4-4　資料抽樣問題之次序決策

24 小時不中斷金融服務－以顧客需求為導向、顛覆傳統金融交易模式

建立長期性顧客關係，並持續性保留現有客戶，儼然成為金融業者首要與重要的行銷策略之一。根據統計，每增加 5% 的客戶保留率，將可能有助於提升 20% 到 85% 的企業毛利（Payne and Frow, 1997）。20 世紀電子商務概念的崛起（Wigand, 1997）與面臨全球化經濟的趨勢，促使各家銀行服務紛紛地轉向網路銀行交易模式。各家銀行深信，網路交易服務行為模式不只可大幅度的降低營運成本與滿足顧客即時性的需求外，不受地區限制的 24 小時服務品質，更能拉近與建立長久顧客關係。舉凡現今提供網路交易服務不盡相同，以台灣銀行為例，提供的線上網路服務包含理財投資、存款與轉帳、及各種類別的繳費服務，如水電費、學費、信用卡費等等。藉由網路服務，提供差異化的網路市場定位與提高市場競爭優勢，為各家銀行業者首要思考的議題。

透過消費者行為研究文獻顯示，顧客滿意度與顧客忠誠度，有直接性影響顧客是否繼續使用原銀行的各項服務。提升顧客滿意度的主要因素在於如何建立完善的網路服務品質，同時也會影響到顧客轉換行為（Yavas et al., 2004）。此外，在資訊科技接受度的行為探討，感知有用性（功能實用性）和感知易用性（操作簡便性）有顯著的影響顧客使用行為態度，並繼續使用該銀行的網路銀行服務（Wang et al., 2003）。

然而銀行又是如何進行顧客需求發掘、分析進一步改善或創新網路銀行服務項目，其資料蒐集來源就成為了用來發展此部分行銷研究課題之關鍵，目前實務方法主要以進行客戶日常交易紀錄大數據分析，或透過線上網路問卷、現場臨櫃人員訪問等量化調查方式取得。

小事典

4-5 行銷研究的倫理素養

藉由行銷研究的過程，企業組織可洞悉更多顧客的需求並採取適宜的管理決策符合顧客的需求。綜而論之，行銷研究是爲了避免在誤用的情況下受到誤導操弄，且使企業體和顧客皆有所助益。同時，研究人員在進行行銷研究時，需求所有相關的研究群組工作團隊齊心齊力完成行銷研究計畫。

近幾年，美國調查研究組織委員會（Council of American Survey Research Organizations, CASRO）、美國行銷協會（American Marketing Association, AMA）和廣告研究基金會（Advertising Research Foundation, ARF）已擬定行銷研究的倫理規範；而其規範是要求企業組織在進行行銷研究時，必須有自我制約且落實行銷研究業務的改善而避免其所合作的回應者受到傷害。隨著提升行銷研究專業水準與研究者角色扮演的重要，亦有需求其它的更多專業技能有：

1. 管理技能
   - (1) 溝通
   - (2) 報導
   - (3) 統計分析
   - (4) 界定任務
   - (5) 規劃策略
   - (6) 激勵
   - (7) 訓練發展
   - (8) 財務控管
   - (9) 調整人員
   - (10) 調整計畫

2. 技術技能
   - (1) 設計構想
   - (2) 計畫管理
   - (3) 系統設計
   - (4) 行銷程序
   - (5) 電腦應用能力
   - (6) 樣本設計
   - (7) 統計分析
   - (8) 數字技巧
   - (9) 模式建立
   - (10) 統計分析
   - (11) 研究的經驗

IRPMA 行為與產品行銷倫理指導原則

　　中華民國開發性製藥研究協會（International Research-based Pharmaceutical Manufacturers Association, IRPMA）會員公司致力投入醫療和生物製劑研究，以增進病患福址與提升病患照護品質為目標。會員藥廠在行銷、銷售或配送產品時，必須以符合倫理規範的方式執行，並遵守藥物與醫療相關的法律規範。

　　2012 年 IRPMA 市場行銷規範之訂定，乃以下列指導原則為基準。所有 IRPMA 會員公司及其代理商皆應遵守 IRPMA 市場行銷規範，以確保與所有相關單位的正當互動。

1. 製藥公司應以病患的醫療與福祉為第一優先考量。

2. 製藥公司應達到法規單位對品質、安全性及療效的高標準要求。

3. 與相關單位或人士互動時，製藥公司必須確保其行為時時符合倫理、妥切適當並表現專業。製藥公司不得提供或供應任何會直接或間接造成不當影響的物資或勞務。

4. 製藥公司應負責提供正確、平衡且具科學效度的產品資料。

5. 產品行銷活動必須符合倫理、正確和平衡，且不可有誤導之虞。產品行銷資料必須包含正確的產品風險與利益評估及適當使用方法。

6. 製藥公司應尊重病患的隱私及個人資料。

7. 製藥公司贊助或支持的臨床試驗或科學研究，均應以追求新知為目的，以期能提升病患利益，促進醫療科技進步。製藥公司應致力維護由產業贊助之人體臨床試驗的透明性。

8. 製藥公司應切實遵循所有適用之產業規範所明訂的條文與制訂精神；因此，製藥公司必須確保所有相關人員接受適當訓練。

　　這份自我規範不僅符合台灣相關法令規定亦與國際同步。我們承諾藥廠有義務及責任向醫護人員提供客觀、真實且正確的資訊，使醫護人員對於每項處方藥品的適當使用皆能有清楚了解，以協助其對病人提供最適的服務。

　　【本文摘錄自中華民國開發性製藥研究協會網站】

本章摘要

1. 行銷研究的定義依據美國行銷協會的詮釋，藉由資訊融合企業體、顧客而有效控制其研究品質有：解決行銷決策所需資訊於行銷機會的定義與辨識、設計行銷資料蒐集方式於行銷活動的評估與修訂、執行行銷資料蒐集預測於行銷績效的管理與控制、評析行銷研究結果獲得於行銷過程的認識與發現。

2. 熟悉行銷資訊系統的定義是行銷與研究人員進行行銷研究時所需的資訊處理程序的設備或元件，以輔助行銷管理的決策制定。其主要功能有：管理決策於非替代性協助制定決策之支援、行銷與研究人員輔助企業體中、高階管理者如何運用於市場區隔之產品或服務銷售與價格的行銷決策、促進系統操作人員和系統設備應用資訊有效處理統計分析與數學運算的顧客相關資料、落實配置行銷資源於其資料資訊來源程序之蒐集分析的整理儲存與傳達。

3. 行銷研究的方法階段有：定義問題、研究設計、資料蒐集、資料來源類別、資料來源取得、資料蒐集工具、資料抽樣調查。

4. 行銷研究的資料來源取得有：焦點小組、電話調查、郵件調查、人員訪問、購物賣場攔截訪問、網際網路調查、觀察法研究、投射式技巧。

5. 行銷研究的三項問題類型有：規劃、解決問題、控制。

6. 美國調查研究組織委員會（CASRO）、美國行銷協會（AMA）和廣告研究基金會（ARF）之擬定行銷研究的倫理規範是要求企業組織在進行行銷研究時，必須有自我制約且落實行銷研究業務的改善而避免其合作回應者受到傷害。隨著提升行銷研究專業水準與研究者角色扮演的重要，亦有需求其它的更多專業技能有：溝通、報導、統計分析、界定任務、規劃策略、激勵、訓練發展、財務控管、調整人員、調整計畫之管理技能與設計構想、計畫管理、系統設計、行銷程序、電腦應用能力、樣本設計、統計分析、數字技巧、模式建立、統計分析、研究經驗之技術技能。

一、名詞解釋

1. 行銷研究

2. 行銷資訊系統

3. 行銷研究過程

4. 行銷研究設計

5. 網際網路調查

二、選擇題

(　　) 1. 行銷研究領域有：　(A) 市場區隔之消費者行為　(B) 品牌知名度之消費者行為　(C) 產品滿意度之消費者行為　(D) 以上皆是。

(　　) 2. 行銷研究的三項問題類型有：　(A) 規劃　(B) 解決問題　(C) 控制　(D) 以上皆是。

(　　) 3. 行銷資訊系統的決策支援是：　(A) 管理決策於非替代性協助制定決策之支援　(B) 行銷與研究人員輔助企業體中、高階管理者如何運用於市場區隔之產品或服務銷售與價格的行銷決策　(C) 促進其系統操作人員和系統設備應用資訊有效處理的統計分析與數學運算的顧客相關資料　(D) 以上皆是。

(　　) 4. 符合研究人員針對研究問題有較適宜瞭解的期望，以獲取主題研究的初始背景和問題建議，而有後續更進階的追蹤研究是：　(A) 探索式設計（Exploratory Design）　(B) 敘述式設計（Descriptive Design）　(C) 因果式設計（Causal Design）　(D) 以上皆非。

(　　) 5. 規劃一個或多個正式且假設性的主題研究問題是：　(A) 探索式設計（Exploratory Design）　(B) 敘述式設計（Descriptive Design）　(C) 因果式設計（Causal Design）　(D) 以上皆非。

（ 　　 ）6. 研究人員需求以從事實驗的方式而操控各種變數型態的一種實驗性研究是：
   (A) 探索式設計（Exploratory Design）　(B) 敘述式設計（Descriptive Design）
   (C) 因果式設計（Causal Design）　(D) 以上皆非。

（ 　　 ）7. 為特別的行銷研究相關問題（如顧客對於產品或服務滿意程度之調查）而蒐集的資料稱之為：　(A) 初級資料（Primary Data）　(B) 次級資料（Secondary Data）　(C) 內部次級資料　(D) 外部次級資料。

（ 　　 ）8. 行銷研究所蒐集企業組織現有的資料，如企業的員工報告、營運績效等稱之為：　(A) 初級資料（Primary Data）　(B) 內部次級資料　(C) 外部次級資料 (D) 以上皆非。

（ 　　 ）9. 行銷研究從報紙、雜誌、網際網路所蒐集之現成資料稱之為：　(A) 初級資料（Primary Data）　(B) 內部次級資料　(C) 外部次級資料　(D) 以上皆非。

（ 　　 ）10. 原始資料來源的取得方式有：　(A) 焦點小組（Focus Group）　(B) 電話調查（Telephone Interview）　(C) 郵件調查（Mail Survey）　(D) 以上皆是。

三、問題討論

1. 行銷研究發展歷程的意義、目的與應用為何？

2. 行銷研究環境範圍的用途、來源、與決策為何？

3. 行銷研究設計流程的建構、步驟與界定為何？

4. 行銷研究設計型式的資料來源、資料形式與資料解讀為何？

5. 行銷資訊系統的應用特質為何？

參考文獻

- 曾光華（民 99），行銷管理 - 理論解析與實務應用（第四版），新北市：前程文化事業。

- 呂長民（民 91），行銷研究 - 研究方法與實力應用（第四版），新北市：前程文化事業。

- 104 人力銀行：http://www.104.com.tw

- Bearden, W. O., Ingram, T. N. & Laforge, R. W. (2001), Marketing: Principles & Perspectives (3th Ed.) (王居卿、張威龍、陳明杰譯)。新北市：前程文化事業。(第三版 民 91)

- Burns, C. B. & Bush, R. F. (2002), Marketing Research (5th Ed.) （沈永正審訂，黃觀、周軒逸、徐芳盈譯）（初版 民 96），臺北市：台灣培生教育。

- Kotler, P. & Armsrtong G. (1999), Principles of Marketing (8th Ed.) (方世榮 譯)（第三版 民 90），臺北市：東華書局。

- Wigand, R. T. (1997),〝Electronic commerce: definition, theory, and context〞, The information society, Vol.13, No.1, pp.1-16.

- Yavas, U., Benkenstein, M., & Stuhldreier, U. (2004),〝Relationships between service quality and behavioral outcomes: a study of private bank customers in Germany〞, International Journal of Bank Marketing, Vol.22, No.2, pp.144-157.

- Wang, Y. S., Wang, Y. M., Lin, H. H., & Tang, T. I. (2003),〝Determinants of user acceptance of internet banking: an empirical study〞, International Journal of Service Industry Management, Vol.14, No.5, pp.501-519.

Chapter 5
市場區隔、目標市場選擇與定位

Uber 與 Lyft

Lyft(中譯：來福車)，總部位於美國加州舊金山，在全美市佔率僅次於 Uber 的線上叫車服務網際網路公司。Lyft 做為後進入市場者，能成功創造和 Uber 不同的市場區隔，源自善用心理統計與人口統計的行銷手法。相較於 Uber 以商務的黑頭車引領潮流，並強調專業和以客為尊的形象，而車款較受局限。Lyft 的整體形象

圖片來源：TechNews 科技新報

從車頭懸掛兩撇毛茸茸的大粉紅鬍子，到放寬車款和車齡的限制以降低乘車費率，更得到青壯年消費族群的青睞。Lyft 明顯高於 Uber 的消費族群是集中在 18-29 歲區間，在 17 歲以下、30-49 歲年齡分布的乘者則不分軒輊，50 歲以上的區間由 Uber 囊括四分之一以上的市佔率。從消費者的薪資收入亦可一見端倪，Uber 有超過二分之一的使用者年平均收入大於近六成年收入低於五萬美金的 Lyft 使用者。

圖片來源：Uber 官網

Lyft 選擇女性喜愛的粉紅色系作為品牌標誌，不同於市場領先者 Uber 以尊爵高貴的黑色意象，讓 Lyft 更具親和力與安心搭乘，使得客戶群中以女性為居多，從而吸引不少女性司機的加入。Lyft 近幾年的脫穎而出，其追求高度差異化的品牌形象是搶佔市場的關鍵。

💡 問題討論

1. 請查詢 Lyft 與 Uber 的網站，比較兩者的服務有何差異？

2. 請分析 Lyft 與 Uber 的目標市場有何差異？

3. Lyft 用了哪些區隔的變數與 Uber 市場區隔？

🌏 案例導讀

　　Lyft 晚了 Uber 幾年成立，同樣是提供叫車服務的共享經濟的平台，如果直接與 Uber 競爭，將會面對強大的競爭壓力，但是善用市場區隔的概念，將可以與 Uber 有所區隔，建立屬於自己的市場。本個案主要用人口統計變數與心理特性變數，Lyft 鎖定較年輕的女性為人口統計區隔，同時定位在較天真、令人心安的心理特性。Uber 比較多為男性搭乘，同時強調專業商務的形象。

5-1 市場區隔

　　大多數企業爲要讓本身的產品或服務具有好的銷售成績，並且能取得好的市場佔有率，就需求選擇一個合適的目標市場。目標市場即爲企業進行市場分析並且對於市場做出區隔之後，擬定進入的市場。而選擇目標市場即爲企業對於不同消費者群體的差異作區隔，並從其中選擇一個或是多個作爲目標市場，從目標市場中滿足消費者的需求。目標行銷主要有三個步驟，又可稱爲 STP 策略，這三個步驟如下圖所示，下面除簡要說明外，並分三節內容闡述：

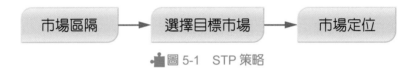

圖 5-1　STP 策略

1. 市場區隔：是依據市場區隔變數例如地理區隔變數、人口統計變數、心理變數以及行爲變數等，將市場區隔成不同的目標市場。

2. 選擇目標市場：評估各個行業的目標市場區隔對於顧客的吸引力，企業從中選擇一個或數個作爲進入的目標市場。

3. 市場定位：企業依據目標市場的特性，以及本身的條件，使其產品或服務在目標市場上，能夠滿足最終消費者的需求，並帶給最終消費者的利益和滿足，進而建立消費者心目中良好的形象。

　　正如本課本第一章行銷的基本觀念與理論所提及：企業資源有限，應將資源用在顧客身上。市場區隔是依據消費者不同的消費需求和購買習慣，將市場區隔劃分不同的消費者群體。因爲並非所有顧客消費行爲都完全一樣，所以行銷人員必須要確定目標市場、了解目標顧客在哪裡。

一、STP 行銷

　　一般企業很難滿足在市場上的每一位消費者。因爲不是每個人都喜愛相同的相機、汽車、智慧手機、餐廳、演唱會等。因此，企業的行銷人員必需市場區隔，找出企業的目標顧客，也稱之爲目標市場。美國行銷學大師科特勒認爲現代的策略行銷的核心概念就是 STP 行銷，其中 S 是指：市場區隔（Segmentation），T 是指選擇目標市場（Targeting），P 是指市場定位（Positioning）。

　　STP 的策略行銷方式提供了更為廣泛採用的分析架構，可為一切行銷策略和行銷組合的基礎。一家企業必需清楚其顧客是哪些人？他們在哪裡？如何可以接觸到他們？其中的主要顧客又是哪些人？這些顧客認知的產品屬性是什麼？唯有掌握住這些問題的答案，才可以設計出產品與市場上的其他競爭企業的產品形成差異化，並且形成獨特的市場定位，並且據以擬定具體的行銷組合策略。

　　目前市場區隔的方式約可分為三種：

（一）傳統的行銷方式

　　以人口統計變數將市場分隔成不同的市場區隔，像是「40 歲到 65 歲之間的男性」，這種區隔分式的優點在於比較容易透過大眾媒體來觸及這些顧客，但是缺點為行銷人員無法確認到這些男性有相同的需求。因此採用人口統計變數來市場區隔，只能劃分出一些人口區域，還需求採用其他的區隔變數作為搭配，才能找出更為合適的市場區隔。

（二）根據需求將市場區隔成不同的族群

　　以「想要節省去賣場購物時間的上班族」而言，需求非常明確，而滿足這樣需求的方式也有很多元，如：以智慧型手機行動上網訂購付款的購物網站，接下來，行銷人員的工作即是找到這些上班族的行為特性、或心理動機特性。

（三）根據顧客行為來劃分

　　「從雅虎奇摩或是網路家庭購物網站購買 3C 電子產品的男性」，這些是根據他們的實際行為而被歸類成同一個市場區隔，接著行銷人員再來找出他們的共同特質。我們實地以一般企業的行銷實務來看消費者市場的區隔變數，主要可以分四類：地理區隔變數、人口統計變數、心理變數以及行為變數。

1. 地理區隔變數：即採用不同的地區、都市化的程度和氣候和季節等等的地理因素作為市場區隔的標準。消費者常常為因為所在的不同地區，而形成差異化的消費者類型，對於食品業會有顯著的不同，像是亞洲人中的泰國、越南、日本、南韓、台灣不同國家的居民，呈現出不同的飲食口味。還有，在亞洲國家裡面，泰國人的消費者行為大多數會受到佛教的影響，日本人對於產品的品質特別重視，越南人對於產品的價格則較為在意。此外，就一個國家而言，不同的地區，消費習慣也會有所差異。例如：台

灣地區可以地理區隔區分為北部、中部、南部以及東部；國際化的企業，常將全世界的市場以不同的洲加以區分，例如：北美洲、南美洲、歐洲、亞洲、非洲等等。有些產業例如服飾業和紡織業非常重視季節以及不同地區氣候的差異，例如：熱帶、溫帶、寒帶，並且以不同的氣候別來設計不同的服裝和布料。

2. 人口統計變數：即採用顧客本身的特性作為區隔目標市場的基礎。在實務而言，最常用來市場區隔變數即為人口統計變數，因為企業的行銷專家常常以年齡、性別、家庭所得、族群、宗教、教育程度、職業類別、家庭生命週期等變數將消費者進行區隔。

(1) 年齡

因為消費者的需求會隨著年齡的不同階段而改變，所以與生理與心理成熟度相關的商品或服務，都可使用年齡作為區隔變數。例如：百貨公司的服飾商品，常會隨著消費者不同年齡而劃分出不同區隔的幼兒服飾、兒童服飾、青少年服飾以及成人服飾。而紙

圖片來源：豐田官網

尿褲也會依照年齡區分有小、中、大號以及老年人專用的紙尿褲的區隔。圖書公司的書籍可區分為適合幼兒、少年、青少年以及成年人的商品。此外，像是人壽保險、營養食品、健康檢查等等與人相關的產業，常常也是把年齡當作一個重要的區隔變數。年齡也不一定就是消費者的「生理年齡」（實際年齡），也可以是「心理年齡」（消費者自我認定或期望留駐的年齡），例如：日本豐田公司的 Yaris，原本是為年青族群所設計，既價格經濟，又能改裝成為「跑車」，符合年輕人的夢想，但是實際上也有許多中年的購買者，這一群多數還懷有年輕人的夢想與心理狀態。還有些女性消費者，特別具有心理年輕化的傾向，例如：一些特別強調「凍齡」的化妝品與保養品，即是針對「美魔女」的中年女性所研發設計，造成不錯的業績。

(2) 性別

消費者男女有別，所以在服飾業、美容美髮業、圖書雜誌業、汽車業等產業的商品，常有針對性別差異的品牌。目前隨著女性在社會參與度與社經地位的提高，女性的消費力也愈來愈大。因此針對女性消費者的市場也愈來愈受到行銷人員的注

意，例如台新銀行專為女性設計的玫瑰悠遊御璽卡，而為著男性消費者的信用卡像是台新太陽御璽卡。

(3) 家庭所得

房仲業、汽車業、服飾業和許多的服務產業，常常會用消費者的家庭所得或個人所得作為區隔變數。許多同類的產品例如服飾包包、智慧型手機、3C 電器產品，常常以價格的高低區分為高價品、中價品以及低價品，這即是以所得來區分不同的消費者，而提供不同價位的商品。目前的社會貧富差距擴大，朝向 M 型化的社會發展，因此高價的精品以及十元商店商品都有很大的商機。高價位的汽車像是保時捷、勞斯萊斯、賓士、BMW 即針對高所得的顧客；而福特汽車、豐田汽車、通用汽車則生產一般社會大眾的車種。

(4) 族群

在台灣的住民可分為：閩南族群、原住民族、客家族群以及外省族群，在美國也有白人族裔、黑人族裔、以及原住民族裔。企業可以針對不同族群屬性的消費者，提供商品或服務來滿足其需求。

(5) 宗教

在台灣人民擁有多元的宗教信仰，包括佛教、道教、基督教、天主教、回道、一貫道等，企業可以針對不同宗教屬性的消費者，提供令其滿意的商品或服務。

(6) 教育程度

消費者的教育程度可分為小學、中學、大學、研究所。與藝術、知識有關的商品或服務的消費因牽涉到比較抽象與複雜的資訊，所以，這類的商品和服務較常使用教育程度作為市場區隔變數。例如書籍、教學光碟、電腦應用軟體等產品。一般而言，教育程度較高的人對於音樂、書籍、藝文活動可能會有較大的需求。

(7) 職業類別

職業類別對於消費者行為也可能會有重大的影響。因為各個行業對於工作環境、體力、作息方式、行為規範等會有不同的要求，所以與職業安全、體能、日常生活相關的商品與服務，經常是以職業類別來區隔市場。像是

勞動工人、卡車駕駛、計程車司機、熬夜的上班族，可能對於「保力達 P」、「蠻牛」等的提神飲料有很大的需求。

(8) 家庭生命週期

家庭生命週期可分為單身、結婚後無小孩、結婚後有小孩、空巢期等等。每一個階段消費者的需求都不盡相同。當夫妻有了第一個小孩之後，在奶粉、尿布、與玩具等等嬰兒用品之需求大增。直到 60 多歲的夫妻可能子女都已成家立業，進入了空巢期，因而對於老年生活旅遊、養生的需求大增。因此，隨著家庭生命週期階段的改變，他們的消費行為也會有很大的不同。

3. 心理統計變數：許多消費者雖然具備有相同的地理區隔變數與人口統計變數，仍然會出現不同的消費者行為。這樣的差別可能是因為人格特質、生活型態、與價值觀有關。而這幾個變數可合稱為心理統計變數。

(1) 人格特質：人格特質為個人獨特而且持續的思考、思想與行為的特定模式，也稱為「個性」。品牌行銷時常常就是將人格特質加諸於品牌個性之內，來吸引具有相同人格特質的消費者。例如，耐吉代表其品牌的商標為一個簡潔的勾勾，旁白的標語是「Just do it」，中文意指「做就對了，別想太多」，正吸引著具有「坐而言不如起而行」之人格特質的消費者。

(2) 生活型態：生活型態即為個人的活動、興趣以及意見三者的表現，簡稱為「AIO」（Activity, Interest, and Opinion）。和這三個表現相關的產品與服務，即很合適採用生活型態進行市場的分隔，例如雄獅旅行社推出的北海道旅遊、香港迪士尼樂園旅行團等，即是採用生活型態的區隔方式。

(3) 價值觀：價值觀是指個人對於事物價值的固定看法。價值觀時常會影響消費者行為，因此行銷人員也常常以消費者價值觀來市場區隔，像是根據有些人的價值觀就是要「三代同堂」，房仲業也會劃分可以三代同堂的大坪數房屋以符合消費者的需求。

4. 行為變數：行銷人員可以採用消費者的行為類型市場區隔，常見的行為統計變數包括：產品使用率、時機、追求利益。

(1) 產品使用率：行銷人員可將使用產品的消費者區分為「重度使用者」、「中度使用者」、「輕度使用者」三類。再把主要的行銷資源加諸於重度使用者，可以收到顯著的行銷效果。消費者情形常常會有 80／20 的情況，即百分之八十的產品，會被

百分之二十的消費者購買。若是流失「重度使用者」的顧客則將造成企業業績的重大損害。因此，行銷的努力應要使這類的消費者為重心，此外行銷人員也可藉提供誘因的方式來提高「中度使用者」和「輕度使用者」的使用率。

(2) 時機：即為消費者購買產品的時日與生理與心理的情境等等。例如：父親節、母親節、七夕情人節、尾牙、端午節、中秋節、農曆新年假期以及農曆七月，俗稱的「鬼月」等等。不同的消費者購買時機和使用時機往往需求不同的產品、價格或廣告內容有不同的訴求，因此時機也可以協助行銷人員進行行銷策略的擬定與市場區隔。

(3) 追求利益：即為消費者購買產品與服務時，所期待得到的利益。因為產品或服務，都可形成一組的利益，並且競爭者的產品或服務，往往代表不同的利益。行銷人員必需思考，多數的消費者所期待的利益為何？並且設法滿足他們。例腳踏車市場，消費者所追求的利益可能是短程的代步、運動、環保、經濟實惠（省下不少的油錢）等等，因此這些不同的利益需求可能代表著不同的腳踏車的訴求功能、樣式、價格、與售後服務。因此可以作為行銷人員市場區隔與擬定策略行銷規劃的參考。

市場區隔是 STP 策略的第一個重要程序，影響到 STP 後續程序和規劃行銷組合 4P 的進行。而行銷人員需多方面的綜合採用數種的市場區隔變數來進行區隔，才能夠有效地作出市場區隔。

美國百事可樂公司的 STP 策略

美國八十年代，百事可樂公司在競爭者可口可樂公司獨佔可樂市場的商業環境中，行銷主管成功運用市場區隔方式，有效增加市場佔有率，建立了可樂市場成功的灘頭堡。

八十年代，百事可樂的行銷研究部門，經過了市場區隔與選擇的研究之後，發現市場上大瓶裝的可樂，主要的消費者是十三歲到十九歲的年輕人。而年輕人每人比成年人會喝下更多的汽水飲料，並且口味要比成年人更重一些。因此百事可樂研究發現他們最好的定位策略是使自家公司的可樂比競爭公司可口可樂的口味更加甜一點，因為市場調查與測試發現年輕人是要比成年人喜歡甜一點的飲料。

就是這項簡單但是有效的策略，使得後來百事可樂銷路激增，由於他們找到了增加他們可樂商品的行銷機會所在，而使得年輕人這個市場區隔成為公司的主要目標市場。

後來由於原物料的價格和勞動成本開始上漲，造成百事可樂公司面臨提高售價的壓力。但是百事可樂公司為了顧及年輕人的經濟購買能力，決定暫不調高售價，而是將 12 盎司的瓶裝改成 8 盎司的瓶裝，而因為事前做好了廣告宣傳，因此銷路並沒有受到影響，實際上也成功以另外的方式提高了售價，而百事可樂一直都在市場上屹立不搖。

日本 JCB 公司的 STP 策略

JCB 公司是一個日本信用卡的發卡組織，類似 VISA 與 MASTER，目前（2015 年）會員人數已經累積有 7746 萬的卡友。JCB 公司在 1999 年即開始導入資訊管理系統。該公司將這 7746 萬會員依照消費者的「生活型態」，區分成為九種的生活型態模式的顧客，例如：注重投資自我者、注重休閒旅遊者，注重家庭生活者等等。此外，JCB 公司還將會員，依其刷卡額度的多寡，區分為獲利貢獻度的五種層級。當日本 JCB 公司舉辦促銷活動時，首先挑出促銷的目標顧客，再依此規劃促銷活動的具體內容。例如：在會員的資料庫中，某甲先生是屬於重度家庭國內旅遊類型，常常帶著全家人進行國內旅遊，因此只要有相關的旅遊促銷資訊，一定優先提供給某甲先生之類的會員。另外，JCB 公司每月定期郵寄給 7746 萬名卡友的刊物「JCB News」，也會依照會員分類的不同，而郵寄部份不同內容的刊物，確實落實了客製化，並且區隔、選擇目標顧客的策略。

5-2　目標市場之選擇

在行銷人員藉由數種的區隔變數完成了市場區隔之後，接著就要依照企業本身的人力、物力、財力和特長來選擇一個或數個的區隔好的目標市場。我們先來了解有效區隔目標市場的特性為何，以便於合適地選擇目標市場。有效區隔目標市場具備有幾個特性，分別是：足量性、可接近性、可衡量性、可實踐性，不同區隔的異質性。分述如下。

（一）足量性

足量性即指目標市場具有足夠數量的消費者來持續購買企業的商品與服務，以維持企業的生存發展。若是市場區隔的消費者的購買潛力過小，那麼企業進入後可能無法有足夠的獲利而造成無法生存。因此行銷人員必需選擇夠大得市場區隔，讓企業能夠生存，以致於未來更能發展壯大。

（二）可接近性

可接近性即指行銷人員能透過某些媒體、管道來接近和接觸到市場上的消費者。企業做市場區隔，目的在於能接近與接觸這群的消費者，以便提供合適的產品或服務，所以市場的可接近性就成為市場區隔的一個重要評估特性。

（三）可衡量性

可衡量性即指行銷人員能夠清楚辨識出市場區隔內的消費者，並且可衡量其規模與經濟購買力。這項特性是為了讓行銷人員有比較明確的對象，並使行銷資源可作更合理的分配。在本章介紹的各種區隔變數之中，以人口統計變數的可衡量性最高。在實務上，即使人口統計變數不是最主要的區隔變數，卻也經常被用來協助行銷人員辨認與衡量目標市場之用。例如，對於「熱心於社會公益活動的男性」市場，我們可以使用類似「大多是 40～50 歲，專科以上學歷，家庭經濟能力中上」的描述，以使行銷人員更容易衡量並辨識這個目標市場。

（四）可實踐性

可實踐性即指行銷人員能夠發展有效的策略來影響目標市場內潛在的消費者。而可實踐性經常與企業本身的能力與資源相關，像是因為語言與文化的間隔，有些企業就認為針對外籍勞工的行銷策略很難具備有可實踐性。

（五）不同區隔的異質性

即指兩個被劃分出來的目標市場在需求上有明確的不同。因為兩個被劃分的市場區隔若是需求相同，那就沒有做市場區隔的實際意義了。行銷人員為了使市場區隔之間的異質性具有行銷策略上的顯著意義，像是發展產品新的定位、採用更有吸引力的行銷訴求，通常會發揮更多的行銷創意，並採用多個行銷區隔變數來市場區隔，例如以性別來區隔運動休閒服飾固然具有異質性，但是若加上氣候變數中的炎熱與寒冷兩種情況，可將市場成四類：男性／炎熱氣候，男性／寒冷氣候，女性／炎熱氣候，女性／寒冷氣候，這對於行銷策略的擬定就更為具體而有意義。

一、目標市場的策略型態

目標市場的策略型態在於考量企業要選擇進入幾個市場區隔的問題。行銷人員的選擇目標市場的策略有六類可能的策略選擇，包括無差異化行銷策略、差異化行銷策略、集中行銷策略、產品專業化行銷策略、市場專業化行銷策略與個人化行銷，說明如下：

（一）無差異化行銷策略

　　無差異化行銷策略即為行銷人員有意地忽略不同市場區隔的差異，而將整個大市場視為一個同質性的市場，只提供一種行銷方案。這種策略專注於消費者共同的需求。行銷人員提供一種適合廣大消費者需求的產品或服務，以及一套的行銷方案，並常常藉大量的廣告與配銷通路，來吸引大多數的消費者。可口可樂在初期就是採用無差異化的行銷策略，初期僅生產一種口味和一種瓶裝的單一可樂，來適應大多數人的需求。採用無差異化行銷的主要因素在於可以有效地降低生產成本和行銷成本。因為只有單一的產品線，所以能夠降低研發、存貨、運送與廣告行銷的成本，因此可訂定更有競爭性的價格，而能擴大市場的佔有率。

（二）差異化行銷策略

　　差異化行銷策略即為行銷人員選擇進入兩個或兩個以上的市場區隔，而且分別為不同的市場區隔開發不同的產品或服務，並且擬定不同的行銷方案。例如台灣巨大機械公司在自行車專賣店的通路上，以捷安特的自行車品牌，爭取高收入所得的顧客；而在量販店的通路上，以斯伯丁自行車品牌，來爭取中低收入所得的市場。

圖片來源：捷安特官網

行銷人員採用差異化行銷策略是期望能藉由不同產品以不同的行銷方案，能夠成功地打進各個目標市場，能在不同的市場區隔中得到更多的銷售量、利潤以及競爭地位。

（三）集中行銷策略

　　集中行銷策略即為行銷人員僅選定單獨一個市場區隔，並在此一市場區隔中以一種無差異的商品和一種行銷方案來爭取其中的消費者。藉由集中行銷策略，行銷人員可在唯一選定的市場區隔達到有力的市場定位。其唯一選擇的市場又稱為利基市場。集中行銷的例子有：台塑牛排以每客超過 1300 元的定價，鎖定金字塔頂端的消費族群的利基市場。

（四）產品專業化策略

產品專業化策略即為行銷人員專注在單一特定的產品或服務，提供給幾個不同的市場區隔。例如，製造棉被的廠商將其產品分別提供給醫院、旅宿業以及軍隊。

（五）市場專業化行銷策略

市場專業化策略即行銷人員只選擇單獨一個市場區隔，並提供多種不同的產品或服務來滿足該目標市場的需求。例如許多地方的 3C 產品經銷商專門鎖定某間大學，提供各種 3C 產品、網路環境的規劃建置、以及各式軟體之銷售與維修保養等的服務。

（六）個人化行銷

個人化行銷即行銷人員藉由科技以對於個別消費者提供客製化的產品服務。目前藉由行動載具如智慧型手機和平板電腦之便，許多企業可在同時間內為許多的消費者提供個別設計的產品。例如：Google 網站的技術，提供消費者免費的個人化新聞入口網頁，讓消費者在打開瀏覽器之時，直接進入個人化的新聞網站，可使消費者得到其有興趣的即時新聞資訊。

5-3 市場定位

　　企業在選擇進入一個或數個市場區隔之後，接著就要建立其在市場區隔的地位。在這些目標市場中，顧客對於企業的產品或服務之認知，即為市場定位。根據美國行銷協會（American Marketing Association）的定義，「市場定位」即顧客對於某種產品、服務或是品牌在市場區隔中所處位置的認知。而所謂定位主要是為了影響目標顧客的認知，並在目標顧客的心中建立產品的地位。因此，當行銷人員在目標市場中為產品定位時，首先要了解目標顧客的需求為何？並要吸引顧客的注意，進而引發好感，行銷人員必需求清楚告知消費者，企業的產品具備有什麼特殊的意義和功能？獨特的賣點在哪裡？並且和市場上其他競爭者產品有什麼顯著的差異？也就是要讓產品或服務有吸引消費者的亮點和其他競爭產品有明顯差異化。例如：在自用轎車市場上，豐田汽車的 Yaris 和日產汽車的 Tiida 在消費者心目中的定位是經濟實惠型的平價汽車，而像凱迪拉克與賓士汽車則在消費者心中視為豪華型的高級轎車；而保時捷與 BMW 則被消費者認定為高等級的拉風跑車。

　　在目標市場上可能存在許多產品或服務的資訊，而消費者為簡化其購買決策過程，必需在其大腦中將不同的產品加以分類，同時將不同產品或服務在心目中加以定位，並且消費者也會對於具有相似的定位產品才會加以比較。因此市場定位就是一個產品在比較競爭品牌在知覺上的一組複雜組合。行銷人員常常藉由知覺圖（perceptual map），是在行銷上很常使用的工具，知覺圖最主要的功用在於分析這些店，或者說品牌，在消費者心中的定位，而規劃市場定位的問題。知覺圖常用四個象限，和一個橫軸與一個縱軸表示，例如圖 5-2 所示，顯示各種汽車品牌在橫軸是運動性與保守性為兩個端點；而縱軸則是經典與經濟為兩端端點，從知覺圖中可以呈現不同汽車品牌的定位位置。

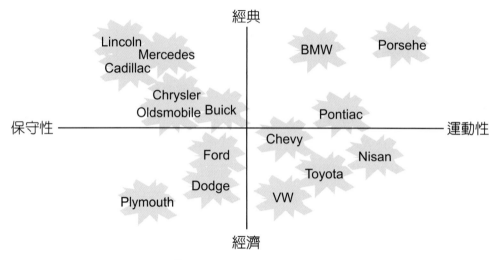

圖 5-2　汽車品牌的知覺圖

資料來源：https://en.wikipedia.org/wiki/Perceptual_mapping#/media/
File:PerceptualMap1.png

除了採用知覺圖的方式來進行市場定位之外，企業也常常提供相對於競爭對手而言更多的顧客價值。因此企業可以藉由行銷活動而與競爭者的行銷活動產生差異化，進而提供更多的顧客價值。以下說明企業藉由行銷活動的差異化而形成定位策略。

（一）產品差異化

行銷人員可以藉由研發創新的生產技術而提升產品的功能與降低產品的製造成本，而達到產品差異化的定位策略

（二）服務差異化

一旦企業的產品研究發展的生產技術已趨近於成熟，或是同業間的產品彼此功能價格上都很類似時，企業也可以發揮創意在服務顧客上做到比競爭對手更優質。例如：交貨天數的縮短、提供顧客針對產品進行免費的教育訓練課程，或是免費的產品問題諮詢。

（三）人員差異化

企業可藉由招募優秀人才或藉由內部的教育訓練，提升內部員工更多的服務態度與專業知識，以取得競爭的優勢。像是花蓮縣的理想大地渡假飯店，每天下午三點，飯店的員工舉行盛大隆重的迎賓大遊行，宛如讓旅客感受到像迪斯尼花車遊行一般新鮮有趣。

（四）通路差異化

　　企業可以藉由在行銷通路上創新，採用比競爭對手的通路涵蓋範圍更廣，更爲多元的方式，產生競爭定位上的優勢。例如：台灣創意家公司的涼感衣，原本是藉由網路上銷售爲主，最近增加了便利超商的通路，不僅大大的提高了產品的知名度與能見度，也使得消費者增加了更爲便利的銷售管道。

　　除了以上的定位方式之外，在實務上仍然有一些企業能夠從消費者的角度發掘出重要的定位方式，而創造出一個全新的市場範圍。像是東勢林業文化園區定位是具有全台最大的蓮花池，而形成一個觀光區的一個亮點。因此行銷人員在定位的方式上，可以發揮無限的創意，從不同的角度找出企業的產品所具備獨特的定位，以便獲得企業持續性的競爭優勢。

歐克法咖啡直營店連鎖經營之目標顧客的選擇與定位

小事典

　　歐克法咖啡至 2015 年 4 月 1 日，台北市的南京店正式開幕，舉辦爲期兩週的開幕咖啡九折優惠活動，店內陳設優雅時尚，咖啡採用高品質的咖啡豆調製而成，而價格則採取平價路線，主要訴求的目標顧客在於一般的上班族群與學生族群。因此店員的選擇也以年輕的工讀生爲主，希望能夠用顧客相同的語言與思考方式，爭取顧客的認同，進而提高顧客滿意度。店址選擇位於都會區人潮衆多的三角窗地帶，藉此提高目標顧客消費的便利性，進而接觸到更多的目標顧客。

本章摘要

1. 本章主要是在討論：(1) 市場區隔、(2) 目標市場的選擇、(3) 市場定位。

2. 目標市場行銷，可以包含四個主要的步驟：

   (1) 市場區隔：即將一個具有異質性的廣大市場，根據一般的行銷上常用的區隔變數，區分數個同質性高的市場區隔。

   (2) 目標市場的選擇：在決定了數個同質性高的市場區隔之後，再根據企業本身的人力、物力、財力、企業策略、使命、願景、目標、企圖心等因素與資源，選定一個或數個市場區隔以作為企業努力的目標市場。

   (3) 市場定位：企業選擇了目標市場之後，就可發展企業以及商品具有競爭力的特色，以便在目標市場顧客的心目中留下較為深刻的良好形象，以獲得顧客的光顧，並且提升顧客的滿意度與忠誠度。

   (4) 行銷組合：企業訂定了商品鮮明的定位策略之後，就可在定位策略的指導下發展完整的產品、定價、通路以及推廣決策的行銷組合方案，以便以適當的價格推出符合顧客滿意標準的商品，藉由適當的推廣活動，例如廣電廣告、平面廣告、網路廣告等，以便於顧客可以了解其可以用多少的價格到什麼地方去購買這些令顧客可以滿意的商品。行銷組合將在後面章節說明。

一、名詞解釋

1. 目標市場

2. STP

3. 市場區隔

4. 選擇目標市場

5. 市場定位

二、選擇題

(　　) 1. 下列哪一個不是心理統治變數？　(A) 性別　(B) 生活型態　(C) 人格特質　(D) 以上皆是。

(　　) 2. 下列哪一項是市場區隔的特性？　(A) 可衡量性　(B) 差異性　(C) 有效性　(D) 以上皆非。

(　　) 3. 有關於市場區隔，下列何者為是？　(A) 區隔是指在某一個地理區域內的全體民眾，例如花蓮市市場　(B) 區隔是指將整個市場劃不分群　(C) 區隔的依據是區隔變數　(D) 區隔的目的是期待不同區隔內的消費者對於某項產品或服務有著類似的需求。

(　　) 4. 企業因為資源有限而必需選進入一個或少數幾個市場區隔，此種策略可稱為？ (A) 全員行銷　(B) 小眾行銷　(C) 集中行銷　(D) 以上皆是。

(　　) 5. 下列何者不屬於市場區隔的人口統計變數？　(A) 性別　(B) 教育程度　(C) 所得　(D) 年齡　(E) 以上皆是。

(　　) 6. 下列何者不屬於市場區隔的行為變數　(A) 生活型態　(B) 時機　(C) 使用頻率 (D) 以上皆非。

(　　) 7. 下列哪一個不是 STP 的目的？　(A) 精細的區分市場　(B) 使企業可精準的聚焦於目標市場　(C) 提高產品的售價　(D) 建立差異化的優勢　(E) 以上皆非。

( )8. 定位是對於目標顧客的？ (A) 心理作用 (B) 視覺作用 (C) 聽覺作用 (D) 觸覺作用。

( )9. 當行銷人員決定以數個市場區隔作爲目標市場，並且分別爲其設計不同的行銷組合時，行銷人員是在執行？ (A) 無差異化行銷 (B) 集中行銷 (C) 差異化行銷 (D) 理念行銷 (E) 以上皆是。

( )10. 某家企業僅僅專業生產紙產品，並且是在幾個不同的市場裡進行銷售，請問它所追求的是哪一種目標市場的選類型？ (A) 單一市場集中 (B) 產品專業化 (C) 市場專業化 (D) 選擇性專業化 (E) 以上皆是。

三、問題討論

1. 請以平板電腦爲例，說明以下的區隔變數：人口統計變數、地理區隔變數、心理變數以及行爲變數？

2. 請說明進行目標市場行銷需求有哪些步驟？請一一說明。

3. 請用智慧型手機作爲例子，說明以下的區隔變數：人口統計變數、地理區隔變數、行爲變數與心理變數，如何應用在市場之上？

4. 請說明什麼是目標市場選擇？及什麼是市場定位？並且說明如何判斷一個市場定位的好壞？

5. 從網路上收集你感興趣的商品，請思考並分析其商品之定位，並評論該商品定位的亮點？

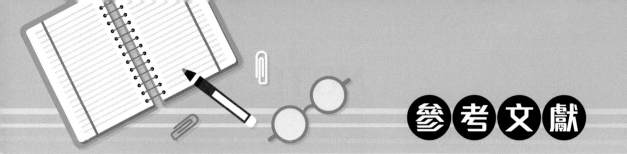

參考文獻

- 曾光華、饒怡雲（2010），行銷學原理（第二版），前程文化。
- 黃俊英（2004），行銷管理（第二版），華泰文化。
- 蕭富峰（2007），行銷管理（初版），智勝文化。
- 戴國良（2004），行銷管理 - 理論與實務（三版），五南文化。
- 廖承志等著（2015），商學與生活（初版），國立空中大學。
- 李正文（2005），行銷管理（初版），三民書局。
- Kohli, Ajay K. and Bernard J. Jaworski (1990), "Market Orientation: The Construct, Research Propositions, and Managerial Implications", Journal of Marketing, Vol. 54 (April), pp.1-18.
- Kotler, Philip and Keller, Kevin (2011), Marketing Management, Analysis, Planning, Implementation, and Control. 14th Edition, Prentice-Hall Inc., NJ. USA., 262-263, pp.393-394.
- Kotler, Philip, Gregor, William & William Rogers (1977), The Marketing Audit Comes of Age. Sloan Management Review, 18, pp.25-43.
- Monroe, Kent B. (1990), Pricing: Making Profitable Decisions. New York: McGraw-Hill.
- Parasuraman, A. (1997), "Reflections on Gaining Competitive Advantage Through Customer Value", Journal of Academy of Marketing Science, Volume 25 No.2, pp.154-161.
- Peppers, Don and Martha Rogers (1993), The One to One Future: Building Relationships One Customer as a time, New York, NY: oubleday/Currency.
- Kotler, Philip (1972), A Generic Concept of Marketing. Journal of Marketing, 36, pp.46-54.

Chapter 6

產品策略

廉價航空 - 台灣虎航

　　《台灣虎航》是第一家屬於台灣人的國際品牌低成本航空，以台灣人特有的溫暖特質，提供便捷且具機動性的新型態旅遊方式，伴隨所有旅客在舒適安全的旅程中，探索每一個夢想的可能。《台灣虎航》的信念很簡單，就是在「safety first」的原則下，秉持著「熱情、溫暖、真誠」的精神，提供一段美好的旅程，讓每一位乘客都能透過旅行更接近夢想，同時享受探索的無限樂趣。2017 年 1 月華航集團購回新加坡虎航集團持有的台灣虎航 10% 股份後，使《台灣虎航》成為 100% 華航集團子公司。在經營策略上，因應不同客群的需求提供不同的產品，以達產品區隔化，為台灣的民航市場提供更多選擇。在競爭激烈的廉價航空（Low-cost Carrier；LCC）市場，虎航除了持續提供低成本、低票價的服務外，並重新檢視航線，鎖定飛航三個小時以內的精選航點，得以提高獲利。另外新闢航點，與旅行社合作包機，提高載客率至九成。穩定營收，擴張獲利與市佔率。

資料來源：台灣虎航 http://www.tigerairtw.com/zh-tw/about-tigerair/about-us

💡 問題討論

1. 請上虎航的官網，查詢台北到大阪的機票價格，並與其他航空公司同樣航線比較價格。

2. 你認為虎航的競爭優勢在哪裡？

3. 華航推出廉價航空品牌 - 虎航，是否對現有品牌產生影響？

🌐 案例導讀

　　近年來航空公司競爭激烈，原先大家都是提升服務內涵，如增加機上娛樂、餐點選擇、裝潢等，以期望達到差異化之競爭優勢，但是差異化優勢背後會有成本增加的問題，而且大家會相互模仿。廉價航空則是另一種思考策略，廉航將服務減少到最基本，只有座位，沒有餐點飲料、行李限重，如果要這些服務，則需要另外加價，減少服務當然就有價格優勢，這時就可吸引較年輕的乘客，對服務比較不在意，價格敏感度高。廉航就是利用降低成本的策略，利用較短的航程，大量吸引價格敏感的年輕客戶，達到獲利的目的。華航在推出廉航時，如果沿用華航品牌，將會使得原先品牌向下延伸，會造成品牌形象下降的問題，因此選擇使用另外的品牌 ㄅ- 虎航，與原先華航品牌獨立，這樣就不會有品牌向下延伸的問題，同時虎航可以自己建立新的年輕品牌形象，吸引更多的年輕背包客搭乘，如此可以擴大整個華航集團的市場。

資料來源：https://udn.com/news/story/7244/2273208

6-1 產品的分類

　　早在 1923 年，Copeland（1923）就提出了消費品的分類模式，根據購買新產品時所需耗費的心力、是否需進行品牌間的比較及對品牌的偏好程度，他將消費品分成便利品、選購品、特殊品三大類。Holbrook and Howard（1977）則依產品特性、消費者特性、消費者反應，將產品分成便利品、偏好品、選購品、特殊品四大類。近年來的研究大都依此來分類。此外，Vaughn（1980）依消費者購買時的關心度、理性 / 感性，將產品分成高關心度理性產品、低關心度理性產品、高關心度感性產品、低關心度感性產品等四類。以下詳細說明三種產品的分類：

（一）耐久財、非耐久財和服務

　　產品依其耐久性或有形性可分為三類（Kotler, 1997）：

1. 非耐久財（Nondurable Goods）：只可使用一次或若干次的有形產品。例如：食品、衣服等。

2. 耐久財（Durable Goods）：可持續使用許多次的有形產品。如：電視機、電冰箱等。

3. 服務（Services）：可供銷售的無形活動、利益或滿足。如：理髮、維修、看病。

圖片來源：UNIQLO

（二）消費品分類

　　消費者購買的商品可依消費者購買習慣分類為便利品、選購品、特殊品和忽略品（Kotler, 1997）。基本上便利品消費者的涉入程度較低，因此行銷重點在於促銷或是利用週邊路徑，如音樂、美女、名人明星、專家推薦的廣告；選購與特殊品消費者涉入較高，消費者在做此類產品決策時會仔細考慮、蒐集較多資訊來評估，因此行銷重點在於利用中樞路徑，如產品規格、產品品質的廣告。

1. 便利品（Convenience Goods）：消費者經常購買、次數多且購買時少費心思的商品。例如香皂、香煙、報紙、衛生紙、牙膏。

2. 選購品（Shopping Goods）：消費者在選擇和購買過程中，會比較商品適合性、品質、價格和形式等特徵。例如：家具、服飾、二手車和重要家電用品。

3. 特殊品（Specialty Goods）：具有獨一無二的特性或品牌知名度的商品，消費者願意特別費心去購買。例如收藏古董品。

4. 忽略品（Unsought Goods）：消費者不知道有該商品存在或者即使知道，但目前不想要的商品。

（三）搜尋產品與經驗產品分類

由於網際網路發展迅速，因此什麼產品適合在網路上作廣告，並未有一個好的產品分類架構（Klein, 1998）。Barker and Gronnes（1996）曾以產品資訊密度、消費者涉入程度、是否容易線上訂購、取貨等三個構面來分析何種情境適合網路廣告。他們認為具備產品資訊密度高、消費者涉入高、容易線上取得的產品較適合進行廣告，例如遊戲軟體，如果不符合這些條件，則其廣告的效果就有限。然而 Rowley（1996）卻認為在網路上可以賣任何東西，不管是一般消費品、或是特殊品，只要配送系統作的完善。

Klein（1998）認為可以從 Nelson（1970）的搜尋產品（search good）、經驗產品（experience good）架構分類來分析互動媒體對廣告效果的影響。

Nelson（1970）定義搜尋產品：一個產品可以在採購之前知道所有支配或主要產品屬性的資訊。經驗產品：所有支配或主要的屬性的資訊必須要直接經驗才可以獲得。或是所有支配屬性的資訊搜尋比直接產品經驗成本高或更困難。Choi et al.（1997）則補充搜尋產品是產品的品質光從外觀就可以判斷，經驗產品的品質則必須消費過才能判斷。而 Darby and Karni（1973）認為除了搜尋產品、經驗產品外，還有信用產品（credence product）。信用產品是指消費者使用過後仍然無法判斷產品的品質，如複雜的醫療服務。

事實上一個產品，可能兼具搜尋與經驗屬性。搜尋屬性是指產品的屬性可以很精確及有效率的在採購前利用知識、檢驗、合理的力氣及正常的管道獲取資訊，例如：消費者報導（Maute and Forrest, 1991）。經驗屬性是指這些產品的屬性只能在產品採購使用過一段時間才可以準確即有效率獲得（Maute and Forrest, 1991）。因此，我們可以由屬性來定義經驗或搜尋產品，所謂搜尋產品是指主要的產品屬性是搜尋屬性，經驗產品是指主要的產品屬性是經驗屬性。媒體是消費者很重要的一個資訊來源，但是這種來源與消費者直接產品經驗（Direct Product Experience, DPE）在資訊的質與量不相同（Klein, 1998）。過去研究（Fazio and Zanna, 1981; Fazio and Zanna, 1987）曾經建議直接產品經

驗是最佳的資訊來源，因為它具有多感官、符合個人資訊需求、比其他間接資訊可信度高，尤其是經驗產品往往必須依賴直接產品經驗或是口碑經驗。

網路對經驗產品的轉換

虛擬地鐵月台商店（TVBS 新聞）
https://www.youtube.com/watch?v=7Z-QWSzjwp4

Klein（1998）認為消費者可以透過廣告虛擬感受，就好像他第一手經驗這個產品一樣。這種經驗 Klein（1998）藉由 Steur（1992）所提的遠距臨場感的構念，稱這種消費者感受為虛擬經驗。若虛擬經驗的水準增高，則廣告說服的效果也會增加。Burke（1997）曾以 3D 動畫技術，發展一個虛擬商店。消費者可以從貨架上選取產品，檢視包裝，然後將產品丟入購物車，研究者找了一群消費者，經過七個月的觀察，發現消費者有很高的接受度，有些商品透過虛擬商店販賣的比例甚至比實體商店還高（詳見 Burk, 1997 的說明）。

互動性對搜尋產品的好處是互動媒體提供了更容易擷取、更低搜尋成本、更具顧客化的資料查詢（Klein, 1998），事實上主要是減少不相關資訊、使資訊更有組織。而對經驗產品的好處，主要就是虛擬經驗的產生，可以達成產品的轉換，產生類似直接產品經驗的虛擬經驗，也就是讓經驗產品轉換成搜尋產品。可以減少消費者採購時的風險，增加搜尋經驗屬性的比例，並且調整經驗屬性在消費者決策的權重（Klein, 1998）。Choi（1997）也認為經驗產品可以透過線上試用，或是線上討論區來確定品質。互動廣告可以促使消費者外部資訊搜尋，所以互動層次高時，對於經驗產品，消費者會願意去從事外部資訊搜尋，亦即與廣告進行互動，將經驗產品轉換成搜尋產品。

小事典

6-2 產品的層次

根據 Kotler（1997）產品的定義為：產品可以是實體商品、服務、人物、地點、組織或觀念。例如：汽車、理髮、明星、香港、或戒煙就贏。

一、產品的五個層次

行銷人員規劃市場供給項目或產品時，必須考慮五個產品層次（Kotler, 1997）（如圖 6-1）。最基本的層次是核心產品（core product）乃指顧客真正要購買的基本服務或利益。就餐廳而言，顧客真正想要的吃與喝需求；以智慧型手機而言，顧客想要購買的便利性與個人效率。

第二層級是行銷人員必須將核心產品轉換為一般產品（general product），是指產品本身的基本型態。餐廳是有餐桌與座位和建築物所組成。以智慧型手機而言，電話、照像、上網功能是最基本的型態。

第三個層次是期望產品（expected product），指買方購買產品時，預期可得到的一組最基本屬性和狀態的要求。例如餐廳顧客期待有乾淨的餐桌、椅子和乾淨與好吃的菜。以智慧型手機而言，通話品質要好，照像畫素要高，電池蓄電力要足夠。

第四層是指擴張產品（augmented product），是指能區別公司產品和競爭者產品之附加服務和利益。例如：餐廳業可增加提供呼拉圈表、鐵板燒表演、音樂表演。以智慧型手機而言，可以增加自行開發界面與軟體、遊戲與商務軟體，維修服務，夜視拍攝，防水，語音輸入。

由於前三層次只能滿足顧客的基本需求與期望，要能夠與其他廠商差異化，現在企業大都以必須擴張產品層次為競爭手段，新式競爭並不在於企業工廠內生產何種產品，而是企業以包裝、服務、廣告、顧客建議、融資、交貨安排、倉儲或其他消費者認為有價值的事物，附加在產品上（Kotler, 1997）。

潛力產品

擴張產品

期望產品

一般產品

核心利益

圖 6-1　產品五個層次（Kotler, 1997）

　　然而，產品擴張化策略的應用必須注意幾點（Kotler, 1997）。首先，每一項擴增都會增加產品、服務或行銷等成本，行銷人員必須了解顧客是否願意負擔額外的成本或是由廠商自行吸收，如此會降低利潤。第二，對消費者而言，擴增的利益很快地就變成了期望利益。餐廳增加音樂表演或智慧型手機快速維修服務很快就會變成顧客期望的利益，因此廠商必須尋找更多特色或利益，增加產品的特色，如此才能和競爭者差異化，提供給消費者超出期望的利益。第三，當企業因提供擴增產品而提高價格時，也有些競爭者會逆向操作，回復到以相當低的價格供應低品質產品。例如在 HP、IBM 等大廠推出高級功能強大的筆記型電腦時，精英電腦就推出品質較陽春的低價位筆記型電腦，如此的策略如果奏效，也會引發大廠跟進推出低價位電腦。

　　第五層是潛力產品（potential product），產品在未來可發展的任何擴增和轉型的利益。擴張產品是目前產品已涵括的服務和利益，而潛力產品是未來可能的發展。企業積極地探求心型態來滿足顧客，以突顯其產品，成功的企業除了增加所提供產品的附加利益，希望滿足顧客外，也能取悅顧客，取悅就是增加意外的驚喜。例如，餐廳顧客收到免費香檳、或是利用桌上電腦個人化點菜。以智慧型手機而言，手機支付，與其他智慧裝置連結之物聯網等功能就是潛力產品。

旅館的產品層次

旅館滿足消費者的核心利益就是休息或居住，一般產品就是各式可以滿足居住的產品形式，如旅館，民宿，居家，帳篷等。旅館的期望產品則是消費者期望旅館的服務有哪些，例如乾淨的房間，舒適的床，多樣化的電視，泡澡的浴缸等。旅館的擴大產品則是超出顧客期望的服務，如免費的 mini bar，免費的水果，或是其他客制化的服務等。旅館的潛力產品則是指未來可以結合科技發展提供給顧客的服務。雲品酒店提出「late check out」服務。只要客人提出需求，即可將 check out 時間從一般的上午十一點，延到下午一點。另外誠品行旅則結合書店與飯店的概念在一起，飯店大廳牆壁都是書籍。2015 年開幕的大直萬豪酒店則是標榜有較大的宴會廳與會議室。以上這服務大多屬於超出期望產品的擴大產品層，如此才能產生差異化優勢。

6-3　產品線與品類管理

一、產品線管理

企業增長產品線的方法可利用產品線延伸。

（一）產品線延伸策略

基本上每一公司的產品線可能只能涵蓋某一範圍，例如：宏碁電腦只賣桌上型電腦、筆記型電腦、伺服器電腦。當企業以超越目前產品線範圍的方式延伸產品，稱為產品線延伸策略（Line Stretching），延伸的方式有向上、向下和雙向延伸三種（Kotler, 1997）。

1. 向下延伸（Downward Stretch）

此項策略是指公司原先定位為市場的高級品，然後向低級品延伸，推出較低價位的產品。例如廠商以低價位方式增加產品線的新項目，以推廣其品牌，增加市場佔有率。

例如：HP、IBM 等大廠推出高級功能強大的筆記型電腦時，精英電腦就推出品質較陽春的低價位筆記型電腦，此時也引發 HP、IBM 跟進推出低價位電腦。企業向下延伸的理由可為：企業的高級品市場受到競爭者的攻擊，而轉向回擊競爭者的低級品市場。另外也有可能企業覺得高級品市場成長有限，為了增加市場只好進入較低級品市場。另外是企業原先已進入高級品市場建立品質形象，而再試圖轉進低級品市場，企業增添低級品項目，以便在市場卡位，阻擾新競爭者進入，此策略是希望擴大市場佔有率。

不過要注意的是，企業向下延伸之時，低級品可能會侵蝕高級品市場，甚至破壞產品形象。另外低級品可能會刺激該市場的競爭者發展高級品反擊，或者該公司的經銷商因低級品較無利潤，或有損品牌形象，而不願意銷售低級品。

2. 向上延伸（Upward Stretch）

在低級品市場的公司也想要進入高級品市場，可能是受高利潤、高成長的誘惑，或只是想成為全產品線製造商。向上延伸決策也有風險存在。高級品競爭者不但會固守城池，也可能會向低級品市場發展來反擊；基本上潛在顧客可能不相信低品職場商能發展高品質產品；另外就是專業能力的問題，亦即公司的銷售代表和經銷商可能缺乏能力和訓練來服務高級品市場。通常向上延伸的時候，為避免原先較低級的產品形象，廠商會用新的品牌名稱，例如：Toyota 汽車原先汽車鎖定的為一般國民車市場，推出 Lexus 品牌進入高級車市場與 Benz、BMW 競爭。

3. 雙向延伸（Two-way Stretch）

另外廠商也有可能服務於中級品的公司，可能決定同時向兩方延伸產品線。企業也常以低價位方式增加產品線的新項目，以推廣其品牌。

二、品類管理

以往廠商對於產品線焦點大多集中在個別產品的表現，但是近年來的**趨勢**卻開始重視到由多個相關產品所組成的品類管理。基本上，品類管理可以視為消費者需求的類別管理。例如：消費者對個人清潔的需求就會形成個人清潔用品類，包含洗髮精、沐浴乳、牙膏等。如果廠商是以個別產品管理為出發點，很有可能就會發展出清涼洗髮精，以及止癢洗髮精產品，但是消費者要的是結合兩種產品的特色，這時如果以品類為出發點，製造商就可以製造清涼與止癢的洗髮精產品。另外就通路商而言，消費者也希望在一品類當中購買或選擇想要的產品，而不需求跑好多貨架來滿足同品類的需求，因此洗髮精、沐浴乳、牙膏等應該是為同一品類集中同一區域的貨架。

　　歐洲商業快速回應（ECR）推動委員會為「品類管理」所下的正式定義為：品類管理是零售商與生產商將品類視為一策略經營單位，而不再以個別產品為焦點，是以提升消費者價值為焦點，共同管理品類的過程。其重點在於零售商及供應商「共同合作」、提升消費者價值（資策會，1999）。

（一）為何需求品類管理

　　品類管理概念的崛起導因於幾項行業趨勢，其中最重要的是：消費者的改變、競爭局面所造成的壓力、資訊科技的發展（資策會，1999）：

1. 消費者的改變

　　消費者要求以最少的付出，以最少的代價、最短的時間、最為方便的方法，得到最高品質、最多選擇的服務。零售商及供應商面對這些挑戰，必須加強對消費者需求的了解，並以更有效的方式滿足其要求。而要真正了解消費者需求從品類為出發點才具有全面性，才不會發展一種特色一樣產品或是消費者必須跑很多貨架才能滿足一項品類的需求（資策會，1999）。

2. 競爭局面所造成的壓力

　　新型態零售模式的成功，例如：大型折扣商店、以跨國集團（如大潤發、家樂福等）為主導的量販超市，將對本地零售商構成嚴重威脅，採行不同競爭手法的新零售模式，嚴重削弱了許多零售商（尤其是傳統零售商）的競爭優勢。傳統零售商必須採行不同的手段來回應這些新零售模式的新穎銷售手法。競爭的重點應轉移至品類層面上，並以品類層面為基礎制訂有關經營策略與品類之下產品之間關聯性的組合（資策會，1999）。

圖片來源：維基百科

3. 資訊科技的發展

　　資訊科技的發展使零售商和供應商能以前所未有的方式分享資訊，改變經營手法。資訊科技的進步，大幅提高了零售商及供應商獲取、組織、存取、分析、處理資料以進行品類管理的能力。藉由此項科技可以真正分析與掌握消費者的行為進而滿足其需求（資策會，1999）。

（二）品類管理的效益

　　採行品類管理所能帶來的效益可歸納為（資策會，1999）：以消費者需求為焦點的採購、行銷、交易等作業提高了消費者的滿意程度。以更有生產力、更少內耗的經營流程，降低系統與行銷成本。提升零售商及供應商的資產投資回收。以更一致的策略架構支援日常戰術決策，使提高管理作業的生產力。

小專欄

快時尚 -ZARA

　　ZARA 之所以成為快時尚的代名詞，是依靠快速地共用時尚資訊和消費者的反饋的營運體系，團隊與科技的整合，實現「少量、多款」的產品策略。掌握流行趨勢的 ZARA 擁有一個兩百多人組成的年輕設計團隊，該團隊包括設計師、市場流行趨勢專家和生產經理。ZARA 的設計團隊能在兩週的時間內，敏感識別和截取米蘭、巴黎時裝秀的流行趨勢，體現在門市的新款時裝。

圖片來源：ZARA 官網

　　善用資訊共用體系：ZARA 位在全球各地的門市，都具備著彼此獨立的資訊系統。每天晚上，西班牙西北部拉科魯尼的 ZARA 總部，會和每個門市交換每筆訂單的尺碼、顏色、數量、賣出時間、支付方式、折扣資訊、價格調整等大量原始數據，各部門會根據需要分解與判讀數據，以對各地市場做出因應的銷售策略，而這些所獲取的資訊又會及時反饋到 ZARA 的設計總部做營運調度。

資料來源：http://35.194.223.245/2018-fast-fashoin-brand-competition/

6-4 品牌及品牌權益

根據美國行銷協會（American Marketing Association, AMA, 1960）對品牌的定義：品牌是一個名稱（name）、標記（sign）、術語（term）、符號（symbol）、設計（design），或是它們的合併使用，試圖來識別廠商間的產品或服務，進而與競爭者產品有所區別（Kotler, 1997）。

一、品牌的特色

品牌是廠商提供給顧客的一組一致且特定關於產品特性、利益與服務的允諾，Kotler（1997）認為一個品牌可傳達六種層次的意義給顧客：

1. 屬性（attributes）：品牌最先留給消費者的印象即是其某些屬性。

2. 利益（benefits）：屬性必須能被轉換為功能性或情感性的利益。

3. 價值（values）：品牌可以傳達廠商的某些價值給消費者。

4. 文化（culture）：品牌通常代表某種文化，比如廠商或來源國的文化。

5. 個性（personality）：品牌可以反映出某些個性。

6. 使用者（user）：由品牌可以看出其購買者或使用者的類型。

品牌在行銷策略中是不可或缺的，因為它可以幫助購買者辨識產品，協助配銷商管理貨品，此外，亦有助於提升產品的獨特形象和特性，而可做為差別取價的基礎。有品牌的商品，有以下幾項優點（陳詩豪、孫盈哲，1989）：品牌可以透露與產品品質有關的資訊，同時品牌可作購買決策的參考。另外品牌可以提高購物的效率。因而在有品牌情況下，消費者較容易發掘何者為其偏好的產品，是故可以增進購物的效率。品牌的存在有助於消費者多注意一些對他們十分有用的新產品資訊。由此可見，一般而言消費者歡迎廠商以新的品牌加入市場。此舉不僅可帶給消費者更多選擇，也能促成業者間的競爭。

二、品牌權益

品牌權益（brand equity）是自 80 年代在美國廣告界興起的一個概念，希望藉以衡量出一個品牌的實質價值，品牌權益的定義可從財務、行銷來界定（Aaker, 1991）。

在「財務」觀點的定義中，雖然學者都是以將品牌權益量化爲前提，但因爲對品牌權益功能認知上的不同，財務觀點與會計觀點有著截然不同的見解。財務觀點秉持著財務上公司永續經營的假設，希望嘗試用未來值折現的概念將品牌權益予以量化。

「行銷」觀點的研究儘管逐漸由廠商角度轉換成消費者角度來定義品牌權益，但始終圍繞在差異化與附加價值的議題上，認爲品牌權益能替廠商及消費者帶來額外的利益，唯獨 Aaker（1991）主張品牌權益是一項資產和負債的集合，有別於其他的概念，此定義隱含著該價值可能增加或減少，而不再一定是價值的增加。Keller（1993）所定義的品牌知識的差異化效果亦具有相同的概念。

綜合各學者的觀點，曾義明與黃郁君（2003）定義品牌權益可解釋爲品牌帶給公司所擁有實體資產以外的附加價值，也就是在相同的行銷活動及產品服務，一品牌相較於競爭品牌除了產品服務價格以外，其所創造的額外價值。接下來更進一步的介紹品牌權益的內涵。

Aaker（1991）認爲品牌權益包括五種資產：品牌忠誠度、品牌知名度、知覺品質、品牌聯想與其他專屬的品牌資產，此五種資產爲品牌創造價值的來源。茲將此五種資產分述如下（張紹勳，2003）：

1. 品牌忠誠度

對廠商來說，品牌價值的產生，通常來自消費者對此品牌的忠誠，對其競爭者而言，這些具有忠誠度的消費者形成一強而有力的競爭障礙。消費者的品牌忠誠度使得廠商能夠降低行銷成本，同時也隱含公司與通路關係的增強，而且減弱了競爭者的攻擊威脅。品牌忠誠度是一利潤的來源，所以注重品牌忠誠度常是管理品牌權益的有效方法。

2. 品牌知名度

品牌知名度是一個品牌在消費者心中的強度，指消費者從特定的產品類別中認知（recognition）與回憶（recall）某一品牌的能力，而且包含了品質等級與品牌間的關聯性。品牌知名度使得品牌能進入消費者的購買考慮組合中，爲該品牌能否被考慮的重要關鍵。

3. 知覺品質

知覺品質指的是消費者對某品牌產品其整體品質的認知水準，或是說與其他品牌相比，消費者對某品牌產品或服務全面品質的主觀滿意程度。知覺品質會直接影響購買決

策與品牌忠誠度，同時也支持價格溢酬和品牌延伸的基礎，且消費者對一個品牌品質的看法，往往會影響他們對這個品牌其他方面的認知。

4. 品牌聯想

品牌聯想為消費者記憶之中，任何與品牌記憶相連結的事物，包括產品屬性或特性、顧客利益、無形屬性、相對價格、產品類別、生活型態 / 個性、名人 / 代言人、使用者、使用情境、競爭者、國家 / 地理區域等十一種型態。品牌聯想能夠幫助消費者處理資訊並協助品牌定位，同時也提供了品牌延伸的基礎。

5. 其他專屬的品牌資產

其他專屬的品牌資產包括專利、商標與配銷網路關係等，是較常被忽略的一部份，但是卻可以避免競爭者去侵蝕公司消費者的基礎與忠誠度。

三、品牌決策

Kotler（1997）提出品牌決策順序為：首先決定是否需求為產品開發品牌，決定之後，就要確認品牌是屬於製造商、或是通路商私有品牌，接下來就是品牌命名，可以是個別品名、家族品名；接下來就是品牌策略決策：新品牌、品牌延伸、產品線沿用、多品牌。另外也可考慮品牌是否需求重新定位，例如：嬌生嬰兒洗髮精原先品牌定位就是給皮膚細緻敏感的嬰兒使用，但經過重新定位之後，大人女性追求皮膚細緻的利益也可以使用，擴大了產品的目標市場。另外老牌子黑松汽水也是重新定位在年輕人的市場，強調與年輕人與他人溝通分享，可以從喝黑松汽水開始。

公司的品牌策略有四種類型（見表 6-1）。分別是產品線延伸（Line Extensions，指將現有品牌延伸到新尺寸、口味的現有產品類別）、品牌延伸（Brand Extensions，指品牌延伸到新產品類別）、多品牌（Multibrands，將新品牌介紹到相同的產品類別）和新品牌（New brands，新的產品類別啟用新品牌）（Aaker, 1991; Kolter, 1997）。

表 6-1　品牌策略

		產品類	
		現有	新創
品牌名稱	現有	產品線延伸	品牌延伸
	新創	多品牌	新品牌

1. 產品線延伸

產品線延伸為公司在現有產品類別中，採用現有的品牌，但是新增一些新的屬性，例如：推出新尺寸、新型式、新色系、原料改變、包裝大小、新口味不同等品目的產品項目。像口香糖廠商推出新口味的口香糖，如各種水果口味。

因為推出全新產品需求極大成本與時間，因此絕大部分的新產品活動都是產品線延伸。產品線延伸也有可能是產能過剩，迫使公司推出新增品目。另外也有可能為了滿足消費者多樣化的需求，或想和競爭者成功的產品線延伸競爭。也有許多公司採用產品線延伸的主要目的，是希望獲得通路商更多的貨價陳列空間（Kolter, 1997）。

2. 品牌延伸

公司可能決定利用現有品牌作為新產品的品牌名稱，與產品線延伸最大的不同在於品牌延伸是推出全新的產品，而產品線延伸是舊產品的改良版本。

品牌延伸策略有許多優點，因為現有產品品牌知名度已經建立，好口碑的品牌讓新產品獲得立即的認同和接受，也使得公司輕易進入新領域。不過要注意品牌延伸策略有若干風險，新產品讓顧客失望，可能連帶降低對公司其他相同品牌名稱產品的信賴，或是降低對原有品牌的形象（Kolter, 1997）。例如：皮爾卡登原先是知名的服飾品牌，但是大量品牌延伸，包括窗簾、瓷磚、筆、地毯，使得消費者心目中高級品牌形象大打折扣。

3. 多品牌

多品牌策略是指公司經常會在相同產品類別內引用新品牌，藉以樹立不同的產品特色、或者吸引不同購買動機的顧客，以增加目標市場、擴大市場佔有率。

多品牌策略的缺點是每一品牌可能只有部分的市場佔有率，有的大、有的小，甚至也有可能互相競爭，分散了利潤，因為公司分散資源在各個品牌上，而不是創立較少的品牌以求高的利潤。基本上，公司應剔除較弱勢的品牌，同時建立嚴謹的新品牌篩選程序。最理想的情況是公司品牌應侵蝕競爭者的品牌，而非彼此競爭（Kolter, 1997）。例如：寶僑家用品公司（P&G）的洗髮精產品就有沙宣、飛柔、海倫仙度斯等多品牌。

4. 新品牌

當公司在新類別推出新產品時，可能會覺得現有品牌不適用。這時就要推出全新的品牌，全新品牌需求較多的資源，對消費者而言也需求較多的時間學習這個品牌（Kolter,

1997）。一個新品牌的資訊或廣告，消費者須歷經知識、興趣、評估、適用、採用等階段，所以需求時間了解。

多品牌的愛之味

愛之味公司創立於 1971 年，主要產品有傳統美食（醬菜罐頭）、甜點（休閒點心罐頭）、中式調理罐頭、油品、保健食品、乳品、冷藏、飲料、果汁九大類。愛之味公司為耐斯企業集團的一份子，具有優越的行銷企畫與新產品開發能力。

愛之味公司在 1989 成立研究發展委員會，並在台北成立商品行銷企畫部門，同時加強公司的研發與行銷功能，以脫離公司發展初期生產導向與發展期銷售導向的經營模式。由研發部所提出的新產品開發案，除了必須尊重市場需求、反映市場趨勢外，還得把握三個原則：一、盡可能是先發產品；二、產品一定要有特色（要有附加價值）；三、自認是同類產品中最好的。

愛之味之擅長於成功推出新產品，除了研發成效良好、新產品品質優良之外，與產品包裝精心設計、大量廣告配合耐斯集團的經營風格有關。耐斯的企業經營法為：一、品牌形象利益高於商品短暫利益，換言之，容許新產品推出失敗，但不容許品牌形象受到傷害；二、應精確掌握時代脈動與市場資訊；三、以研發技術為後盾，用行銷業務為前鋒；四、強調商品設計與附加價值；五、注重媒體廣告，廣告預算固定佔營業額百分之十；六、產品高毛利才能培養深耕產品的實力。

愛之味公司於品牌命名一向相當用心。如「愛之味」一詞便兼具注重家庭溫暖與產品美味，好聽又好記；「妞妞」代表年輕活潑、「莎莎亞椰奶」帶有浪漫東南亞風味，而花生仁湯，愛之味則命名為「牛奶花生」。

小事典

小專欄

王品集團的多品牌策略

　　王品集團於 1993 年 11 月由畢業於台灣大學中文系的戴勝益成立，既沒有正規的廚師訓練，也沒有任何其他餐廳相關經驗。他在台中成立第一家王品牛排，主打牛肋排，採用第六到第八節牛肋骨切成。他採用標準化菜單，包括前菜、五種沙拉、四種湯品、四種甜點、咖啡和茶。目標客群為各行各業成功人士，王品牛排的口號為：「對待客人宛如對待生命中最重要的人」。2001 年開設西堤牛排。西堤牛排的定位則是：讓我們一同享受美味，著重在與家人和朋友共同享受美味的幸福感。顧客典型為年輕客群。2004 年再推出兩個品牌：聚與原燒。「聚」供應北海道昆布鍋，主打朋友聚餐。昆布鍋分成兩個價位：349 元與 540 元。 並沒有特定年齡層的目標客群，主要吸引各個年齡層的顧客。原燒供應燒烤與碳烤豬肉，每人每餐價位為 598。接下來王品又推出夏慕尼供應鐵板燒，價位為每人 980 元，鎖定的客層為較高檔客戶，供餐融合法式料理與鐵板燒。藝奇供應創意美食日式料理，價位為每人 680 元，鎖定時尚客群。品田牧場則供應日式咖哩炸　排，分成兩個價位：190 元與 290 元。石二鍋供應石頭涮涮鍋，價位為每人 198 元。石二鍋每人各一鍋，火鍋共有 14 種口味（櫻桃鴨、牛肉、豬肉、羊肉、素食等）。舒果供應素食，價位為每人 398 元。鎖定年輕客群。

資料來源：The Wowprime Corp.: The Owner of Multiple Restaurant Brands in Taiwan Shih-Fen Chen, Hui-Mei Liu IVY Publishing, CA. 2012

本章摘要

1. 關鍵詞彙：產品、產品層次、產品線管理、品類管理、品牌、品牌權益、品牌延伸。

2. 行銷人員規劃市場供給項目或產品時，必須考慮五個產品層次：最基本的層次是核心產品，乃指顧客真正要購買的基本服務或利益。第二層級是行銷人員必須將核心產品轉換為一般產品，是指產品本身的基本型態。第三個層次是期望產品，指買方購買產品時，預期可得到的一組最基本屬性和狀態的要求。第四層是指擴張產品，是只能區別公司產品和競爭者產品之附加服務和利益。第五層是潛力產品，產品未來可發展的任何擴增和轉型的利益。

3. 擴張產品是目前產品已涵括的服務和利益，而潛力產品是未來可能的發展。產品線延伸策略，延伸的方式有向上、向下和雙向延伸三種。

4. 品類管理是零售商與生產商將品類視為一策略經營單位、以提升消費者價值為焦點，共同管理品類的過程。其重點在於零售商及供應商 ” 共同合作 ” 提升消費者價值。

5. 品牌是一個名稱、標記、術語、符號、設計，或是它們的合併使用，試圖來識別廠商間的產品或服務，進而與競爭者產品有所區別。

6. 品牌權益包括五種資產：品牌忠誠度、品牌知名度、知覺品質、品牌聯想與其他專屬的品牌資產。

7. 公司的品牌策略有四種類型：分別是產品線延伸、品牌延伸、多品牌和新品牌。

自我評量

一、名詞解釋

1. 產品層次

2. 產品線管理

3. 品類管理

4. 品牌決策

5. 品牌權益

二、選擇題

( ) 1. 我們每天都會用到的衛生紙稱為下列哪種產品？ (A)便利品 (B)選購品 (C)特殊品 (D)以上皆是。

( ) 2. 傢俱與衣服稱為下列哪種產品？ (A)便利品 (B)選購品 (C)特殊品 (D)以上皆是。

( ) 3. 提供給消費者超出期望的利益屬於哪種產品？ (A)擴大產品 (B)一般產品 (C)期望產品 (D)以上皆非。

( ) 4. 下列哪項是屬於品牌權益的資產？ (A)品牌忠誠度 (B)品牌知名度 (C)知覺品質 (D)以上皆是。

( ) 5. 下列哪項是屬於現有產品與現有品牌的決策？ (A)品牌延伸 (B)產品線延伸 (C)多品牌 (D)新品牌。

( ) 6. 下列哪項是屬於品牌的層次？ (A)屬性 (B)利益 (C)價值 (D)以上皆是。

( ) 7. 下列哪項是屬於新創品類與新創品牌的決策？ (A)品牌延伸 (B)產品線延伸 (C)多品牌 (D)新品牌。

( ) 8. 下列哪項是屬於現有產品與新品牌的決策？ (A)品牌延伸 (B)產品線延伸 (C)多品牌 (D)新品牌。

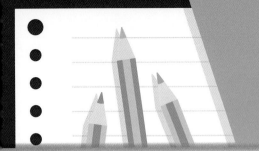

(　　) 9. 下列哪項是屬於現有產品與現有品牌的決策？ 　(A) 品牌延伸 　(B) 產品線延伸 　(C) 多品牌 　(D) 新品牌。

(　　) 10. 下列哪項是屬於新產品與現有品牌的決策？ 　(A) 品牌延伸 　(B) 產品線延伸 　(C) 多品牌 　(D) 新品牌。

三、問題討論

1. 消費品的分類為何？各有哪些特性？行銷的涵義為何？

2. 何謂品類管理？有何效益？

3. 請以旅館為例，說明產品的五個層次。

4. 何謂品牌權益？品牌權益包含哪五種資產？

5. 品牌延伸的優缺點為何？請舉一個品牌延伸成功的例子，以及一個品牌延伸失敗的例子。

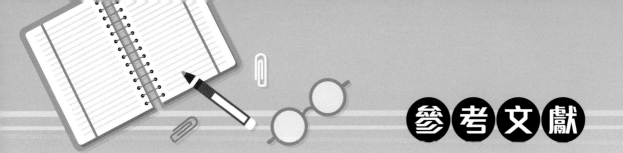

- 徐聯恩、王長發（1998），愛之味公司：企業成長與新產品開發，在劉長勇編，台灣本土企業個案集：行銷策略與管理，台北：華泰書局。

- 張紹勳（2003），電子商務，滄海出版社。

- 陳詩豪、孫盈哲（1989），從經濟學的觀點談自創品牌，台灣經濟研究月刊，12 卷，2 期，頁 31-35。

- 曾義明、黃郁君（2003），品牌聯想之多構面的比較分析 -ICP 資料之實際品牌研究，第 11 屆廣告暨公共關係研討會，台北：政治大學廣告系。

- 資策會（1999），商業快速回應輔導案例：品類管理，財團法人資訊工業策進會。

- Aaker, D. (1998), Strategic Market Management, 5th ed., John Wiley & Sons, Inc.

- Aaker, D. A. & Joachimsthaler, E. (2000), Brand Leadership.

- Aaker, D. A.(1991), Managing Brand Equity, Free Press.

- Barker, Christian and Peter Gronnes (1996), Advertising on the WWW, Working Paper, Copenhagen Business School, Copenhagen , Denmark. http://www.samkurser.dk/advertising

- Bezjian-Avery, Alexandra M. (1997), "Coginitive Processing of Interactive Marketing", Unpublished Doctoral Dissertation, Northwestern University, Evanston, Illinois.

- Burke, Raymond R. (1997), "Real Shopping in a Virtual Store", in Robert A. Peterson (Ed.), Electronic Marketing and the Consumer, Thousands Oaks, CA: Sage Publications, Inc., pp.81-88.

- Choi, Soon-Yong, Dale O. Stahl, and Andrew B. Whiston (1997), The Economics of Electronic Commerce, Indianapolis, IN: Macmillan Technical Publishing.

- Copeland, Melvin T. (1923), "The Relation of Concumers' Buying Habits to Marketing Methods", Harvard Business Review, 1 (April), pp.182-289.

- Darby, Michael R. and Edi Karni (1973), "Free Competition and the Optimal Amount of Fraud", Journal of Law and Economics, 16 (April), pp.67-86.

- Fazio, R.H. and P. Zanna (1981), "Direct Experience and Attitude-Behavior Consistency", in L. Berkowitz (ED.), Advertising in Experimental Social Psychology, New York, NY: Academic Press, 14, pp.161-202.

- Fazio, R.H. and P. Zanna (1987), "On the Predicitive Validity of Attitudes: The Roles of Direct Experience and Confidence", Journal of Personality, 46, pp.228-243.

- Holbrook, M. B. & J. A. Howard (1977), Applications, Frequently Purchased Nonduration Goods and Services, in Selected Aspects of Consumer Behavior: A Summary from the Perspective of Different Disciplines, R. Ferber (Ed.), Washington, D.C. National Science Foundation.

- Keller, K.L.(1993), "Conceptualizing, Measuring, and Managing Consumer-Based Brand Equity", Journal of Marketing, pp1-22.

- Klein, Lisa R. (1998), "Evaluating the Potential of Interactive Media through a New Lens: Search versus Experience Goods," Journal of Business Research, 41 (March), pp.195-203.

- Kotler, Philip (1997), Marketing Management, 9 ed., Prentice-Hall.

- Krugman, H.E. (1965), "The Impact of TV Advertising: Learning without Involvement," Public Opinion Quarterly, 29 (October-November), pp.349-356.

- Maute, Manfred F and William R. Forrest, Jr. (1991), "The Effect of Attribute Qualities on Consumer Decision Making: A Causal Model of External information Search", Journal of Economic Psychology, 12 (December), pp.643-666.

- Meeker, Mary (1997), The Internet Adverting Report, New York, NY: Harper Business.

- Nelson, Philip J. (1970), "Information and Consumer Behavior", Journal of Political Economy,78 (March-April), pp.311-329.

- Raman, Niranjan V. (1996), "Determinants of Desired Exposure to Interactive Advertising", Unpublished Doctoral Dissertation, University of Texas, Austin, Texas.

- Rowley, Jennifer (1996), "Retailing and Shopping on the Internet", International Journal of Retail & Distribution Management, 24 (May-June), pp. 26-37.

- Steuer, Jonathan (1992), "Defining Virtual Reality: Dimensions Determining Telepresence", Journal of Communication, 42 (Fall), pp.73-93.

- Vaughn , Richard (1980), "How Advertising Work : A Planning Mode", Journal of Advertising Research, Vol. 20 (October), pp. 27-33.

- Wright, A. A. and J. Lynch (1995), "Communication Effects of Advertising versus Direct Experience when both Search and Experience Attributes are Present", Journal of Consumer Research, 21 (December), pp.708.

Chapter 7

價格策略

機票效期不同票價不同

原來錢作怪－機票價錢 (上)
https://www.youtube.com/watch?v=5xyY04Nc04I

從台北搭飛機往東京，會因自己便利（含路途遠近）或價格，選擇從松山機場或桃園機場出發，到達東京的機場也可選擇成田機場或羽田機場。從松山機場或桃園機場飛往東京的國內外航空公司，皆有多家航空。各家航空公司票價不同，低成本航空公司（俗稱廉價航空）如：香草航空、酷航、捷星等的加入，使得競爭更加激烈。

如表為中華航空從桃園機場直飛往日本東京成田機場的機票票價（含機場稅、燃油附加費），而香草航空只要 6931 元。

Q艙	21 天促銷票	限搭時間 12:00 ～ 23:59	$10,507
T艙	1 個月旅遊票	限搭時間 12:00 ～ 23:59	$11,592
Q艙	14 天促銷票	早鳥促銷 出發 45 天前完成訂…	$12,092
V艙	2 個月旅遊票	限搭時間 12:00 ～ 23:59	$12,092
R艙	6 個月學生票旅遊票		$12,592
T艙	1 個月旅遊票		$13,092

💡 問題討論

1. 中華航空訂定不同的票價，其目的何在？

2. 到日本自由行旅遊，除考慮來回時間外，訂機票與住宿如何考量，能夠達到經濟旅遊？

3. 低成本航空公司的優缺點？

🌏 案例導讀

機票價格會因艙等不同，而有差異，也會因機票有效期（1 個月、3 個月、半年、1 年等）、身分、早鳥票等不同，價格就不一樣。愈早訂票較可訂到理想票價。

有些人只要機票價格便宜就好，就會買晚班機出發。這表示價格並非固定不變，而是有差異性。

買機票不只是考慮價格，也會考量價格以外的因素，例如：從住家到機場、目的地機場到飯店或旅遊地點交通的便利性，或通關便利性。

7-1 價格的意義與扮演的角色

組織最重要的要素之一就是訂定與管理價格的能力，特別是組織處於動態、高度競爭的環境中（Jallat and Ancarani, 2008）。定價策略的主要目的是「透過掌握消費者對於商品不同的評價，進而最大化銷售者的利益」（Kim, Natter, and Spann, 2009）。價格的高低會影響消費者購買商品、服務的意願及決策。組織將定價視為一種競爭工具，對競爭者來說也是一種進入障礙。價格是行銷組合中的四個要素之一，是唯一能創造收入的要素。價格用來顯示為獲得某項產品或服務，消費者所必須支付的金額，所以狹義地說，價格就是貨幣的付出。然而，消費者在整個購買的過程中，付出的不只是金錢而已，包含花時間與精力比價、自行到商店購買、等候服務等，這些付出的精神、時間等是一種非貨幣的付出，非貨幣的付出較難衡量，但會影響購買行為。行銷領域專家、學者在探究消費者購買行為時，比較注重非貨幣的付出部份。例如，消費者會因為要節省時間到附近的商店買商品，即便這些商品在距離比較遠的地方價格比較便宜。

一般來說，價格扮演的角色包含：

（一）競爭與經營工具

價格是 4P 中，唯一能產生營收的來源：行銷 4P 中唯一與金錢有關，就是定價（pricing）。如果可口可樂價格提高 1%，會讓公司純利增加 6.4%；如是雀巢食品公司，則增加 17.5%，福特汽車為 26%（Donald and Simon, 1996）。

價格通常被用來快速因應市場趨勢、競爭的變化、出清庫存、創造人潮等。例如，當颱風來臨時，蔬菜因產地影響，進貨成本隨之增加，於是廠商很快調漲產品的價格。

（二）左右營收與獲利

降價會增加銷售量，而漲價會減少銷售量，這都會影響組織的營業額與獲利，組織應該要了解價格與銷售量之間的關係，仔細估算商品在不同價格下，組織營業額與獲利的差異，作出最佳的價格制定決策。

（三）傳播產品資訊

當消費者屬於低涉入族群時，也就是對於商品的知識不豐富、或使用經驗不足時，很難從外表判斷商品品質時，價格就成為判斷的標準。例如，有些消費者會認為價格高，品質好，價格低，品質差。

公平貿易

生態綠 公平貿易咖啡（一步一腳印）
https://www.youtube.com/watch?v=AowSpfCEGMc

小事典

全台首家公平超市於 2012 年在台北市開幕，將市面上的公平貿易商品集合到店裡來。什麼是「公平貿易」？「這是以購買取代捐款的扶貧機制，減少貧困弱勢生產者的生產風險；消費端則能用合理價格，買進安心食品，同時為社會分擔一份責任」。

公平交易商品比較貴嗎？一包尼泊爾紅茶，十二個茶包兩百五十元。其實市面上有很多低於或高於該價的茶包，很難比較。價格應考量背後價值：消費者付出的款項，有機會直接回饋到生產者。經過認證的特許商採購時，除產品價格及環境補貼外，還包括社區發展基金，目的在改善飲水設施、興建學校、醫院等公共設施。

資料來源：游惠玲（2013）

7-2 影響定價的要素

小事典

王品集團各產品品牌的定位

低價位有石二鍋,強調平價奢華。

中低價位為聚、品田牧場、舒果、hot7、ita 義塔,強調物超所值。

中高價位有西堤、陶板屋、原燒、藝奇,強調物超所值。

高價位有王品、夏慕尼,強調物有所值。

資料來源:http://www.wowprime.com/map_1.html

在現今社會中,傳統的定價策略快速地改變,為反應新的環境與競爭,有些時候涉及到動態、複雜的定價策略。一般來說,影響定價的要素包含:定價目標、商品成本、市場需求、競爭者和競爭因素(競爭者產品、成本、價格)等,茲將這些要素分別敘述如下。

一、定價目標

公司會決定產品推出後,產品定位和帶給公司的利益。主要的定價目標有獲利最大化、維存生存、高品質高形象、吸脂定價、滲透定價等。

(一)獲利最大化

公司可考量訂定之產品價格有助於讓公司獲利最大化。考量市場需求和各項成本,訂定讓公司可獲利、現金流量、投資報酬率最大的產品價格。

(二)維存生存

當組織營運出現問題、產能過剩時,定價通常是為了要能維持營運,所以定價只是為了能支付變動和部份固定成本。

（三）高品質高形象

為了建立組織良好形象、商品的優良品質，在定價的時候，組織通常會制定高價格，較不考量成本因素，以消費者的認知與反應為思考重點。此外，也不會任意給予大幅折扣，破壞已塑造成的高價位、高品質形象。

（四）吸脂定價

當推出新產品時，企業會考量競爭力、品牌、消費者購買力、產品欲達成之目標等狀況，而採取不同之定價，如果是以高獲利為前提，會運用吸脂定價；若是以增加市場佔有率為目標，會使用滲透定價。

吸脂定價（market-skimming pricing）是指新商品一推出，也就是在產品生命週期的導入期就制訂高價，以便從消費者中賺取較高利潤。過了一段時間，可能是銷售額下降，或是市場有新品牌推出，則降價以吸引消費者購買。又過了一段時間，產品競爭力減弱時，再降價以吸引消費者購買。市場上多數高檔手機、相機等新品，大都以高價上市，新機種推出時舊款產品則降價出售。

吸脂定價成功的先決要素：

1. 消費者對價格不敏感，願意以較高價格購
   買：雖然有些人對價格很敏感，希望購買
   價格愈低愈好；但是市場仍存在對於價
   格不敏感，可以接受高價格的消費者，這
   樣的一批消費者的數量足夠多，讓企業有
   利可圖。如掃地機器人，AGAMA AiBOT
   RC330A 高階款智慧型掃地機器人，不到
   1 萬元，而 iRobot Roomba 780 全自動掃
   地機器人約 3 萬元，還是有很多人購買。

2. 產品具有某些特殊功能或創新新穎程度高：新產品應具有其他品牌所沒有的功能或優勢，較能吸引市場中容易接納創新的消費者購買，等到這些消費者的市場飽和之後，再針對其他消費族群降價。

3. 企業品牌形象具有影響力：消費者會依據品牌和產品品質來判斷產品的價格。擁有優良品牌的新產品，較易訂定高價格，使用吸脂定價方式的效果較佳。

4. 競爭者有進入障礙：市場有進入障礙，讓競爭者不易進入市場。若是競爭者能很快地進入市場，高價格很難能夠維持下去，企業應有能力轉換價格來提高競爭力。

（五）滲透定價

滲透定價（market-penetration pricing）策略是以一個較低的產品價格打入市場，目的是在短期內加速市場成長，犧牲高毛利以期待獲得較高的銷售量及市場佔有率，進而產生顯著的成本經濟效益，使成本和價格得以不斷降低。滲透價格並不意味著絕對的便宜，而是讓消費者有物超所值的感覺。

瑞聯航空公司成立於 1989 年（已於 2001 終止運營），主要以飛航「台北－高雄」、「台北－金門」為主。瑞聯航空開航第一天，打破了所有航空公司的慣例，以「（新台幣）一元機票」造成話題。之後「台北－高雄」票價只要新台幣 600 至 800 元，而當時其他航空公司的「台北－高雄」票價大約是新台幣 1000 元起跳。

市場滲透定價法成功的先決要素：

1. 部分消費者對價格敏感，且不具有品牌偏好。

2. 低價策略能對現有及潛在的競爭者產生影響，阻止競爭者的進入，增強了自身的市場競爭力，進而提高市場佔有率。

3. 低價能產生強大的市場需求，因為顧客需求多，生產量大，能產生顯著的成本經濟效益，讓企業獲利。

價格策略搶市

媒體報導指出，鴻海 60 吋大電視預計於 2012 年 11 月感恩節前於美、中、台三地上市，將採結盟當地電信業者、經銷商、內容服務商等方式，挑戰 3 萬元破盤價，初期銷售目標為 300 萬台。

根據壹周刊最新報導，鴻海 60 吋大電視在台銷售方面，將結盟中華電 MOD，以專案價不到 4 萬元的價格搶市，在美方面，將與 AT&T 等電信巨擘合作，單機搭配電信專案最低價 988 美元；在中國方面，則透過鴻海旗下飛虎樂購採線上銷售，與中國移動電信業者配合。

業內人士則透露，鴻海 60 吋大電視將和中國樂視網合作，推出樂視品牌電視產品，搭配樂視網的雲視頻智能機，提供包括樂視網影視內容在內的服務。樂視網為中國網路視頻服務供應商。

不過，對於以上報導，鴻海表示不予評論，但樂見所有客戶支持鴻海製造的大尺寸電視，成為帶動未來電視規格主流產品。

對於鴻海的低價搶市策略，奇美實業旗下新視代的奇美品牌，則在燦坤推出 3 萬元有找的 50 吋 LED 電視：聲寶 42 吋也在賽博數碼推出限量的 1.28 萬元機種，電視市場割喉大戰開打。

資料來源：http://www.ettoday.net/news/20121011/113166.htm

二、產品成本

成本有兩種：固定成本（fixed costs）和變動成本（variable costs）。固定成本是在某一生產量或銷售量下，不受產量或售量影響之成本，例如：廠房或機器設備的折舊、租金、管理人員的工資等。變動成本是指該成本會隨著生產量或銷售量的增加或減少，而變動之成本，例如：原材料或計件工時的成本。

企業在為產品訂定價格時，常將成本當成價格的底線，也就是先以產品的單位成本為標準，考量風險和合理利潤，訂定比單位成本還高的價格。然而，在一些例外的情形下，像是出清庫存、打開知名度、或維持生存等，企業會降低售出價格，甚至於不計成本。

低成本航空

便宜是有代價的！廉價航空怎麼運作？（李四端的雲端世界）
https://www.youtube.com/watch?v=EpRNTmA81J8

小事典

據創市際市場研究顧問公司最新調查，飛航台灣的近 20 家低成本航空中，以樂桃航空、捷星航空、V Air 威航、台灣虎航、酷航獲選為『最具知名度』及『最想嘗試』的低成本航空前五名。而在品牌偏好度調查中，則以樂桃航空居冠，獲得 70.5% 的受訪者的支持，其次為捷星航空、香草航空、V Air 威航與酷航等，顯示低成本航空已成為新世代消費者購買平價機票的首選之一。

據調查，低成本航空平價實惠的機票盛行，也間接造成輕旅行風潮，新世代消費者多選擇以區域性、短飛航時數以及適合短天數的旅遊地點為主。調查結果指出，日本獲 81.5% 的受訪者選為近 12 個月內想去旅遊的國家之一，此外，韓國、泰國、香港、新加坡及中國大陸等亦為國人偏好前往的旅遊國家，皆屬適合台灣本土低成本航空經營的航點範圍。

資料來源：https://tw.news.yahoo.com/ 傳產 - 低成本航空品牌偏好調查 - 樂桃奪冠

三、市場需求

從經濟學的觀點，價格與需求成反比。若訂定較高價格，則需求少；若訂定較低價格，則需求變多。

消費者願意且能夠付出的價格上限，也是定價重要的參考依據。定價也要注意到消費者對於價格的敏感程度，也就是需求的價格彈性（分子為需求量變動，分母為價格變動），彈性小代表價格變動不太會影響需求，彈性大則是價格稍微變動會造成需求大幅改變。

當價格下跌時，需求量會增加，此為具彈性的需求；若當價格下跌時，需求量不會增加，不受影響，此為不具彈性的需求。訂定價格時如考量具有彈性的消費者需求，當產品訂定較低價格時，能產生較大需求量，也能產生較大利潤。不具彈性的需求，表示降價，所增加的銷售量有限，適合訂定高價來增加企業營收。

四、競爭和競爭者因素

在訂定產品價格時，須考量競爭者可能影響之因素，如競爭者的多寡、規模、成本、價格、和競爭者可能的價格反應，以訂定具有競爭力的產品價格。如果與競爭者差異不大，則較難訂定較高價格；如果產品有特色、差異化，可訂定較高的價格。政府法令也會影響價格，例如國營事業（電信、水利等）的價格，需經政府同意後才能實施。

此外，經銷商和零售商的議價能力、交易量、地點等都會影響價格；例如量販店的交易量大，在議價能力上優於一般零售商店，可以獲得更多的優惠折扣，進價成本較低。

7-3 定價方法

組織在定價的時候，會考量到影響定價的要素，再選擇適當的定價方法。

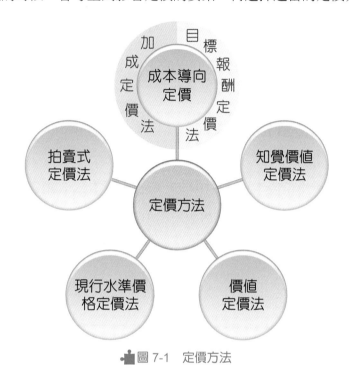

圖 7-1　定價方法

一、成本導向定價法

以成本與獲利為主要考量點的定價方式，一般又分為加成定價法以及目標報酬定價法。

（一）加成定價法

加成定價（markup pricing）又可分為成本加成（markup on cost）與售價加成（markup on selling price）。成本加成是產品單位成本加上該成本的某個百分比，進而得到售價。

成本加成價格＝單位成本＋（單位成本 × 加成百分比）

例如，一支鉛筆的成本為 10 元，假設成本加成是 50%，則售價為 15 元（10 ＋ 10×0.5），毛利是 5 元。

售價加成價格＝單位成本＋售價加成百分比

售價加成價格＝單位成本＋價格 × 加成百分比

售價加成價格－價格 × 加成百分比＝單位成本

售價加成價格＝單位成本 ÷（1－加成百分比）

以同樣例子來解釋，售價是 20 元（10÷0.5），毛利是 10 元。

（二）目標報酬定價法

目標報酬定價法（target return pricing）係指企業設定某一目標的投資報酬率，據以訂定產品價格。

目標報酬的定價＝單位成本＋（目標報酬 × 投資資本）÷ 銷售數量

如廠商投資 1000 萬元，設定投資報酬率為 10%，單位成本為 50 元，預估銷售量為 20000 台，則該產品應定價為 100 元。

50 ＋（10%×10000000）÷20000=100

二、知覺價值定價法

依據消費的價值觀來制定價格，類似於顧客知覺價值的概念，進而衍伸出知覺價值定價法（perceived value pricing），也就是以消費者對商品的知覺價值來定價，價格與知覺價值成正比。顧客願意支付的價款並不是按照產品成本來決定的，而是按照產品效能及其對顧客所產生的價值而定。

有些廠商因企業形象佳、產品有獨特效益、產品保證（含服務保證）、通路完善、交貨迅速等，使得顧客願意支付較高的價格購買。對於企業而言，常須利用廣告或其他推廣活動，來提高企業形象或強化優質的產品，以便提高產品的知覺價值與價格。另外，也有企業針對品質優良的產品，訂定出比消費者預期還要低的價格，此類方式稱作超值定價，類似保證最低價策略，此稱為價值定價法（value pricing）。

廉價航空（Low Cost Carrier，低成本航空公司 LCC）因捨去不必要的人力成本、旅客不一定需求的服務（如餐點、行李拖運等），其票價當然低於一般的航空公司。聯邦快遞提供一個可靠服務，且文件和包裹隔夜就能到達另一個城市，當然可以收取較高的運送費用。

小事典

以顧客知覺價值為導向

1980 年代荷商葛蘭素史克藥廠（GSK）推出治療消化道潰瘍的藥，名為泰胃美（Tagamet），極為暢銷。後來又研發善胃得（Zantac），善胃得的成本比泰胃美低，但副作用少，且藥效更好。如以成本定價法，應訂定較低售價；如以顧客認知價值作考量，則應訂定較高價格。後來採取高價上市，藥效好，獲得消費者認同，銷售頗佳。

資料來源：Dolan. J. and Simon.（1996）

三、價值定價法

價值定價法（value pricing）對於較高品質的產品，訂定較低價格，給消費者有物超所值的感覺，以吸引更多消費者購買。採用價值定價法較有名的公司有沃爾瑪（Walmart）、目標百貨（Target）、宜家家居（IKEA）、好市多（Costco）、寶僑（P&G）等。

Walmart 採用「天天都低價」（everyday low pricing, EDLP），此為常態性低價，不再作促銷。家樂福「天天都便宜」或 2002 年屈臣氏「我敢發誓」，都是 EDLP 的典型案例。

1990 年代初期，P&G 將從研發開始的供應鏈，重新規劃設計，力求以較低的成本，傳遞更多的顧客價值給顧客，在超級市場降低多項產品（例如尿片、洗衣精等）價格，皆獲得相當的成功。

台灣休閒農場的價格訂定都從消費者的立場考量，實施「知覺價值定價法」或「價值定價法」。飛牛及初鹿牧場因為其畜牧相關產品和包裝成本較高，採取高品質、高價格的知覺價值定價法，雖然定價稍高於同業，但提供較高之品質。走馬瀨、龍雲休閒農場、南元休閒農場都是提供高品質的產品及體驗給消費者，而價位與同業相近，為價值定價法（參考呂季芳，2013）。

小事典

優質平價

優質平價商機 -- 搶攻新興市場龐大內需（掌握新聞消費力）
https://www.youtube.com/watch?v=jbR2xwK0UjQ

　　後金融海嘯時代，新興市場中產階級興起所形成新平實消費型態，新興市場消費者正以新的的消費模式崛起，消費者渴望獲得優質平價的產品，因此趨動了「平價奢華、高貴不貴、物超所值」的龐大市場商機。經濟部推動「優質平價新興市場推動方案」鎖定中國大陸、雙印（印度、印尼）、越南及菲律賓等新興市場，從「市場需求」、「創新研發」、「生產設計」、「國際行銷」等四大面向，分別架構「創新研發生產平台」、「國際行銷整合平台」、「環境培育塑造平台」等 3 大主軸，整合經濟部相關單位資源，協助廠商從微笑曲線的前端至後端進行整體輔導及協助，運用整體資源的配合來切入新興市場推廣台灣優質產品品牌形象，以發展台灣成為全球優質平價產品之營運樞紐，第一期為 99 ～ 101 年三年之計畫，第二期為 102 ～ 104 年，總共推動為期六年之計畫。

資料來源：http://mvp-plan.cdri.org.tw/about_plan/about.aspx

四、現行水準價格定價法

　　現行水準價格定價法（going-rate pricing）是指企業參考競爭者或市場領導者的價格為產品定價。價格和競爭者價格一樣或維持某一價差。現行水準價格定價法，廠商可以獲得合理利潤，也可以避免破壞同業間的和諧。

　　在寡頭市場如鋼鐵業、肥料業等，廠商大都訂定類似的價格，或者價格維持與大都數的競爭者在某一百分比之內。

五、拍賣式定價法

　　拍賣式定價法（auction-type pricing）在電子商務盛行後，上網拍賣很受歡迎。主要有英式拍賣法和荷蘭式拍賣法二種。

英式拍賣法採用者多，價高者得標，如在 ebay 網站上，賣方提供商品拍賣，持續數小時或數天的拍賣，出價高的人就可得到此商品。

荷蘭式拍賣法是一個賣方與多個買方的情形，拍賣單位公佈一項商品，價格由較高價格逐漸下降，直到有人喊價接受此價格，取得此商品。

7-4 調整定價

一、心理定價

心理定價（psychological pricing）考慮消費者對於價格的心理反應來決定價格。常見的方法有：

（一）尾數奇數定價

尾數奇數定價（odd pricing）有時稱為部分定價（fractional pricing）或奇偶定價（odd-even pricing），產品價格的尾數不採用整數，而是以其它的數字來替商品、服務定價，價格尾數常以 9 來定價，隱含有折扣的意義，不適合高價的形象。例如：衣服的價格為 495 或 499 元，消費者會覺得衣服不是賣 500 元，心理上會覺得比較便宜。有時高價產品十位或百位數以奇數表示，例如：音響售價 59900 或 59990 元，也是讓消費者覺得售價不超過 6 萬元。

維基百科依據 Marketing Bulletin（1997）所作的研究，統計出現在廣告的訊息上，尾數為 9 佔 60%，數字為 5 佔 30%，數字為 0 佔 7%，顯示尾數奇數定價非常普遍。

（二）聲望定價

聲望定價（prestige pricing）係因為產品優質、有名，利用消費者崇拜名牌，或是認為價格高就是好產品的心理，訂定高價吸引消費者購買。購買價格高的產品，除了可顯示消費者身分、地位外，並具有炫耀的心理。

汽車如 BMW、賓士、LEXUS、保時捷等，都是聲望定價的典型案例。

（三）習慣定價

根據消費者對某個產品長期的、不易改變的認知價格來定價。例如養樂多早期 1 瓶 5 元，持續很長時間，現在 1 瓶 8 元。

二、差別定價

差別定價（discriminatory pricing），又稱價格差異（price discrimination），為同一個商品或服務因地點或時間不同，而有不同的價格。

例如：一瓶罐裝可樂在便利商店售價18元，全聯社賣14元，電影院25元，餐廳30元，此為地點不同，而價格不同。欣葉自助餐餐費因平常日和例假日、或午餐和晚餐的價格有所不同，此為時間不同，而價格不同，如表 7-1 所示。

表 7-1　欣葉自助餐消費方式的差別定價

周一至周五
午餐：成人餐費 NT680，兒童餐費 NT340
下午茶：成人餐費 NT540，兒童餐費 NT270
晚餐：成人餐費 NT820，兒童餐費 NT410
周末與例假日
午餐：成人餐費 NT820，兒童餐費 NT410
下午茶：成人餐費 NT540，兒童餐費 NT270

價格的差異跟成本並沒有關係，可以以顧客性質、產品形式作為定價的依據；也就是說，根據不同顧客或產品形式訂定不同價格，替公司爭取更高利潤。

參觀動物園票價會因顧客性質，如身分不同，區分一般票、優待票；或人數不同，區分團體票（30 人以上）和個人票。產品形式不同，價格也不相同，看球賽或聽演唱會，會因表演者或所坐位置不同，票價也不相同。

小專欄

騎士堡國際事業有限公司的定價方式

　　騎士堡國際事業有限公司成立於 2010 年 3 月，秉持社會教育的精神，希望藉由「遊戲」啓發孩子健全的身心發展，創造「育教於樂」的遊戲學習環境，要讓孩子「玩出品格、玩出健康、玩出創意」（騎士堡國際事業有限公司網站，http://www.kidsburgh.com.tw/about-2.php）。透過門票包含課程一票玩到底的定價方式訂定價格，營業初期曾嘗試過以不同課程、不同收費的定價方式，但是效果不佳，只有舞蹈課程賣得比較好而已。家長券，也是定價時考量的不同策略，透過這個方式，希望家長可以讓兒童自行進揚，進而培養兒童的人際關係及獨立性。除了個人的消費者，幼稚園團體部分，也有不同的彈性收費方式。

　　莊佳蓉、陳月娥（2012）指出，騎士堡國際事業有限公司收費的方式主要以優惠價為主，利用原價與優惠價之落差，說服消費者購買優惠套票。其價格屬於中上，目前的定價及收費主要是配合消費者的需求，未來的目標在於創造口碑，進而提升市場價值。

騎士堡國際事業有限公司票價資訊

兒童全日套票	原價	會員價 14
送 4 買 1	2400	1920
送 8 買 4	5760	3840
歡樂套組（30 張）	14400	9000
兒童小時套票（限內湖堡）		
歡樂小時套組（6張）		
單次券		
家長券	200	100
單次親子券	優惠價 599（含一大一小，限當日 12 點前發售、使用，限當日使用完閉）	

資料來源：http://www.kidsburgh.com.tw/ticket-1.php。

三、促銷定價

　　促銷定價（promotional price）也是促銷手段之一，有利於刺激消費者購買，提升產品的短期銷售量。低價格優勢特別能吸引顧客的注意，特別是對有一定品牌知名度的商品，價格的影響力就更明顯。價格促銷能刺激老顧客重覆購買，亦能吸引購買其他品牌的顧客購買本公司商品。

1. 犧牲打（loss leader）：為吸引消費者上門購物，某些產品以極低價格（可能不敷成本）銷售，以換取消費者購買其他產品；犧牲某些產品毛利，依靠其他產品獲利。例如商店、購物中心或百貨公司，某些商品以 1 元、10 元、或百元出售，吸引人潮購物，即為此例。

2. 促銷折扣（promotional discounts）：這是較常用的促銷方式，為吸引消費者注意並且購買，直接將定價打折，如打八折、九折，原價 1000 元，以 800 元或 900 元出售。

3. 特殊事件定價（如換季折扣、週年慶）：為刺激買氣，促銷折扣常結合某些議題或話題來進行，如週年慶、父親節、母親節、換季折扣促銷等。

4. 更佳的服務（如低利貸款、延長付款期限、額外保證）：為鼓勵消費者購買，如汽車業提供 3 年免利息零利率分期付款、大金冷氣提供壓縮機 10 年保固等，

5. 換購折讓（trade-in allowances）：顧客可以舊商品折抵某些優惠或金額，換購新商品。例如：NESCAFE Dolce Gusto 隆重推出「舊機換新機感恩回饋」活動，凡於 2014/3/31 前登錄手動機器保固序號的貴賓，即可獲得舊機換新機的感恩優惠（限量 1500 組）。

　　過去研究指出，促銷定價對於參與職業運動活動有正向影響力。然而，也有研究指出，非價格的促銷要比促銷定價更能吸引消費者，例如，贈品、特別活動等。

　　美國職棒大聯盟應該延伸促銷定價的使用於新的市場，來增加收入，例如：春訓比賽與小聯盟比賽的定價，可以更有彈性。此外，球隊應該建立促銷活動與贊助商的結合，因為適當的結合不僅可以維持銷售，也可以提高贊助商的贊助金額。

四、收益管理

航空公司或旅館有時會利用電腦採用「收益管理」（yield management），依據銷售狀況訂定機位或房間浮動之價格，其目的在使公司收益最大化。

小事典

遠傳新機換購折讓舊機

遠傳 4G「耍新機方案」，年年免費換新 iPhone！
https://www.youtube.com/watch?v=ikD4KnJCfD4

「遠傳舊機估價買回服務」十餘年來，秉持一貫創新、以客為尊的服務精神，並落實環保愛地球的信念，給予消費者 360 度貼心服務，以透明化價格、標準回收流程，建構行動通訊裝置的回收環保平台。服務三大特色：

1. 舊機買回機種多：提供 120 餘款的舊機買回機種，提供消費者多款選擇，家中舊機大掃除，省錢又環保。

2. 舊機估價買回讓您馬上折抵：舊機回收價在門市除了可馬上折抵換購新機，同時也能折抵門市配件、包膜等服務，聰明省荷包。

3. 舊機買回服務據點多：消費者可到遠傳全省超過 800 家直營 / 加盟門市辦理舊機估價買回，服務超便利。

「遠傳舊機估價買回服務」深受消費者喜愛，回收量年年持續成長，統計 2014 年總回收量較 2013 年成長 25%，一起環保愛地球。

資料來源：https://www.fetnet.net/cs/Satellite/Corporate/coNewsReleases?aid=3000007523190

五、產品線定價

一家企業不太可能只提供一種產品供顧客選擇，產品定價會考量產品線各產品的關係，採取單獨定價或聯賣產品處理。

1. 互補性產品

某一產品的市場需求增加時，會帶動產品線其他產品銷售量的增加，則這些產品稱為互補性產品。

印表機和其使用的附加物，例如碳粉匣會隨著印表機的銷售量而增加；銀行會將不同商品進行交叉銷售（cross-selling），以增加商品的銷售。購買吉列（Gillette）刮鬍刀架須購買刀片才能刮鬍子，刮鬍刀架賣的愈多，刀片銷售量也會增加，產品具有互補性，可採聯賣方式處理。

2. 替代性產品

某一產品的市場需求增加時，會對產品線其他產品銷售量產生影響，影響其銷售，則這些產品為替代性產品，產品具有替代性，應建立市場區隔，訂定適合市場需求的價格。

六、聯賣產品

聯賣（bundling）產品意指將二個或更多單獨的產品，當成一個組合來銷售，聯賣產品可利用折扣來刺激消費者購買。形式可以分為：

1. 單純聯賣：只提供成套商品，顧客無法購買單項。例如到百貨公司買衣服，必須上衣和褲子一起買，不能單獨買上衣或褲子。

2. 混合型聯賣：聯賣商品中的每一個單項都有自己單獨的定價，也有整套出售的價格。例如到百貨公司買衣服，可以單獨買上衣或褲子，或上衣和褲子一起買。

3. 搭配銷售：主要商品的購買者同意向同一供應商購買一個或數項的搭配商品。例如購買印表機同時買墨水、碳粉匣（耗材）。

美國職棒大聯盟的定價策略

　　從美國大聯盟或中華職棒大聯盟的收入來看，門票是收入的主要來源，而票價會影響觀眾進場。美國職棒大聯盟包含多種定價方法，以差別定價、促銷定價加以說明。

一、差別定價

　　根據預期的需求量來調整門票價格。Howard and Crompton 在 2004 年導入差別定價策略在美國的運動組織中，依據比賽對手的戰績、時間（平日、周末；季賽、季後賽）、座位位置訂定不同的門票價格。例如：以舊金山巨人隊為例，在週末的球賽門票即高於週一至週五的門票價格。

二、促銷定價

　　當購買數量增加時給予較多的價格優惠；例如，季票的折扣較高，因為不是每一個消費者有足夠的時間與金錢去使用季票。

本章摘要

1. 定價策略的主要目的是「透過掌握消費者對於商品不同的評價，進而最大化銷售者的利益」，行銷 4P 中唯一與金錢有關，就是訂定價格。

2. 影響定價的要素包含：定價目標、產品成本、市場需求、競爭與競爭者因素（競爭者產品、成本、價格）等。

3. 主要的定價目標有獲利最大化、維存生存、高品質高形象、吸脂定價、滲透定價等。

4. 主要的定價方法有成本導向定價法、知覺價值定價法、價值定價法、現行水準價格定價法、拍賣式定價法。

5. 調整定價含心理定價、差別定價、促銷定價、收益管理、產品線定價、聯賣產品。

自我評量

一、名詞解釋

1. 吸脂定價

2. 滲透定價

3. 知覺價值定價

4. 價值定價法

5. 差別定價

二、選擇題

(　　) 1. 價格扮演的角色？　(A) 競爭與經營工具　(B) 左右營收與獲利　(C) 傳播產品資訊　(D) 以上皆是。

(　　) 2. 新產品要提高市場佔有率，可採取何種定價目標？　(A) 吸脂定價　(B) 滲透定價　(C) 獲利最大化　(D) 高品質高形象。

(　　) 3. 「天天都低價」（EDLP）屬於何種定價方法？　(A) 成本導向定價　(B) 知覺價值定價　(C) 拍賣式定價法　(D) 價值定價法。

(　　) 4. 衣服的售價為 999 元，屬於哪一種調整定價法？　(A) 心理定價　(B) 差別定價　(C) 促銷定價　(D) 收益管理。

(　　) 5. 看一場電影，白天票價 200 元，晚上 300 元，屬於哪一種調整定價法？　(A) 心理定價　(B) 差別定價　(C) 收益管理　(D) 聯賣產品。

(　　) 6. 新產品上市時，如果是以高獲利為前提，會採用哪一種定價目標？　(A) 吸脂定價　(B) 滲透定價　(C) 成本導向定價　(D) 高品質高形象。

(　　) 7. 下列哪一項不屬於促銷定價？　(A) 犧牲打　(B) 換購折讓　(C) 聲望定價　(D) 促銷折扣價。

(　　) 8. 「優質平價」屬於何種定價方法？　(A) 成本導向定價　(B) 知覺價值定價　(C) 競爭者導向定價　(D) 價值定價法。

(　　) 9. 一瓶礦泉水商店賣 16 元，自動販賣機賣 20 元，屬於何種定價方法？　(A) 心理定價　(B) 差別定價　(C) 知覺價值定價　(D) 滲透定價。

(　　) 10. 採取售價加成定價方法，如果成本是 20 元，成本加成是 50%，售價是多少？　(A)25 元　(B)30 元　(C)40 元　(D)50 元。

三、問題討論

1. 說明吸脂定價與滲透定價的意義和差異。

2. 說明知覺價值定價、競爭者導向定價、價值定價法的意義和差異。

3. 舉例說明心理定價的意義和應用。

4. 舉例說明差別定價的意義和應用。

5. 說明影響定價的因素。

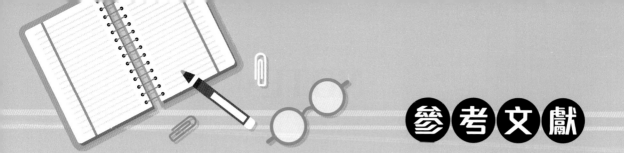

- 呂季芳（2013），樂活休閒農業經營模式與產銷通路價值鏈之研究，管理資訊計算，2（1），第164-175頁。

- 曾光華（2014），行銷管理：理論解析與實務應用，前程文化。

- 莊佳蓉、陳月娥（2012），幼兒運動遊戲產業經營模式之探討—以騎士堡國際事業有限公司為例，幼兒運動遊戲年刊（6），第190-204頁。

- 游惠玲（2013），商業週刊，2013/12/16-12/22，第190頁。

- 楊啓文、李國維（2013），美國職棒大聯盟門票銷售策略之個案研究，中華體育季刊，27（4），第309-322頁。

- Dolan, R. J. & Simon, H. (1996), Power Pricing, Leviathan.

- Howard, D. R. & Crompton, J. L. (2004), Tactics used by sports organizations in the United States to increase ticket sales. Managing Leisure, 9, pp.87-95.

- Jallat, F. & Ancarani, F. (2008), Yield management, dynamic pricing and CRM in telecommunications. Journal of Services Marketing, 22 (6), pp.465-478.

- Kim, J. Y., Natter, M., & Spann, M. (2009), Pay what you want: a new participative pricing mechanism. Journal of Marketing, 73, pp.44-58.

- Kotler, P. & Keller, K. L. (2011), Marketing Management, Prentice Hall.

·NOTE·

Chapter 8

通路策略

章前個案

台灣最具代表性的「微利天王」－全聯福利中心

【商業周刊】1430 期 全聯便宜的秘密 - 專訪全聯董事長林敏雄：
https://www.youtube.com/watch?v=IrHQUFVRQdA

在台灣民生用品零售市場，元利機構林敏雄董事長於 1998 年底接手瀕臨倒閉的全聯社改名為全聯實業，林敏雄和經營團隊經 10 年對通路用心經營超過 500 家連鎖店，完成不可能的任務。全聯實業營業額居然超越大潤發，更威脅樂量販一哥家樂福、便利商店天王 7-ELEVEN，完全改寫台灣的通路版圖。以「全台最低價」殺出重圍的全聯福利中心，成為通路新霸主。

全聯實業每個月有高達一千三百萬人次的民眾進入全聯福利中心，購買各種民生用品；累計一年超過一億五千萬人次、在全台遍布三一九個鄉鎮的賣場裡消費。全聯實業已經和多數台灣人的生活緊密結合，創造台灣通路奇蹟。一家利潤只有 2% 的公司，居然能創造出一年五百億元的驚人業績，成為國內新通路霸主。全聯實業成立初期，等著看笑話的競爭對手、供應商不在少數，不過等到全聯快速崛起，大家正眼看待他的時候，全聯早已成為通路產業的一方之霸，經濟規模加上無人能及的低價優勢，讓全聯立於不敗之地，成為台灣最具代表性的「微利天王」。

💡 問題討論

1. 請討論全聯福利中心主要的發展方向與經營理念？

2. 請上網搜尋目前全聯福利中心在行銷通路上主要碰到的競爭者為何？

3. 請討論全聯福利中心是如何成功地運用低價策略？

🌏 案例導讀

目前全聯福利中心的經營理念主要是以「價格」與「品質」為主軸，即將所有的商品以「最具競爭力的價格」和「最安全、安心的品質」來提供給消費者。堅持站在消費者的立場來把關，並致力降低各項成本來提高整體通路效率，以使消費者成為最大的贏家為目標。因此，不論都會城市、偏遠鄉鎮，均提供給消費者「便利的購物地點」與「舒適的購物空間」。

而自徐重仁擔任全聯福利中心總裁一職後，便定下全聯福利中心往後的四大願景，包含提供更開放舒適的購物空間，未來會開始慢慢改造商場；提供讓消費者更安心的食品，生鮮履歷更加強；提供更多元市場更加幸福感的商品，以及更貼近社區的公益賣場，希望可以打造高貴不貴，更生活與便利化的超市，並也希望在 2018 年全聯可快速擴張店鋪到 1000 家。

　　現在零售業市場競爭激烈，以全聯來說，一方面受到便利超商、量販業、社會型超市（頂好、楓康等）不斷崛起，另一方面還須受到網路購物平台的威脅，因此全聯福利中心在未來要一直秉持多年堅持「安心購買、價廉物美」的理念，來邁向台灣流通業的第二次革命。

8-1 通路的定義

近年來，在全球化潮流強烈衝擊中，企業面臨外在環境快速變動，廠商對價值鏈要素的調整以因應顧客需求的演化，因此對通路（channel）的掌握成為市場競爭成功的關鍵要素，而價值鏈要素是構成價值鏈系統（Value Chain System）中的活動集合體，此活動可分為基本和輔助兩種，基本活動包括：內部後勤、生產作業、外部後勤、市場和銷售、服務等；而輔助活動則包括採購、技術開發、人力資源管理和企業基礎設施等。

而因為全球配銷市場蓬勃發展影響，同時促使行銷通路由傳統的後勤支援角色產生了巨幅改變。在市場競爭中，掌握通路、接近顧客成為廠商取得持續性競爭優勢的來源，因此，通路策略設計成為廠商經營成敗關鍵之所在。以 7-ELEVEN 為例，為了因應目前網路購物造成的消費形態轉變，7-ELEVEN 藉由詳實的規劃，將實體通路與虛擬網路創造出完美的結合，不僅為顧客精心挑選出最優秀安全的購物網站，更運用了遍佈全台的門市通路，架構出 24 小時都能付款、取貨的電子商務機制，將消費者最擔心的物流、金流等問題一併解決。

通路是由一群相互關聯的組織所組成，而這些組織促使產品能順利被使用，如圖 8-1 所示。主要成員又可分成兩種：

1. 中間商為買進、擁有與再銷售商品，如：批發商、零售商。

2. 代理商則為尋求客戶，並代表生產者議價，但無所有權，如：製造商代表，銷售商代表。

而通路將產品由生產者移轉至消費者，須克服存在於產品、服務與使用者中的時間、空間、形式與持有的障礙，並執行許多關鍵性功能。為了滿足市場需求與通路競爭力，通路成員想要達成目標，必會牽涉到其他成員，故通路成員為達成良好的績效，彼此會形成相互依存關係，故以通路成員彼此關係的創造、發展與維持來完成通路目標，創造通路利潤，就格外重要。

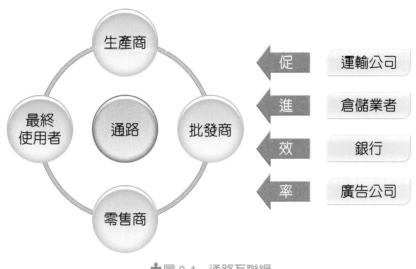

圖 8-1　通路互聯網

8-2　通路結構

通路結構是看將產品從製造商配銷到顧客之間所使用的中間商數目。因此，通路結構將產品從製造者移轉到消費者過程中所經歷的轉手次數，包括零階、一階、二階及三階層的通路，如圖 8-2。因此，零售商銷售為實體通路，網路行銷為零階的虛擬通路。通路結構的階數主要受市場因素、產品因素、公司因素與通路成員因素的影響。

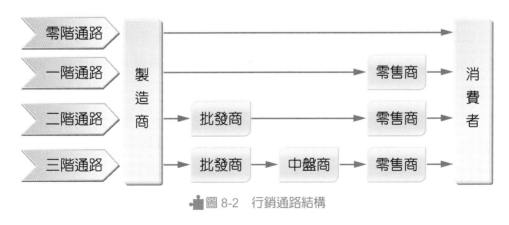

圖 8-2　行銷通路結構

通路結構可依成員間交換關係區分為關係式（relational）與市場式（market）。關係式的交換包括通路成員間的聯合規劃，關係是長期的，且彼此互依賴程度高。市場式交換乃通路成員依契約締結而成，彼此交易屬暫時性，因此關係屬於短期、且相互依賴程

度低。通路結構由關係式到市場式交換的區分可視為一連續帶,任一通路結構類型均可在其中找到適當定位。例如:平板電腦的通路結構,如圖 8-3 所示。

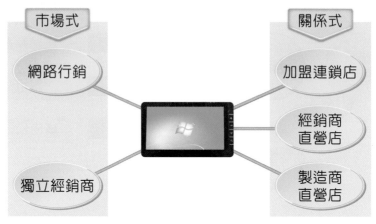

圖 8-3　平板電腦的通路結構

　　而行銷通路功能即一個通路系統構成互相依靠的代理機構,包含將任何有價值的產品由其生產點運送至消費點,如圖 8-4 是一些中間商負責將商品由製造商處分配到消費者的中間流程圖。行銷通路功能具有以下 9 種:

1. 資訊(Information):對於潛在顧客、競爭者、及整體行銷環境中相關因素行銷研究資訊的收集與傳送。

2. 促銷(Promotion):向目標顧客傳送有關產品特色的說服性溝通。

3. 協商(Negotiation):在商品價格與其它條件上達成最後協議以進行所有權的移轉。

4. 訂購(Ordering):通路成員對製造商表達購買意願的向後溝通。

5. 融資(Financing):資金的取得與分配,以支援在通路各階層中所擔負的存貨成本。

6. 風險承擔(Risk taking):分擔通路中各種可能風險。

7. 實體佔有(Physical Possession):從原料的開始到最後顧客之實體產品的儲存與運送。

8. 付款(Payment):購買者透過銀行或其他金融機構,付款給銷售者。

9. 物權(Title):所有權從一個組織機構到另一個機構的實際移轉。

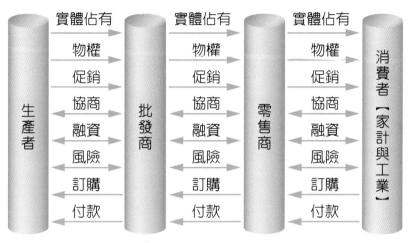

圖 8-4　商業通路系統

　　通路流程乃通路成員間，一連串功能的前後關係，包含八個流程，如圖 8-5 所示。實體佔有、所有權、促銷，是指上頭商品由前頭的流程傳送到顧客的過程，例如，製造商為批發商做促銷，批發商為顧客做促銷；協商、財務及風險流程則是採雙向流通；最後的下單及付款流程則是從最下頭的消費者傳送到上頭生產者的過程。

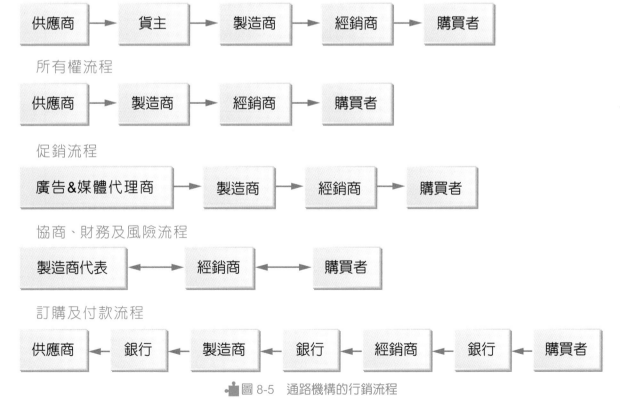

圖 8-5　通路機構的行銷流程

通路的所有流程及功能均不可分離，在通路運作時，尤其物流、金流、商流、資訊流，供應商須和中間商配合。廠商可以不必參與所有流程，廠商只需從事自己專精的一或多個流程即可。製造商也可與中間商建立夥伴關係，互相合作以創造卓越的通路績效。

整合通路流程關鍵乃使通路成員間的資訊可以分享。資訊交換在通路的每一流程均不可或缺，製造商、批發商、零售商、銀行、及其他通路成員運用資訊以確保顧客資訊能快速取得。例如：麥當勞會提供給加盟夥伴全球化的資源整合，來創造供應鏈整體效能，構築一個全球麥當勞加盟經營者可以溝通與分享的平台，讓彼此縮短學習時程及提升運作效能，共同創造競爭優勢。

通路除上述八大流程外，還會產生另一個逆物流（Reverse Logistics）的流程，指將不合格的物品、庫存、相關訊息以回收、退貨以及周轉使用的方式，從需求方返回到供給方所形成的物品實體流動，即與傳統供應鏈剛好相反。而主要目的就是減少成本浪費、提高產品剩餘價值與顧客關係管理。表 8-1 則揭露正向和逆向物流之差別：

表 8-1　正物流和逆物流的差異

要　素	正向物流和逆像物流的差異
數量預測	逆向：退貨品的數量比起新產品銷售量還要難以預測。
運　送	正向：大量裝載同一個存貨管理單位，擁有規模經濟。 逆向：在同一個貨板上裝載不同存貨管理單位，無規模經濟。
產品品質	正向：產品品質一致。 逆向：品質參差不齊，需求耗費成本來評估每一個退貨單位。
產品包裝	正向：統一包裝。 逆向：產品包裝不一，新、舊、損壞參雜。
最終目的地	正向：明確的目的地。 逆向：依退貨品的性質送往不同處理地點。
會計成本 透明度	正向：高。 逆向：低，因處理方式不一致，無法在同一基礎上比較。

由此可知，逆物流會帶來高額的退貨成本與庫存，所以企業可利用了解市場需求、減少商品瑕疵、提供試用及酌收手續費等方法，來有效降低此情形的發生。

新竹物流的物流管理

　　新竹物流 HCT 成立於 1938 年，七十幾年來不斷創新突破，由傳統運輸公司轉型 現代化服務業，提供物流、商流、金流、資訊流整合之綜合型物流服務。2013 年營業額已超過百億台幣，代收貨款金額達 200 億，為台灣物流服務業領導品牌。同

時，新竹物流也跨入行銷通路物流，由專業 3PL 提升為 Solution Provider 4PL 提供管配銷服務，創新商業模式建構履約物流服務，為商品找通路也為通路找商品，並提供商品物流、應收帳款、買賣交易等服務。因應國內電子商務金流服務的新趨勢，2013 年 12 月進入商貿與跨境物流的電子商務領域，扮演供貨商和分銷商雙重角色，帶領台灣中小企業魅力商品，進軍大陸市場。

　　新竹物流 HCT 的企業精神是以『紀律、執行力、及以身作則』為主，除了要絕對遵從公司所制定的政策與作業規範要求，並有效執行各項任務或專案業務，並且當預見阻礙工作進行的潛在問題時能調整因應與隨時回報任務現況，最後藉由實際的行動力來落實自己所提出的工作觀念與具體執行方案，進而創造更高的績效。此外，下圖為 HCT 的品牌經營就是要成為解決方案的提供者，希望以多元化的專業服務來完成客戶供應鏈最後一哩路重要任務。

　　而以下將進一步分析新竹物流之正向與逆向物流之差別：

1. 正物流（配送）：即為一般的收送貨服務，出貨人通知營業所取件，集貨司機將貨件帶回營業所後，貨件透過夜間的轉運作業到達負責配送的營業所，再交由收貨人所在的該區域司機進行配送。包含宅配、企業配送及第三地取貨配送三種。其示意圖如下所示：

新竹物流之品牌經營

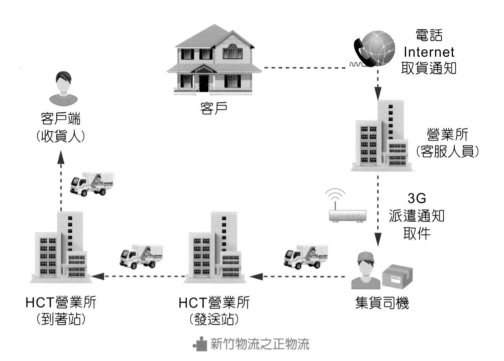

新竹物流之正物流

2. 逆物流（收退貨）：與正物流的不同在於貨件是要由收貨人退回原出貨人，例如：電視購物或網購，在鑑賞期內均可退貨即為此一模式。流程由原出貨人傳送全省各地收取退貨資料到 HCT 主機，各營業所收到訊息後，通知司機前往收取退貨，將取得之退貨，送回原出貨人即完成配送。其示意圖如下所示：

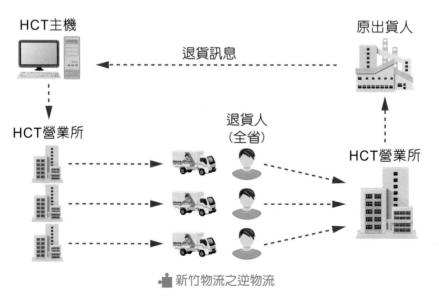

新竹物流之逆物流

小專欄

uitox 的電子商務服務

　　uitox 是由謝振豐先生創立的台灣第一個提供全球性電子商務服務的電子商務集團，主要推出重新定義網路購物標準的四大服務：「網路購物服務」、「全球跨境購物服務」、整合金流、物流、倉儲及購物車的電子商務工具「uitox inside」、以及個人及店家的免費架站服務「igarden」。未來目標布局全球 200 大都會區，希望透過全球網絡及雲端電商系統，讓台灣的商品賣到全球，進而提升全世界的供應者跟需求者之間的效率、進而使浪費能夠降低，然後把節省下來的成本，一部分回饋給供應商，一部分造福消費者。以下針對 uitox 所提供的四種服務來進行說明：

1. 網路購物服務

   (1) 新加坡品牌：SOSOON；新加坡為集團全球佈局第一站

   (2) 上海品牌：飛牛；上海地區在庫商品數最多的電商

   (3) 台灣品牌：ASAP；台北市 5 小時到貨，全台灣 24 小時到貨

2. 跨境購物服務

   (1) 各地倉庫商品可在其它地區購物網站上販售，包含即時全球商品庫存資訊、即有貨、即可下訂，及廠商的商品可以全球賣。

3. 電子商務工具服務（uitox inside）

   (1) 多元完整線上金流與最先進的倉儲物流系統（EC-WMS）服務支援，節省供應商成本，專注於核心業務。

   (2) 快速的物流服務，全台灣保證 24H 到貨，提供優惠的物流費率，享受規模經濟之效益。

   (3) 透明化的庫存管理，供應商可即時查詢與管理掌握庫存與出貨狀況，一目瞭然。

(4) 多管道銷售解決方案，使品牌和供應商真正可以輕鬆投入、快速地開始電子商務業務。

4. 個人及店家架站服務（igarden）

(1) 開店免費、上架免費、成交免費！此外，與其簽約後，另外提供 uitox inside 標準服務及第三方平台金流等進階服務。

　　而在通路流程方面，以 uitox 電子商務集團旗下的 igarden 網路商店為例，如下圖，除了有效整合物流與金流外，逆物流也受到極大的重視。因此，uitox 最大貢獻就是不僅服務做得好，也能充分解決送貨的物流成本及退貨時可能會發生的逆物流成本問題，進而協同供應商一起開拓新的電子商務市場。

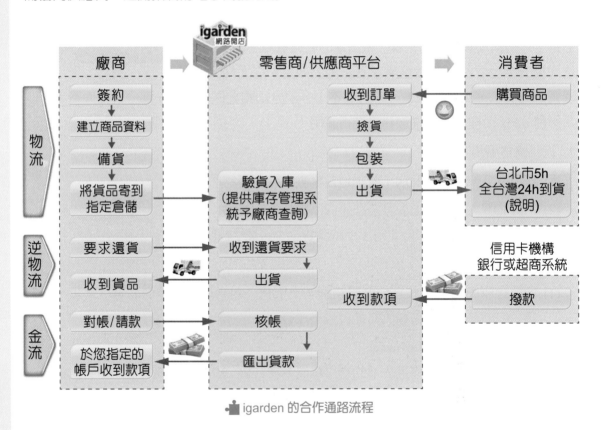

igarden 的合作通路流程

8-3 通路設計

通路設計目標是讓企業的配銷系統能傳送優越的顧客價值，有效快速回應顧客需求、確保顧客滿意度。傳送優越的顧客價值為創造顧客忠誠度之關鍵所在，顧客忠誠度可使顧客重複購買與引介新顧客，降低雙方交易成本，且獲得高利潤報酬。故建立顧客導向的配銷系統為通路設計之指導原則。

設計通路系統涉及四個步驟：分析顧客需求的服務產出水準、建立通路目標和限制、確認主要通路的可行方案、評估主要通路替代方案，分別說明如下：

一、分析顧客需求的服務產出水準

在設計行銷通路時，公司首先必須了解目標顧客想要的服務產出水準，通路會衍生出以下五種服務：

1. 批量多寡：在通路允許下顧客一次購買的量有多少。

2. 等待和運送時間：顧客從通路商收到商品的平均等待時間，顧客漸漸地偏好運送快速的通路。

3. 空間的便利性：行銷通路讓顧客在購買產品時的舒適程度。

4. 產品多樣性：行銷通路提供產品種類的廣度。通常，顧客偏好更多的產品種類，因為有更多的選擇，有更多的機會找出他們要的產品。

5. 後援服務：附加服務是由通路所提供。後援服務愈好，通路提供的功能會愈好。

通路設計中提供一個更好的服務產出，不僅會增加成本還會提高銷售價格。因此，平價商店看準了不同顧客群有不同的服務需求，藉由提供給顧客較少的服務，使顧客享有低價。

二、建立通路目標和限制

通路的目標應以目標服務產出水準來加以說明。在競手的條件下，各通路機構應調整功能性任務，將通路成本降到最低、且還能提供所需服務產出的水準。一般可確認幾個需求不同服務水準的市場區隔，有效地規劃、決定最適合的通路來分別服務各個市場區隔。

通路目標因產品特性不同而有異。例如：大批的貨品，需求透過可將運輸距離和耗損量縮至最小的通路。非標準化的產品，應直接由公司的業務代表來銷售。需求安裝或維修服務的產品，可由公司或授權經銷商負責銷售和維修。高單位價值的產品，通常是透過公司業務人員來銷售。

一些其他因素也會影響到通路目標。例如：在進入新市場時，廠商會密切地觀察其他廠商在它們的家鄉市場做些什麼。通路設計也須適應較大的環境改變。法規和限制也會影響通路設計，以 7-ELEVEN 為例，目前在台灣有 4800 多家，但此數據已維持三年以上，主要是受到競爭法的限制，畢竟 7-ELEVEN 在台灣的市場佔有率

圖片來源：中時電子報

高達 49%，所以公平交易委員會規定只要超過 50% 就不能再開店了，因此 7-ELEVEn 近幾年來就不斷在轉型（大店取代小店），同時裡頭開始販賣多樣化的商品和服務。

三、確認主要的通路的可行方案

公司可從多樣的通路選擇接觸顧客的方法：從銷售代表、代理商、配銷商、盤商、直接郵件、電話行銷和網路，每個通路都有各自的優點和缺點。現在大多數公司都使用混合的通路，使得實際的操作更為複雜。每個通路都希望能夠接觸到不同的顧客，以最低的成本來傳遞對的產品。

一般通路方案可由三個面向來描述：可採用的中間商類型、需求的中間商數目及通路成員的條件和責任。

1. 中間商的類型：廠商需求確認可利用的中間商的類型，使得通路能夠運作。

2. 中間商數目：公司必須決定在每個通路階層下所需使用的中間商數目。有三種策略可採行：獨家配銷商、選擇性配銷商和密集配銷商。

   (1) 獨家式配銷（exclusive distribution）：是嚴格限制中間商的數目。當生產者想要控制銷售的服務品質和產品時會採用獨家式配銷，通常會涉及獨家經銷的條件協定。藉由特許獨家經銷，生產者希望會有更精細和有知識性的交易。

(2) 選擇式配銷（selective distribution）：依靠較多但並非全面性的通路來銷售特定商品。不論已成立公司或新成立的公司都積極尋找配銷通路，但公司不需過於擔心，僅就商店做選擇式配銷即可；它可以有適當的市場涵蓋範圍，但有比密集式配銷更多的控制與較少的成本。

(3) 密集式配銷（intensive distribution）：製造商盡可能把產品或服務放在很多的據點，讓消費者在許多據點都可買到。

3. 通路成員的交易條件和責任：每個通路成員必須被公平地對待和有平等獲利機會。商業關係組合的主要因素包括價格政策、銷售條件、經銷區域權利和雙方所應履行的特定服務和責任。

(1) 價格政策：是中間商要求生產者建立一份價目表和折扣及津貼一覽表，對中間商而言是公平並有所依循的。

(2) 銷售條件：是指付款方式和生產者的保證。多數生產者對於提早付款的中間商給予現金折扣的優惠。生產者也會提供配銷商更多有關瑕疵品或價格下降的保證；對於降價的保證是讓配銷商有採購更大量產品的誘因。

(3) 配銷商的經銷區域權力：是指生產者把經銷權分配給數個配銷商時，生產者會界定每一配銷商的經銷區域和條件。配銷商通常期望從經銷區域獲得完整的銷售成果，不論他們是否完成銷售。

(4) 雙方所應履行的特定服務和責任：必須很小心地說明，特別是在獨家經銷的代理通路。

四、評估主要通路替代方案

通路的可行方案需求以經濟的、能控制的以及容易適應的標準來評量。廠商會嘗試把客戶及通路做配合，追求以總成本最小化獲取最大化需求。顯然地，當每次銷售有足夠的附加價值時，賣方會將高成本的通路換成低成本的通路。

控制性與適應性標準使用代理商會延伸很多控制問題。代理商是尋求利潤最大化的獨立公司。代理商會專注於買最多的顧客，而不是哪些買製造商產品的顧客。此外，代理商無法掌握產品技術性的細節，或有效地掌握促銷的素材。

要發展一個通路，各成員必須在特定一段時間內作出一定程度的承諾。但這些承諾不可避免地會降低生產者對市場改變的因應能力。在激烈、快速改變或不確定性高的產品市場，生產者需求較高適應性的通路架構和政策。因此，通路成員不會自動相互協調

彼此活動，因為一個通路成員的行為並不必然有利於其他成員，唯有透過權力運用才能使分歧的通路成員相互協調，追求通路績效極大化。

8-4　通路組織

通路組織並不是都一成不變，只要當新的通路機構不斷出現時，就會使整個通路系統不斷地演化。因此，以下將討論通路是如何組織以完成通路工作，如圖 8-6：

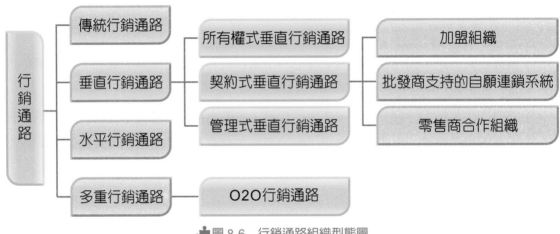

圖 8-6　行銷通路組織型態圖

1. 傳統行銷系統（Conventional Marketing System, CMS）為一鬆散的組織網路，製造商與經銷商間關係鬆散，每位成員皆為獨立的企業個體。因此，在買賣方面斤斤計較，各自追求自身利潤的最大化，進而可能造成資源浪費、重複性與矛盾性。

2. 垂直行銷系統（Vertical Marketing System, VMS）為一運用專業管理的網路系統，以達到經濟效益與承受最大市場衝擊為目的，主要有所有權式（corporate），契約式（contractual）與管理式（administrated）。以下分別來進行介紹：

   (1) 所有權垂直行銷系統（corporate VMS）：指各個階段的生產及配銷均在單一所有權下組合，且透過正式的組織管道來管理合作與衝突。例，西班牙服飾連鎖店－ZARA，從採購、設計、生產、物流、再到店面，ZARA 大都是自己來、且全世界九成以上店面都是直營，只有少數市場太小或文化隔閡太大的市場才找代理商。製造部分也只有縫製的工作外包到鄰近小工廠而已。

   (2) 契約式垂直行銷系統（contractual VMS）：一些獨立經營的公司，以契約作為前提，在不同階層的生產和配銷過程來進而整合以達到較其個別經營時所不能及的

經濟性或銷售效果。當中，則是由契約協議來獲得通路成員間的協調與衝突管理目標。而契約式垂直行銷系統主要包括加盟組織（franchise organization），批發商支持的自願連鎖系統（wholesaler-sponsored voluntary chains）與零售商合作組織（retailer cooperatives）三型態。

(3) 管理式垂直行銷系統（administrated VMS）：透過某個較具規模和力量的通路成員來產生影響力，進而協調產銷的各個階段。而名牌產品的製造商在銷售上較能取得中間商的強烈支持與合作。例如：台塑企業因規模夠大，因此可協調上中下游的售價。

3. 通路的水平結構（Horizontal Marketing System, HMS）指在同一階層的兩家或兩家以上的通路成員來聯合共同開拓新的市場機會。透過結合資本、生產力或行銷資源來使彼此密切合作，進而讓雙方獲得最大的利益。例如：統一集團與美國 Starbuck 合資成立「統一星巴克咖啡連鎖店」。

4. 多重行銷通路（Multichannel Marketing System, MMS）指一家企業設置兩個或兩個以上的行銷通路來接觸一個或一個以上的市場，如圖 8-7。除了可融合既有的實體通路外，也可透過將各種通路整合來促進並加強其他通路的效能，進而使企業的通路資源運用效益發揮到最大。而現今電子商務的出現，使得虛擬通路成為未來不可或缺的要素，進而帶動多重通路中的 O2O（Online to Offline）行銷模式，又稱離線商務模式，指透過促銷、提供訊息、服務預訂等方式，把線下商店的消息推送給網際網路用戶，從而將他們轉換為自己的線下客戶，例如：大潤發、愛買、7-net 等。

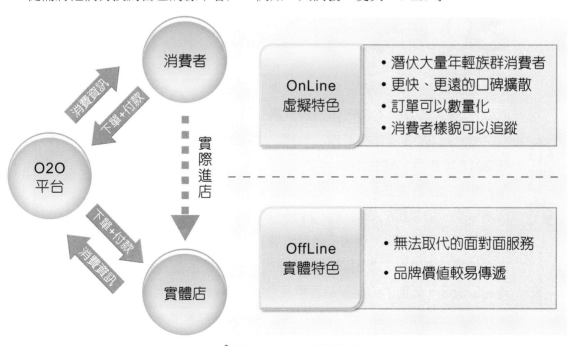

圖 8-7　O2O 行銷模式

　　因此，慎選適合自身的行銷通路組織型態對於企業家在連鎖經營上是非常重要的，這樣才能有效分析、組織和管理一個連鎖體系。而連鎖體系的經營型態，可分成直營連鎖與連鎖加盟二種。而連鎖加盟一般分為自願加盟連鎖、加盟連鎖與合作加盟連鎖等。以下分別介紹此三種加盟系統：

1. 自願加盟連鎖（Voluntary Chain, VC）：即加盟者自行投資並由契約結合而成，所有權則不屬於總公司，而是由各店主自己握有獨力的經營權。為了因應市場變化的複雜性與競爭的日漸激烈，彼此自願結合成一個生命共同體。例如，統一麵包、味全集團等。

2. 加盟連鎖（Franchise Chain, FC）：由總公司提供部份股權與 Know-how 來指導授權加盟店各項經營的技術與軟體，並向加盟店收取一定比例的權利金與指導費。當中，依契約之訂定、經營權部份歸各店主，而營業費用與利潤則部份分擔與分享。目前台灣的便利商店結構仍以此加盟連鎖為主，包含 7-11、全家便利商店及萊爾富。

3. 合作加盟連鎖（Cooperate Chain, CC）：此種經營型態主要是由零售商自動聯合發起，透過共同出資設立採購單位，彙集各加盟店之小額訂單成為大額訂單，以爭取優惠的進貨價格。對外則採用統一的名稱，參與加盟之零售商店懸掛名稱相同之招牌，並支付一定額度的廣告費用以拓展業務，在精神與實體上聯合成為一個加盟系統。例如：曼都、天仁茗茶等。

 蝦皮購物

小事典

　　蝦皮購物是新加坡遊戲與跨境電商公司 SEA 集團旗下的一個拍賣與購物平台，於 2015 年在台灣成立分部。在 2017 年 8 月，APP 下載用數破千萬、商品物件數達 2.4 億，月訂單數突破 800 萬，這是蝦皮拍賣登台 21 個月的成績單。蝦皮自豪的免運行銷手法成

圖片來源：中國時報

功地建構銷售通路，讓利與免運補貼並不是創新手法，也並非在與競爭者比誰的口袋深。最重要的是創造客戶滿意的使用者體驗，用最好的 APP 使用介面與線上客服機制，持續增加客戶對服務體驗的黏著度。

資料來源：https://www.bnext.com.tw/article/45896/how-does-taiwan-ecommerce-player-compete-with-shopee

小專欄

麥當勞的特許經營

　　在 2013 年全球排名前 10 名的特許經營中，麥當勞從 2012 年的第 6 名躍升為第 3 名（參照下表），且在全球 120 多個國家地區均有設點，總共超過 3 萬家店鋪。而麥當勞是最早及最充分運用特許經營的公司，它的成功促使特許經營模式走向全球化。

2013年全球特許經營前十大排名

特許經營公司	2013 排名	店數	2012 店數	2012 排名	創始於	設點國家總數
IGA***	1	1393	1314	2	USA1926	41Countries
Subway	2	1377	1260	3	USA1965	98Countries
McDonalds	3	780	600+	6	USA1955	120Countries
Bottle O Liquor	4	628	681	4	Aust2006	0
Bakers Delight	5	628	535	7	Aust1980	2Countries
7-Eleven	6	600	510	5	USA1968	16Countries
KFC	7	600	430	8	USA1952	102Countries
Domino's Pizza	8	559	437	12	USA1960	5Countries
IGA Liquor	9	457	450	13	Aust1988	0
Thirsty Camel Liquor	10	450	230	-	Aust2007	0

　　麥當勞通過授權加盟向符合條件的特許經營者收取首期使用費，並按特許經營者每月銷售額收取服務費和許可費。為了"維持一致"的標準，麥當勞把標準化作業變成容易複製的程序，即強調「簡單化」的重要性。並對新加盟者進行嚴格的培訓，包含營運標準及基礎管理、如何提升與創造營運績效極大化等，藉由完整紮實的訓練計畫，成為提供給顧客最佳用餐經驗的營運專家。

8-5 通路管理

一旦公司決定通路方案後，就會按照一定的流程來調整通路成員的安排，以下就分別來敘述說明，如圖 8-8 所示：

選擇　　訓練及激勵　　評估　　調整通路設計與規劃

圖 8-8　通路管理流程

1. 選擇通路成員

對顧客而言，通路就是代表公司的企業形象。因此，生產者為了讓選擇通路成員的過程更容易，會以特定的依據來找出更符合的中間商，例如，中間商在該行業的年資、財務實力、合作意願、服務聲譽等。

2. 訓練及激勵

當公司在決定中間商的通路定位時，就需從彼此的需求了解開始，透過不斷的溝通來增進夥伴間的契合度。所以公司會提供一套完整的訓練、市場調查和其他能力養成的計畫來增進中間商的表現。

而在製造商方面，則以通路權力（Channel Power）來管理中間商，即通路成員運用影響力來主導另一方通路成員的行為，以有利於通路目標的達成。而通路權力又可分為以下 5 個：

(1) 強制權：製造商透過強制性措施來影響不願合作的中間商。
(2) 獎賞權：製造商提供中間商更多的利益來有助於整體通路的運作。
(3) 法制權：製造商要求中間商依委任合約來行使權利與義務。
(4) 專業權：製造商藉由專業知識來產生對中間商的影響力。
(5) 參考權：中間商認同其合作的製造商，且非常信任彼此間的關係。

由上述可知，製造商須找尋並和同意上述政策的中間商來進行合作，藉由清楚地溝通來加深彼此的信任關係，並依照中間商所遵循政策的程度給予報酬。此外，為了使供應鏈效率更高並節省成本，很多製造商及零售商皆已採用高效率消費者回應（efficient consumer response, ECR）的作法，從三方面來建立彼此間的關係：

(1) 需求面管理，以藉由聯合行銷及銷售活動去激發消費者需求。
(2) 供應鏈管理來最佳化供應。
(3) 推動者與整合者，來支持聯合活動－降低運作問題與及更高的標準化程度等等。

3. 評估通路成員

生產者必須以書面來定期評估中間商的表現與責任條款是否符合以下標準，包含，銷售額達成率、平均存貨水準、送貨時間、對損壞或遺失貨品處理、公司推廣與訓練方案的合作程度、顧客服務等。

4. 調整通路設計及規劃

為了因應市場環境變遷、消費者行為改變、創新的配銷通路出現等，生產者必須定期檢查及調整通路的設計，來使行銷通路在當下的產品生命週期上產生效果，並進一步滿足目標顧客需求的理想。因此，如何修正和調整通路的設計是非常困難的。

8-6　管理通路衝突

通路衝突的根源在通路成員間相互依賴，通路成員傾向專精於一功能：製造商專注於製造，零售商可能專業於銷售，因此功能性的依賴需有一最低水準的協調以達成通路任務。而通路衝突可分成目標分歧、領域重疊和對事實不同的認知三個衝突來源：

1. 目標分歧

每一通路成員都有一連串的目標，常常彼此的目標大不相同，這些分歧導致通路衝突，因為通路成員一方的行為和另一通路成員達成目標並不一致。

2. 領域重疊

行銷通路衝突可以因為通路成員間不同的領域界定而發生，通路領域包含四個主要的成分：服務人口、涵蓋區域、功能或責任、行銷所需的技術。

3. 對事實的不同認知

通路成員會對相同情境作出不同的回應，另外，一方可能對另一方在行銷通路功能中，所採取的行為有錯誤認知，而產生另一形式的事實認知衝突，缺乏溝通也會造成事實認知的衝突。

而衝突一旦發生，就可能會產生負面的影響，進而降低整個的通路績效，因此，通路成員如何執行策略來解決衝突，可分成以下二個階段：

(1) 衝突未發生前：制定遏制衝突的制度化機制，提前防範未然。包含，資訊密集機制、第三方機制、相關規範等。例如，一般公司會加入商業協會、調解或申請仲裁與法律資源等來處理衝突。

(2) 衝突已發生：以協同合作方式來解決問題，朝彼此目標來共同達成。例如，公司常採用兩種方法來解決，一個是接受上層整合目標，即通路成員在基本目標下尋求共同的協助（市場佔有率、顧客滿意度等）；另一個則是人員互換；即將兩通路間做人員對調，來讓彼此了解對方的處境與思維，進一步化解衝突並給予彼此間的尊重。

綜合上述，企業所能選擇的通路種類越來越多，因此發生通路衝突的機會也相對地增加。當中，通路衝突可主要歸納出以下三個主要的影響因素，分別是目標市場區隔重疊、通路資源稀少性及溝通機制的知覺差異。而除了清楚了解通路的衝突因素外，如何有效解決也是企業必須面對的問題，因此，可善用不同的衝突解決機制來解決不同的通路階段，進而讓爭端的各方都能達成彼此目標，方能順利運行整體的通路且降低因評估錯誤所帶來的風險與損失。

本章摘要

1. 公司要創造利潤，必先建構有效地通路，以接觸其市場顧客。

2. 公司必須創造價值以滿足顧客的需求，因此需求優秀的通路將價值適時地傳遞到消費者手中。

3. 通路是由一群相互關聯的組織所組成，主要成員包含生產商、中間商（批發商、零售商、代理商）及最終使用者。

4. 通路結構為產品從製造商配銷到顧客間使用中間商數目，包括零階、一階、二階及以上階層的通路。當中可依成員間交換關係區分為關係式與市場式。

5. 通路除具有八大流程外，包含實體佔有、所有權、促銷、協商、財務、風險、訂購及付款；還包含一個逆物流。

6. 通路設計步驟依序為分析顧客需求的服務產出水準、建立通路目標和限制、確認主要通路的可行方案、評估主要通路替代方案。

7. 通路組織分為：

   (1) 傳統行銷系統（CMS）、水平行銷系統（HMS）

   (2) 垂直行銷系統（VMS）：所有權式、契約式與管理式。

   (3) 多重行銷通路（MMS）：O2O 行銷模式。

8. 企業家在連鎖經營上須慎選適合自身的行銷通路組織型態，而連鎖體系的經營型態可分為自願加盟、加盟及合作加盟連鎖。

9. 通路管理流程須先選擇通路成員，並透過訓練及激勵，進而評估通路成員的表現。最後，為了因應外部環境變遷，公司要隨時調整及規劃通路設計。

10. 通路衝突來源可分成目標分歧、領域重疊和對事實不同的認知，因此要善用衝突解決機制才能順利運行整體通路且降低評估錯誤所帶來的風險。

自我評量

一、名詞解釋

1. 通路

2. 逆物流

3. 密集式配銷

4. 垂直行銷系統

5. 通路衝突

二、選擇題

( ) 1. 下列何者不能視為通路成員？ (A) 中間商 (B) 製造商 (C) 零售商 (D) 以上皆非。

( ) 2. 通路結構的階數不會受到以下的影響？ (A) 產品因素 (B) 市場因素 (C) 通路衝突因素 (D) 以上皆是。

( ) 3. 下列何者屬於通路流程的一部分？ (A) 實體佔有權流程 (B) 促銷流程 (C) 財務流程 (D) 以上皆是。

( ) 4. 下列何者是逆物流的優點？ (A) 減少成本浪費 (B) 提高產品剩餘價值 (C) 提高顧客關係管理 (D) 以上皆是。

( ) 5. 通路設計有四大步驟：1. 分析顧客需求、2. 確認主要通路的可行方案、3. 建立通路目標、4. 評估主要通路替代方案，請按照順序加以排列？ (A)1234 (B)1324 (C)4321 (D) 以上皆非。

( ) 6. 下列何者不屬於垂直行銷通路 (A) 所有權式 (B) 契約式 (C) 管理式 (D) 以上皆非。

( ) 7. 通路管理流程主要分成幾個流程 (A) 二個 (B) 三個 (C) 四個 (D) 五個。

( ) 8. 下列何者是通路衝突的來源？ (A) 目標分歧 (B) 領域重疊 (C) 對事實的不同認知 (D) 以上皆是。

(   ) 9. 透過某一較具規模和力量的通路成員來產生影響力，進而協調產銷的各個階段
為哪一種垂直行銷系統？　(A) 所有權垂直行銷系統　(B) 契約式垂直行銷系統
(C) 管理式垂直行銷系統　(D) 以上皆非。

(   ) 10. 製造商盡可能把產品或服務放在很多的據點，讓消費者在許多據點都可買到，
此為哪一種配銷方式？　(A) 隨機式配銷　(B) 獨家式配銷　(C) 密集式配銷
(D) 選擇式配銷。

三、問題討論

1. 請說明與畫出行銷通路結構圖？

2. 簡述說明通路的設計流程？

3. 分析正物流和逆物流的主要差異？

4. 解釋目前連鎖加盟主要分為哪三種系統？請簡單舉例？

5. 說明通路組織區分為以下幾個系統？請簡單舉例？

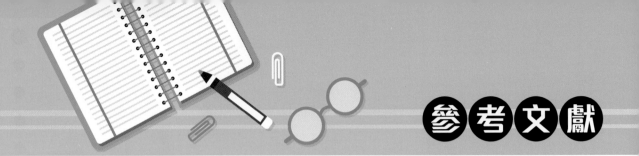

參考文獻

- 胡同來、翁景民（2002），行銷通路，台北：華泰文化事業股份有限公司

- 方式榮（2004），行銷學原理（第 5 版），台北：台灣東華書局股份有限公司。

- 樓永堅、方式榮（2006），行銷管理學（第 12 版），台北：台灣東華書局股份有限公司。

- 蕭仁傑（2008），行銷通路（第 7 版），台北：華泰文化事業股份有限公司。

- Bowersox, D. J. and Cooper, M. B. (1992), "Strategic Marketing Channel Management", N. Y.: Mcgraw-Hill., 1992.

- Cespedes, F. V. (1988), "Channel management in general management. california Management", Review, 31 (1), pp.116-119.

- El-Ansary, Adel I, and Louis W. Stern (1972), "Power Measurement in the Distribution Channel", Journal of Marketing Research, Vol.9 (February), pp.47-52.

- Etgar, Michael (1979), "Sources and Types of Intrachannel Conflict", Journal of Retailing, 55, pp.61-78.

- J.R , A.T Cobb and R.F Lusch (2006), "The roles played by interorganizational contracts and justice in marketing channel relationships", Journal of Business Research, Vol.59, pp.166

- Kotler, Philip (1994), "Marketing Management: Analysis, Planning, Implementation, and Control", 8th ed., New Jersey: Prentice-Hall, Inc.

- Kotler, Philip (1997), "Marketing Management: Analysis, Planning, Implementation and Control", (9th ed.). Prentice Hall Inc. Englewood cliffs N.

- Kolter, P., Swee H, A., Leo, S. M., Tan, C. T., (1999), "Marketing Management-an Asian perspective", Pretice-Hall Ic.

- Kotler, Philip & Keller, K. L. (2006), "Marketing Management", (12th ed.) , Pearson International Edition, Upper Saddle River, New Jersey: Prentice Hall.

- Hardy, K. G. and A. J. Magrath (1987), "Selecting Sales and Distribution Channels", Industrial Marketing Management, Vol.16 (4), pp.273-278.

- Hibbard, J. D., and Kumar, N., and Stern, L. W., (2001), "Examining the Impact of Destructive Acts in Marketing Channel Relationships", Journal of Marketing Research , Vol. XXXVIII, 2001, pp.45-61.

- Hu, Tung-Lai and Jiuh-Biing Sheu (2005), "Relationships of channel power, noncoercive influence strategies, climate, and solidarity: A real case study of the Taiwanese PDA industry", Industrial Marketing Management, Vol34, ISS.5. pp.447-461.

- Rosenbloom, Bert and Anderson, R (1985), "Channel Management and Sales Management: Some Key Interfaces", Journal of the Academy of Science, Vol.13, pp.97-106.

- Rosenbloom, Bert(1987), "Marketing Channels: A Management View", 3th ed., NY: The Dryden Press.

- Rosenbloom, Bert. (1999), "Marketing Channels: A Management View", Orlando: The Dryden Press.

- See www.hct.com.tw/index_m.html (accessed May2014)

- See www.uitox.com/ (accessed May2014)

- See www.insideretail.com.au/2013/09/30/video-easy/ (accessed May2014)

- Stern, L. W., and El-Ansary A. and Brown, J. R. (1989), "Management in Marketing Channels", Prentice Hall.

- Stern, Louis W. and Adel I, El-Ansary (1992), "Marketing Channl", Englewood Cliffs, N.J. : Prentice-Hall, 4th ed.

- Stern, Louis W., Adel I. El-Ansary, and Anne T. Coughlan (1996), "Distribution Channels: A Social System Approach in Louis W. Stern, ed., Distribution Channel: Behavior Dimensions", Boston: Houghton Miffin, pp.6-19.

- Tiernan, B., (2002), "The Hybrid Company: Reach All Your Customers through Multi-Channels Anytime", Anywhere, NY: Dearborn Financial Publishing.

- Webb, Kevin L., & Hogan, John E. (2002), "Hybrid Channel Conflict: causes and effect on channel performance", Journal of Business and Industrial Marketing,17,5,2.

- Webb, K. L., (2002), "Managing Channels of Distribution in the Age of Electronic Commerce", Industrial Marketing Management, Vol.31, pp.95-102.

- Webb, Kevin L., & Hogan, John E. (2002), "Hybrid Channel Conflict: causes and effect on channel performance", Journal of Business and Industrial.

- Webb, K. L. & Lambe, C. J. (2007), "Internal multi-channel conflict: An exploratory investigation & conceptual framework", Industrial Marketing Management, 36 (1), pp.29-43.

·NOTE·

Chapter 9

推廣策略：從整合行銷溝通導向談起

小鎮文創：創業者如何利用 Earned media 擴展商機

在地創業回饋　竹山小鎮文創發光
https://youtu.be/rGRBYSTLcGU

個案背景

　　竹山鎮位於中華民國台灣南投縣西南隅，地處濁水溪南岸、清水溪東岸，因清代建有雲林縣舊城而有「前山第一城」之稱。面積達 247.3339 平方公里，是臺灣僅次於花蓮縣玉里鎮的面積第二大鎮。

圖片來源：Tvbs 新聞台

　　"但隨著產業沒落及人口外移，過去曾經擁有風華的城鎮逐漸凋零。「小鎮文創」創辦人何培鈞先生以振興竹山文化與經濟為目標，透過 (1) 產業合作、(2) 觀光導覽、(3) 專長換宿、(4) 實務講座等運作模式，不僅成功吸引青年回鄉創業，其推展理念亦不斷向外界傳播，於各地種下發展的契機。"

　　所謂竹山文化，顧名思義，以竹為名。在竹山你能看見竹子與竹山當地文化產業整體的連結。諸多與竹有關的歷史文化，從竹筍到竹編的製作過程。並有竹製的商品。如：竹木馬搖椅、竹筷。

百年大宅 風華盡現

　　何培鈞與表哥共同進行了一年的古蹟修繕工作，賦予藏於山中的百年傳統建築新的生命—天空的院子。透過體驗才能感受在地文化，因此以民宿經營的方式呈現古蹟風采，在因緣際會下獲南投縣政府文化局引薦台北宙斯愛樂唱片公司團隊以及加拿大環保音樂家馬修連恩入住體驗，在深刻感動之餘決定共同合作發行音樂同名專輯，並入圍金曲獎最佳古典音樂專輯，吸引各家電視台報導。終於，天空的院子在媒體曝光的行銷效益下走出經營低谷。

專長交換 在地文化覺醒

　　何培鈞充分利用地方閒置空間，承租兩棟透天厝以提供各地青年以本身專長換取免費住宿，此舉不但能讓青年盡情發揮所學以追求夢想，而透過更多不同青年專業，以跨界合作交流型態，為在地傳統產品升級。同樣運用交換的概念，何培鈞開辦竹巢學堂請來各行各業，將所學和專業分享給鄉鎮居民，僅以民間的力量建構「協力設計＋在地生產＋協力銷售」模式，拓展銷售通路及提高競爭品質，也能讓在地職人的好手藝受到外界青睞。透過吸引青年回竹山，並可創造在地經濟之成長。

透過數位科技 創造商機

　　透過三所大學的學生創造的竹編 ORCODE 讓一家米香店，多入創新生命的元素。業績自然有所成長。並透過青年的創意與藝術，注入竹山各個老店之中，讓舊文化多了創意與新鮮。透過創新可以獲得更多媒體的關注，也就是公關操作所說，透過議題操作，獲取賺到免費宣傳。

資料來源：新創圓夢網 https://sme.moeasmea.gov.tw/startup/modules/highlight/detail/?sId=77

💡 問題討論

1. 請上網尋找還有哪些採取類似【文創小鎮】以議題操作獲得媒體關注的策略（Earned media）的社會企業？
2. 請尋找現在有哪些廠商也是採用類似【文創小鎮】的運用在地文化與青年專長交換整合創新模式？
3. 請討論消費者為何會購買想去體驗傳統文化？傳統文化如何翻新？如何讓傳統文化注入新的能量？

🌏 案例導讀

　　文化創意產業是近年來政府輔導的重點產業，小鎮文創是由一位熱愛在地文化的文藝青年所創辦。我們可以從創辦人身上看見一位文化工作者對竹山的熱情，也看見何培鈞先生如何利用極少的資源，來達成將竹山文化推向市場的企圖。

　　首先可以看見議題操作的重要性及賺得媒體方式（earned media）來經營商業活動，這就是利用既有資源進行槓桿運用，小兵也可以立大功。體驗文化很可能每個人都能想到，但是能想到青年的專長交換住宿，透過年輕朋友的創意而點亮了在地舊文化，這是小鎮文創的成功因素之一。當然，創辦人何培鈞先生的熱情與堅持，才是創業成功不變的真理。

9-1 整合行銷溝通的任務

　　整合行銷溝通（Integrated Marketing Communication, IMC）是架構在行銷 4P 中的推廣（Promotion），而推廣的基本意涵是溝通與說服，而行銷溝通的意義就在於溝通必須依據行銷的目標、目標客層及商品定位進行說服。因此，整合行銷溝通並非只是創意，而是策略性思維、目標導向（解決問題導向）。

　　目標（goal）陳述了商品期望達成之結果，但目前尚未達成，且還有中間阻礙的障礙（problems），所以目標（goal）與難題（problem）是一體的兩面，目標導向就是要解決擋在中間的障礙。策略則是指解決障礙的想法與行動。

　　多數人都以為廣告就是行銷溝通，事實上廣告只是溝通工具的一種。有很多的溝通模式可以達成訊息溝通目的（例如：個人銷售、官網等），因此行銷溝通（marketing communication）是指：廠商依據行銷策略，透過各種傳播工具與形式（例如：廣告、公關、活動、促銷、網路、媒體相互搭配與協調等），傳遞訊息給其目標閱聽眾（Target Audience），來達到說服或促使目標閱聽眾認知改變或採取購買行為。

　　行銷傳播學者 Jerry Kiatchko（2008）在 International Journal of Advertising 發表一篇有關重新定義整合行銷溝通的文章，內容很值得在此節錄討論。Kiatchko 提出的 IMC 定義：IMC 是以閱聽眾為導向，並且以策略性管理觀點整合股東權益人、內容、通路及績效結果的一套經營過程與系統（IMC is an audience-driven business process of strategically managing stakeholders, content, channels, and results of brand communication programs.）。

　　從這個定義來說，IMC 不僅只是站在執行層次（operational level）討論相關的推廣工具，而是站在企業層次（corporate level）探討企業各組織功能如何相互搭配，由內而外針對目標閱聽眾，提供整合傳播品牌訊息與建構品牌價值形象。在此定義有四個關鍵支柱（如圖 9-1），分別是股東權益人、內容、媒體（通路）、績效。以下我們將分別探討這四個關鍵支柱的意涵與內容。

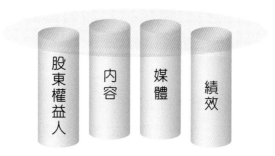

圖 9-1　IMC 的四個支柱

（一）IMC 的四個支柱

1. 股東權益人（stakeholders）

　　不論是相關的大眾、或多種市場，只要和公司有互動的皆是股東權益人。行銷傳播大師 Schultz and Shultz（1998）將此股東權益人分成兩類，外部閱聽眾（external audience）與內部閱聽眾（internal audience）。外部閱聽眾就是顧客（customers）、消費者（consumers）、準顧客（prospects），內部閱聽眾就是員工與經理人。因此 IMC 針對外閱聽眾是要能透過整合企業內所有活動來滿足消費者的需求與需求，進而與顧客建立長期有利的關係。針對內部閱聽眾，員工也必須當成重要顧客訴求，將品牌精神落實在每個員工身上，讓員工也成為品牌的大使或代言人。

2. 內容（content）

　　此處的內容在互動式 IMC 思維下，除了我們熟知的廣告訊息（messages）與促銷誘因（incentives），還包括在社會媒體發佈的所有訊息與內容。其中分類的最大關鍵在：內容是可控制的與不可控制的訊息。有的在社會媒體發佈對品牌或產品使用經驗與看法，是由消費者自發性發佈，廠商無法控制與管理消費者發佈的訊息。因此廠商必須隨時注意與關注這些在社會媒體發表對自己品牌的看法與經驗，並進行對話與互動。

3. 媒體（channel）

　　英文字採用 channel 是把訊息當成產品觀點，看看消費者在購買過程中會接觸與觸碰哪些媒體或載體，在最適當的時點給與最相關的訊息，將會是最有效的溝通。我們在此將 channel 翻譯成媒體，是讓讀者更能理解訊息呈現的地方。傳統媒體是電視、廣播、報紙，隨著網路與智慧手機呈現，消費者接觸點（contact points）、或觸碰點（touch points）可能是實體通路，也可能是平板電腦。因此廠商面臨更複雜的數位媒體環境，進行品牌溝通必須思考媒體的最關鍵的兩個構面，一是相關性（relevance）另一個是偏好

性（preference）。透過消費者過去的購買路徑，從中尋找出有相關的媒體通路，再從這些媒體通路上提供消費者期待想知道的訊息給他們。

4. 績效（results）

在過去整合行銷溝通結果衡量的重點在溝通效果（communication effects），例如：品牌回憶度或品牌知曉度，而目前的 IMC 衡量的重點則在行為效果（behavioral responses）（實際消費者購買行為）以及績效（財務表現、現金流量增加）。追求消費者投資報資報酬（return on customer investments, ROCI），也就是花費在每個消費者身上多少錢，每個消費者又能實際增加多少銷售額。因此衡量 IMC 有三項指標：

(1) 態度指標（品牌知曉度、品牌忠誠度）

(2) 行為指標（皮夾佔有率、重複購買率）

(3) 財務指標（ROCI）

透過每次的行銷溝通活動進行評量可以得到市場與消費者的回饋，是寶貴的學習，從每次的活動事後檢討可以整理出豐富有用的經驗與知識。就如品管大師戴明博士所說的，檢討是為了改善（improve）而非追究責任。

（二）IMC 的五個關鍵特徵

依據行銷溝通學者 Terence A. Shimp 的巨著 "Integrated Marketing Communication in Advertising and Promotion" 中，Shimp（2010）提出了有關 IMC 的五個關鍵特徵，很值得我們深入探究，如圖 9-2 所示，這五個關鍵特徵分別是：

(1) 始於消費者或目標市場

(2) 使用任何形式的溝通模式及跟目標對象有相關的接觸點

(3) 溝通說法必須一致

(4) 與顧客建立關係

(5) 影響行為

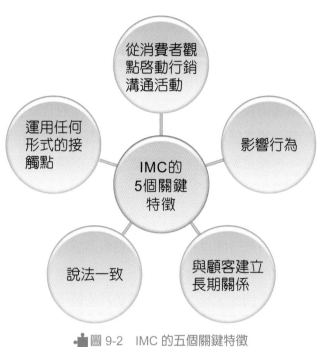

🔖圖 9-2　IMC 的五個關鍵特徵

關鍵 1　必須從消費者觀點啓動行銷溝通活動

過去廠商規劃行銷溝通活動習慣於使用產品的比較優勢作爲溝通基礎點，採取的是由內而外的方式（inside-out）思維方式，而現今的行銷溝通強調的是先從消費者觀點當成起點來思考，是採取由外而內的思考方式（outside-in）。

由於網路興起，消費者已經開始掌握了主導權利，並且開始喜歡自己獲得控制權，由自己上網找資料看廣告。因此順應這樣潮流思維，廠商必需深度了解人性與消費者需求，才能因勢利導掌握消費者，透過佈局引導消費者主動搜尋廠傳遞的有關品牌訊息。消費者更喜愛積極參與控制媒體、自己製造訊息。廠商執行行銷溝通時，更必須關注網路上消費者所散佈的訊息，並透過引導與說服，讓消費者在自己相關的媒體上搜尋廠商提供給他們的有興趣的訊息。

廠商進行規劃溝通計畫必須先思考：

(1) 誰是我們的目標對象群

通常廠商對於目標對象群瞭解都是以 20 ～ 35 歲的男性、白領上班族，但是這樣的資訊是不足以做爲規劃溝通計畫，因爲依據一個平均數，我們無法瞭解一個活生生的消費者是怎麼的樣貌，他租房子嗎？還是跟父母住？平常喜歡做什麼活動？興趣是什麼？

瞭解消費者的生活，而不只是描述人口統計變項（例如：年齡、學歷、教育程度等），憑著描述消費者的生活全貌，廠商的商品會進而鑲崁在消費者的生活中。

(2) 瞭解商品在消費者生活中扮演的角色，以及如何使用商品

如此會更能掌握消費者的需求，例如：美國某家速食業者的奶昔研究故事，該速食餐廳發現奶昔銷售量穩定成長，故邀請市場調查專家進行調查奶昔銷售成長的背後原因是什麼，專家首先到餐廳做現場觀察並詢問購買奶昔的消費者，詢問他們購買的動機與使用理由。

專家發現早上時段有很多需求開長途駕駛的上班族會購買奶昔，因爲開車需要花很長的時間，爲了打發時間以及止饑，因爲他們認爲奶昔會比三明治挺得更久，加上漢堡與三明治吃的時候常常會弄髒手，手又要掌握方向盤很不方便，相對奶昔就很方便拿取與食用。因此，早上時段販賣奶昔的競爭替代品是漢堡、三明治這些暫時止饑的商品。但是專家也發現，下午時段家長會帶小孩來買奶昔，因爲下午時段小朋友肚子有點餓但又吃不多，因此奶昔對小朋友分量又太多，因此廠商也開發出較小份量奶昔提供下午時段給小朋友當點心。

從這個故事我們可以瞭解不同時段同一個商品，你的目標對象群是不同的，使用產品的動機與目的理由也不同。

因此如何定義目標對象群是個困難的課題，例如：早上的奶昔的目標客層是開長途汽車的上班族，在路上不會無聊又可以止饑的伴嘴飲品，而下午的奶昔目標對象群則是小朋友，家長爲了犒賞小朋友，給他們可以安靜吃飯配的飲料。而如何定義清晰的目標對象群在後續章節會陸續介紹。

關鍵 2　運用任何形式的接觸點

如何運用與使用各種形式的接觸點，必須先瞭解目標對象群生活，從目標對象群生活找出可能的接觸點（contact point）或觸碰點（touch point）。我們先從 Shimp（2010）書中提到美國豐田汽車與廣告公司 Saatchi and Saatchi 共同操作的成功案例來看。

Yaris 設計的造型是屬於小型車（1500cc），但是整個車的設計造型屬於歐洲小型車風格，強調操控、省油、安全一部車，有點亞洲版的 mini cooper 的感覺。美國豐田將該車設定成 18～34 歲的消費者（這樣的陳述應該是不足的），依據 Saatchi and Saatchi 廣告操作內容，廣告公司心中設定的目標對象群是一群有年輕的心、叛逆、好動、愛強調自己的獨特性、喜愛有特色的搖滾音樂的消費者，針對這樣的消費者群貌分析（consumer profiling：有關消費樣貌深度分析讀者可以觀賞犯罪心理（criminal mind）美國電視影集，從中學到 些行為科學與認知心理學），舉辦了以下接觸策略：

(1) 從美國電視影集『越獄』中拆分出 26 集手機劇集，每個兩分鐘的手機劇前面都有一個 Yaris 的 10 秒廣告

(2) 舉辦網路競賽，參加者要以「你會駕駛你的 Yaris 做什麼？」為主題，參加者自行設計拍攝 3 分鐘的廣告。

　　從這兩個接觸點的考慮，第一種可以了解這群人喜愛刺激與動作影集，並且擁有智慧型手機，也愛從手機下載影片閱讀，這是一個移動式的接觸點與觸碰點，並且透過置入模式讓消費者想看這個廣告。第二種方式讓消費者共同參與品牌精神創作，讓品牌魅力透過消費者自行創作的影片，傳播與分享出去會遠比廠商播放廣告來的有效，而且其他消費者願意閱讀的意願相對高。因此從消費者找出生活的接觸點，讓商品鑲嵌入消費者的生活扮演角色。找到接觸點後也必須思考廠商與消費者接觸的程度要如何。例如：前者第一個活動只是告知廣告提供一個資訊，第二個活動就是深度要求消費者參與品牌精神創作。這個接觸深度必須依照接觸點的性質與目標對象群的特性來決定。

關鍵 3　說法一致

　　傳播的訊息必須要一致，我們把品牌看成一個人，而且這個人言行必須一致，如此才能建構一致的品牌形象。而要能品牌說法一致，必先擬定出品牌定位（brand positioning），再發展出品牌價值主張（brand value proposition）。例如：BMW 的品牌定位是提供給享受

圖片來源：BMW 官網

駕馭、喜歡掌控的車主，BMW 是一部具有德國精湛工藝的豪華汽車，而 BMW 的品牌價值主張則是終極駕馭樂趣。因此整個品牌訴求會掌控在「操控與駕馭」核心上。所有宣傳物品或活動都以此核心作為主軸發展，品牌聲調是一致並且相互協調。

關鍵 4　與顧客建立長期關係

　　行銷的演化強調與顧客不是一次交易，而是建立長期關係，因為考慮到顧客的終身價值。有些研究發現開發一個新客戶比保留一個舊客戶要多花 5 ～ 10 倍成本。這就是航空公司為什麼要舉辦累積里程數方案，透過累積里程可以得到座艙升等與兌換免費機

票，鎖住舊客戶以免客戶容易變心。與顧客建立長期關係稱為顧客關係管理（customer relationship management）。但是根據行銷大帥任立中教授的觀點，顧客關係管理應該進階成顧客關係行銷（customer relationship marketing），透過顧客交易資料庫、並借用統計方法可以規劃出一系列的行銷活動。由於巨量資料（big data）議題盛行，因此透過巨量資料來掌握顧客是另一個新的課題。

關鍵 5　影響行為

過去傳播活動最終的結果是界定在認知與態度的改變，隨著市場競爭激烈，整合行銷傳播活動的結果衡量也逐步演化成實際購買行為。也由於整合行銷傳播活動的結果衡量是以消費者實際購買為目的，因此整合的程度也必須站在企業層次來思考，透過組織各部門的合作，從研發部門、銷售部門、行銷部門、會計部門相互協調，才能讓整合行銷活動展開時，能達到該有的力度讓消費者產生購買行為。例如推動行銷活動時通路鋪貨必須已經展開，在目標對象群經常購買地點進行鋪貨與陳列。如果整合行銷活動展開但消費者卻買不到產品，這就表示在企業層次部門之間整合做得不夠充分所造成的結果。

一、整合行銷溝通的演化（The evolution of IMC）

過去多年以來溝通推廣的工具多半都是以廣告為主軸，企業廠商都主要依賴廣告代理商（Ad agencies）來規劃指導所有的行銷溝通工具。多數企業有使用額外的行銷溝通工具，例如：包裝設計公司、直銷行銷公司，這些都只能算是附加服務，而且是以專案為基礎（project basis），做完該專案就結束彼此關係。但廣告代理商與企業主通常有簽訂合約（contract basis），約期至少一年，有的國際性企業與廣告公司幾乎有超過七年以上合作關係。可以說在當時企業主與廣告公司是以長期合作為基礎，而非短期的專案基礎。公關公司則是管理該企業的公共關係相關事務。

根據行銷傳播學者 Clow and Baack（2010）提出的觀點，兩位學者認為整合行銷傳播的趨勢有三點：

1. 衡量與計算成果（accountability for measurement results）

在這個競爭激烈的環境中，廠商的推廣預算是有限的，因此每塊錢都必須花的很值得，作為廣告代理商必須精心計算每個推廣工具可以帶來的成果是什麼，直接提高銷售、或是提高品牌知曉度、或是品牌形象偏好度增加等等，這些都是要能具體可以衡量的績效指標或目標。

由於各個行銷經理對廣告代理商的目標效果的要求，廣告代理商逐漸的將傳統電視廣告預算轉移到其他有效媒體，例如：網路、社群媒體或互動媒體，增加其廣告效果。因為傳統電視廣告每一檔成本高但是能替廣告主帶回來的回饋越來越少。

2. 整合傳播之關鍵角色們的任務已經改變（changes in tasks performed by key players in advertising programs）

(1) 廣告業務（account executive）：傳統廣告業務只要做好溝通橋梁，讓廣告公司創意提案與客戶需求接合的人。而新的趨勢下廣告業務必須擔負起企劃整體策略性溝通計畫，並仔細判定每個活動可以產生的效果與總目標的相關性。

(2) 品牌經理：品牌經理要整合溝通不同的單位與專家，例如：要跟通路鋪貨或業務人員溝通或是消費者促銷的專家及廣告形象專家等，品牌經理必須讓所有的專家，說著共同的話、共同的夢想，而不是各唱各的調。

(3) 創意人員：創意人員也必須肩負整合溝通的效率與效果之責任，不僅僅只是發展創意想法單純的工作，必須與業務人員與品牌經理共同負起整合溝通的效果責任。

3. 媒體（increased use of alternative media）

過去消費者接觸媒體型態，如：電視、報紙、戶外媒體與郵件 DM（direct mail）、雜誌等，但目前由於智慧手機與平版電腦普及化，移動載具造成了新的媒體接觸與使用行為，如：消費者可以隨時透過智慧型手機上臉書（facebook）打卡上傳照片揪團、上網（yahoo or google）檢查信件。

資策會 2014 臺灣行動行銷媒體工具效益分析調查報告顯示，智慧型行動裝置持有人口為 1,330 萬人，而 APP 的經常使用人口已經達到 915 萬人，APP 已經成為一個和民眾接觸的重要介面。資策會創研所楊惠雯主任表示面對，3C 時代（Content 內容、Commerce 商務、Corss-platform 跨平台）的來臨，對於品牌業者及廣告主而言，內容、商務、跨平台三者之間關係會越來越緊密，過去在網路（Internet）的經驗轉換到行動（Mobile）的過程，需要更聚焦在使用者的行為與特徵，從消費者行為或是需求為起點，佈局與打造一個從消費者端到服務端的價值（End-to-end）。

從資策會研究報告得知，廠商如何掌握消費者使用智慧行動裝置的偏好與購物路徑，變得更顯重要，其中的關鍵在於數據（data）收集與分析。因此如何利用移動媒體跟目標對象群溝通也是目前整合行銷傳播溝通重要議題。

二、行銷溝通扮演的角色

廣告傳奇人物大衛歐吉沛（David Ogily）也是奧美廣告的創辦人，曾說過：有效廣告就像跟一個人對話一般，提供對方事實，而對談的方式則是有趣的、令人著迷的。

廣告溝通畢竟是單向的，也是一種以大眾媒體單向溝通的方式進行，但其他的行銷溝通工具則有雙向與互動的功能，例如：電話行銷、人員銷售、網路銷售等媒體工具，因此，把行銷溝通終極目標定義成：如同跟一個人在對話，應該是最高境界。有一次台灣廣告創意名人孫大偉先生接受訪問時，說到：「很多人都以為廣告是一種仙女棒，經過仙女棒點過所有商品都可以大賣」，他表示這是不正確的觀念，廣告是一種廠商對消費者溝通方式，不是每次的溝通都能達陣，因此，這裡面有太多難題必須面對與解決。過去行銷溝通或廣告只需求解決告知與說服的功能，但現今行銷與廣告必須達到銷售的目標。

三、行銷溝通中各個角色與任務

從大眾媒體溝通的 SMCR 模式，S 是訊息來源、M 是訊息、C 是溝通的媒介、R 是目標閱聽眾。S 訊息來源多半是廠商也就發訊者，而 M 訊息創造與製造則是由廣告公司、活動公司、公關公司、網路行銷公司所扮演，C 則是媒體公司，在 SMCR 另有一個 Feedback 機制，而調查公司則在 Feedback 機制上扮演重要角色。

SMCR 模式放在競合策略理論架構下，發展訊息的廣告代理商是跟媒體公司既合作又競爭，合作的部分是廣告代理商發展創意與訊息，交由媒體公司購買媒體與播放，但競爭部分是大型媒體公司也俱備提供創意與發展訊息的服務、也能取代廣告公司的服務。大致上，廣告代理商與活動公司、公關公司、網路公司是屬於垂直合作關係（廣告公司已經與客戶確認的傳播主張，並由廣告公司召集相關協力單位共同合作，這類合作關係歸類成垂直合作關係）。而與媒體公司則是維持在水平合作關係（廣告公司與媒體公司沒有存在上下垂直管理之關係）。其中調查公司的角色最為重要，有關廣告事前研究與事後研究（creative test）、消費者實態研究（usage and attitude study）這些必須依賴專業調查公司來進行，提供寶貴的消費者觀點供廠商與廣告代理商作為發展或修改策略、創意之依據。

（一）媒體公司（Media House）

媒體公司提供的服務內容以媒體企劃與購買為主軸，長期向尼爾森調查公司（Nielson Research Company）購買收視率調查，並配上自己公司實施的定期消費者收視習慣與購買行為的研究，研究人員可以依據統計軟體計算出每個廣告活動的預算最佳化分配建議，每家媒體公司都有自己作業寶典，依據各家的作業經驗所累積出來的有關媒體相關知識。專業大型的媒體公司，目前也逐步擴張自己的服務範圍，也提供創意服務、策略企劃服務等早期整合廣告公司集團模樣。理由是提供客戶需求的服務，本質上是向後整合的手段，以期望在廣告價值鏈上獲得垂直整合效應，確實掌握客戶讓客戶異動率降低，也能滿足不同客戶的需求（只需求創意服務與發稿服務、或只需求策略服務）。

（二）公關公司（Public Relationship Company）

由於消費者意識高漲，公關公司角色日益重要，公關公司有一主要功能是議題管理與危機處理，目前在網路時代人人都可以爆料，廠商經常性面對議題與危機，例如食品安全的問題，不小心應對企業品牌形象就會受到傷害，因此透過與公關公司合作，建立起公司發言人制度，定期管理某些議題，一旦危機出現公司可以立即啟動議題管理系統作業。當然與廣告公司配合時，公關公司成為協助單位，配合廣告公司舉行新產品上市發表會，或商品議題新聞操作等活動。

（三）活動公司（Event Company）

有時活動公司會直接與廠商配合，如：舉辦展覽的設計與執行等活動，也會跟廣告公司合作執行整合行銷傳播的活動體驗，例如：新車發表要辦新車體驗試乘活動，這些試乘對象邀請、活動設計與執行，就必須仰賴活動公司的專業與執行力。

（四）調查公司（Research House）

廠商會直接與調查公司合作、進行消費者實態調查，跟廣告公司合作很可能是創意概念事前測試、廣告效果後測，有時廣告公司進行比稿，為了更深入瞭解消費者，也會邀請調查公司進行研究消費者行為，以提供廣告公司形成策略與創意的重要依據。

（五）數位行銷服務公司（Digitial Marketing Company）

這類型公司擅長於數位行銷操作，進行網路市場及使用者分析、數位媒體購買、關鍵字行銷，網路廣告創意及製作。有的則可操作數位口碑監測，進行全面的品牌網路形象照顧服務。這類公司的關鍵核心在於數據、精準、成本與效益是可以明確衡量。

小專欄

創新形態的整合行銷傳播：坎城創意獎的啟發

坎城創意節：改變兒童一生
https://www.youtube.com/watch?v=PY4jPRlayAA

　　離開法國的漢堡王有 15 年，想要重新登陸法國重新開幕，要如何企劃新店開幕活動呢？很直覺的想法，就是找一群帥哥美女來助陣，再加上開幕免費試吃，就一定會有人潮，而媒體就會報導。或者邀請法國最火紅的大明星到場剪綵，也可以吸引媒體注意報導。

　　但法國的漢堡王不這麼做，他們從推特（twitter）上找到很多網民對漢堡王開店的抱怨文，每當有新店要開幕時，就選出一則當地消費者先前發過的抱怨文、並作出幽默的回應。漢堡王把抱怨文放大列印，張貼在店面的建築面板。例如：網友 @originalkefyr 在推特上貼文『如果漢堡王有來里昂開店，那豬就會飛了』，漢堡王在里昂開新店時，就在新開張的店門口張貼回應文「永遠別讓自己成為預言家」，幽默的回應網友的嘲諷。

　　漢堡王從「負面抱怨」與「顧客互動」切入，尋找傳播開幕新店的創意的作法，很值得作為整合傳播的範例。這種有趣的開場與消費者有相關的手法，才能引起消費者的關注與散播，這就是病毒行銷的本質，與我（消費者）有關而且有趣好玩，消費者才會主動散播與傳遞，我們試想自己的貼文被廠商貼在戶外看板上，我們都會很驕傲的到處散播給自己的好友們知道，並且還要親自到現場打卡上傳、到處宣傳。

　　漢堡王的開幕個案，讓我們再次省思，廠商的傳播策略，必須拋棄自己想說什麼（例如：我們很棒，你一定要買我的思維模式），而是站在消費者的觀點（消費者關心什麼），想想他們想聽什麼，透過消費者來說，溝通效果或許更有效而且不用花大筆傳播預算。

9-2 發展有效的行銷傳播溝通活動

一、溝通理論從 AIDMA 到 AISAS

　　自 1920 年 E. St Elmo Lewis 提出了 AIDA（Attention, Interest, Desire, Action）到 1956 年 Merrill Devoe 發表的 AIDMA（Attention, Interest, Desire, Memory, Action）（Wijaya 2012），不論 AIDA 或者 AIDMA 所提出的溝通層級模型，影響廣告業界都非常深，由於該溝通模型精簡易懂，使得相關廣告作業人員都能理解該溝通模型、並透過此溝通模型討論策略校準與創意發想。溝通階層模型風行了廣告傳播業界至少有 90 年的歷史，直到網際網路（the internet）與社會媒體（social media）對消費者搜尋與購買行為產生了巨大改變，網路購物已經成為購物方式的主流，購物經驗分享更是消費者每天最愛做的事。因此，基於此前提下，在 2008 年日本電通公司提出新的溝通模式稱為 AISAS（Attention, Interest, Search, Action, Share）（The Denis Way 2010）。

　　AIDMA 與 AISAS 的溝通模式背後理論基礎，我們依序探討這兩種溝通模式的差別。

（一）AIDMA 模式

　　AIDMA 可以分成三個階段（Wijaya 2012），如圖 9-3：

1. 認知階段：在認知階段中溝通的重點在於：讓消費者注意（Attention）到你所溝通的品牌，緊接著是讓消費者理解這個品牌的特點與功能優勢，點燃消費者對品牌功能面的興趣（Interest）。

2. 情感階段：當消費者知道這個品牌、且對品牌特點有所理解後，接著就是品牌企圖與消費者建立情感關係，讓消費者覺得很想要（Desire）、並且這樣的感覺要記憶在自己腦中（Memory）。

3. 共鳴階段：當消費者對品牌特點理解並有情感牽絆，此時很容易產生動機，當想要的念頭持續加深，心理將產生一種掙扎的糾葛，此時動機被啟動，接下來就是採取購買行動。

Knowledge 消費者理解		Feeling 消費者感覺		Motivation→Action 動機引發購買
A 注意	I 興趣	D 欲求	M 記憶	A 行動
Cognition 認知階段		Affective 情感階段		Conative 共鳴階段

圖 9-3　AIDMA 溝通模型

　　因此第一次看到廣告溝通的消費者，以及看過廣告第五十次的消費者，在此溝通模型走的方式會有所不同。第一次看的消費者可能正進行 Attention 與 Interest 的溝通，而第五十次看的消費者則是在 Desire 與 Memory 階段。購買不同屬性產品的消費者也可能有不同的途徑，例如：買包裝飲料（屬於非耐久品），透過廣告刺激達到 Attention 與 Interest，即可誘發行動。

　　AIDMA 的價值在於：每次廣告活動可以依據此模型定義出廣告目標與任務、並透過媒體的不同屬性來達成溝通的目標。例如：電視廣告是激起大眾的注意，而微電影則是要點燃你的欲求偏好、廣播則是加深你的記憶、官方臉書或 Line 則是邀請您參與活動。

（二）AISAS 模式

　　日本電通發表的 AISAS 的溝通理論看似差別在於搜尋（Search）與分享（Share），而這兩個 S 正是代表網路社會媒體時代。從圖 9-4 可以看到電通認為 Attention 與 Interest 是心理變化，而且消費者是被動接受廠商的廣告刺激，之後 Search、Action、Share 這三種活動是消費者主動的，因此在網路時代的整合行銷活動，透過各樣溝通工具都是為了激發消費者展開行動，這個行動包含了搜尋、購買、或者是分享。在 AISAS 溝通理論的基本信念是：激發消費者主動搜尋、訊息分享都會更容易激起購買行為。

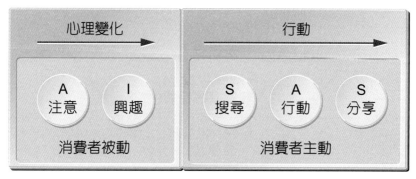

▪圖 9-4　電通 AISAS 溝通模型

　　總的來說，AIDMA 與 AISAS 的差別在於，前者是廠商（品牌）主導，企圖讓目標對象群留下對品牌深刻印象，甚至採取購買行動。而後者則是廠商邀請消費者成為主導者，讓目標對象群主動參與，讓他們想要分享傳遞品牌的使用經驗，也就是透過社會媒體快速散播口碑與親身體驗。

二、如何有效設計整合行銷傳播活動工具

　　在社會媒體發展如此快速的年代，美國與日本實務界已經發現這樣的問題，也各自提出類似的理論來因應這個快速分享的消費特性。麥肯錫顧問戴德曼（David C. Edelman）提出在社會媒體的時代，內容（content）對品牌的建立至為重要。在今天消費者自製內容的時代（consumers generate content, CGC），行銷人員應該以顧客購買決策過程（consumer decision journey）的洞察為主導，將顧客自製的內容作為附加資料。戴德曼認為行銷人員的角色已經不是在做行銷，而是在做出版（publish）與溝通（communication）。

　　戴德曼 2010 年在哈佛商業評論發表文章，談到網路時代的消費者決策過程的改變，過去消費者決策是一種漏斗式（funnel）從很多品牌中選出幾個較偏好的品牌（如圖 9-5），最後挑定一個品牌之後就直接購買，整個著重在品牌關係產品使用、與之後的服務接觸。

■ 圖 9-5 　過去消費者購買決策

　　而新的消費者購買決策旅程則是一種平行迴圈方式，消費者想要購買一樣物品，首先開始進行考慮、評估、然後進入購買程序，接下來則是購買產品或服務是否享受、或樂在使用經驗中，如果使用該產品經驗是愉悅的，消費者會透過臉書或其他社會媒體向其他朋友宣傳或分享，此時消費者對該品牌（產品）有了情感連結，這時候也就建構品牌與他的忠誠迴圈了。直到消費者厭倦了該品牌（產品），才又開始啟動新的考慮、評估與購買的新迴圈（如圖 9-6）。

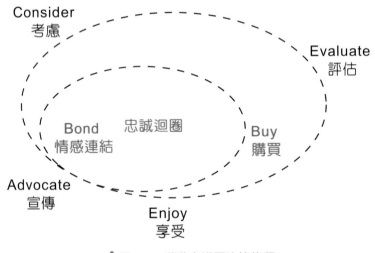

■ 圖 9-6 　消費者購買決策旅程

另外可以透過消費者購買旅程地圖（consumer journey mapping）的方法（如圖9-7），透過消費者購買旅程去找出消費者心中真正想要的接觸點，品牌廠商可以從消費者購買旅程地圖中找到需求改善的地方，並且依此地圖將整合行銷溝通工具使用有了依據。

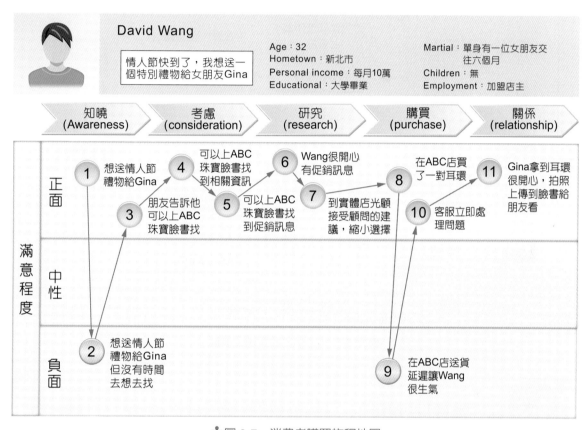

▲圖 9-7　消費者購買旅程地圖

顧客購買旅程地圖可以與電通公司提出的跨媒體計畫共用，電通提出的 AISAS 與接觸點（contact points）這兩種思維結合發展出跨媒體計畫（如圖9-8），我們可以先透過顧客購買旅程地圖先站在顧客觀點找出與顧客接觸點，再站在品牌立場思考跨媒體計畫表應該如何展開有效的整合溝通計畫。

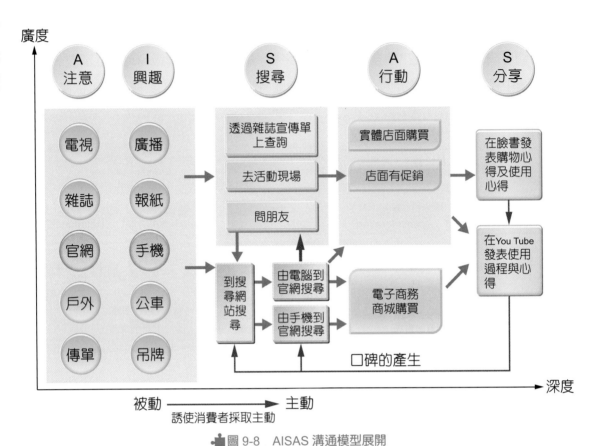

圖 9-8　AISAS 溝通模型展開

9-3　決定有效的行銷傳播溝通推廣組合

　　哪種傳播工具是最好的呢？必須依據品牌所處的現況、與未來的目標，來思考什麼才是此時對該品牌有效的傳播工具。以下我們將說明各個媒體的特性，每一種媒體都有其特點，但也有其限制，因此沒有一種媒體是完美的，如何搭配跨媒體計畫，必須依據你的品牌廣告任務與廣告目標來決定。

一、求廣度觸達的媒體特性

（一）電視廣告

　　電視廣告的優勢在於可以同時透過聽覺和視覺來展示產品給消費者，這點是其他媒體所沒有的能力。而且電視廣告有一種入侵力會讓人坐下來把電視廣告看完，相對於報紙或雜誌廣告我們可以輕易跳過與避開。另外電視廣告通常可以視為是娛樂的一部分，

很多消費者願意觀看電視廣告當成欣賞電視節目娛樂自己一下。電視廣告可以激勵通路經銷商，願意將有電視廣告的商品放在較佳的貨架陳列位置或是提高通路經銷商進貨意願。

電視廣告的缺點則在於廣告播放與製作成本高，在台灣一檔 30 秒廣告平均所需花的成本是 100,000 元。製作一支 30 秒廣告平均也需求 1,500,000 元以上。

（二）報紙廣告

報紙廣告的優點在於，報紙廣告的覆蓋閱聽眾廣大，並且可以選擇消費者特性與偏好的版面（例如新聞版、生活版、影劇版等）有其靈活性。報紙廣告另一個優勢可以使用詳細的文案，可以將產品特色以長文案表達，例如房地產的廣告。報紙媒體有一個特性是時效性，配合新聞時效性，有些促銷活動有時效急迫性，就會採用報紙媒體廣告，例如百貨公司周年慶活動。

報紙廣告的缺點，報紙不是有高度針對性的媒體，報紙無法針對特定的閱聽眾做觸達，相對於雜誌媒體特性就有很高的針對性。報紙的印刷品質較一般，特別無法跟雜誌相比較，因此有些時尚精品的產品質感，無法透過報紙印刷表達出來。

（三）雜誌廣告

雜誌廣告的優點，如前述雜誌有高度針對性，可以針對特定需求的讀者來接觸，高爾夫球雜誌針對對有錢有閒的族群，經理人雜誌針對一群想要快速成長獲得新知知識工作者等。雜誌的生命週期比報紙長，報紙平均生命週期是一個星期，而雜誌生命週期有時長達數年。雜誌另一個重要的特點，是它可以使雜誌讀者參與在雜誌廣告中，也就是說雜誌內容是讀者高度自我選擇的結果，因此會進行較高涉入行為閱讀，進而對雜誌內廣告也同時納入推敲閱讀的過程。

雜誌廣告的缺點，相對於電視廣告雜誌是不具有侵入性，讀者能控制自己面對的廣告。雜誌作業期長必須提早交稿，想要調整廣告文案必須再等至少一週或一個月，不像電視廣告與報紙可以製作更新後立即抽換。

（四）廣播廣告

廣播廣告的優點，與雜誌特性相同都有可以找尋出特定目標閱聽族，例如喜歡古典音樂的族群、西洋流行音樂的族群、國語流行音樂的族群等。廣播可以親切和私人方式向閱聽眾交流，可以增加閱聽眾對該廣告的參與度。

廣播廣告的缺點，就是沒有視覺元素，必須透過聲音製造聽眾的想像力，來克服看不見的問題。

二、求溝通深度與互動之媒體特性

（一）部落客行銷（Blog）

依據傑洛米萊特（Jeremy Wright）在其著作部落格行銷（Blog Marketing）中提到：「部落格不僅可能改變你與顧客的溝通方式，提高你的能見度，讓你獲得顧客的直接回應，也可以改變公司內部的營運方式」。因此部落格可以被視為企業一個重要溝通工具，透過部落格經營企業忠誠顧客。過去廠商想要多了解消費者的內心動機，就必須使用焦點座談會來理解消費者購買的動機，從中發掘新的潛在商業機會。在競爭激烈的環境下，速度可能就是競爭關鍵，如何立即得知消費者購買的理由？消費者對企業發售的產品之體驗結果如何？都可以立即官方部落格取得資訊。因此企業想要更了解顧客是誰，他們是如何使用產品，透過部落格是一個很好的溝通工具。跟我們的員工、合作夥伴、顧客最有效的溝通方式，則是萊特在部落格行銷書中提到的五項步驟，進行有效溝通時必須注意以下五個重點：

1. 傾聽：要把自己視為海綿無限吸水
2. 了解：先丟掉自己的立場
3. 重視：視每個人都是平等給予尊重
4. 解讀：不只看表面文字以同理心思考
5. 貢獻：為大家提供有用的資訊，而非官方語言與說詞。

（二）臉書粉絲團

Facebook 全球會員人數已破 11 億，在 Facebook 上每天會產生 45 億個讚，每天平均超過 47 億則內容被方享，可以想像 Facebook 已經成為全球重要的社會媒體。對企業來說 Facebook 粉絲專業更能協助公司、組織與品牌分享動態資訊，並與顧客連結。Facebook 粉絲專頁定期張貼內容，按讚的粉絲都會在他們的動態消息中收到訊息，企業可以透過 Facebook 粉絲專頁舉辦活動來增進粉絲的向心力。

臉書經營專家熊仁美在超有效臉書集客術書中提出：臉書粉絲團專頁魅力三要素：發文內容、個性、忠誠度，如圖 9-9 所示。熊仁美認為要能匯集大量粉絲必須具備這三個要素，首先是發文的內容照片與影片，能傳達出吸引人的內容，而且是對粉絲有價值

的內容。第二點是經營者的個性必須在此粉絲專頁表達出來並且具有一致性，要能表現出經營者（企業的品牌形象）個人風格才能吸引到粉絲聚集。第三點建立粉絲忠誠度，必須經常與粉絲交流，不只是回應文章，而是建立互動長期關係。

發文內容
傳達出能夠吸引人
與有價值的內容

忠誠度
熱誠、存在感
、有交流的
慾望

個性
理念、氣氛
傳送訊息的
一致性

圖 9-9　臉書粉絲團專頁魅力三要素

（三）社群行銷（如何讓粉絲變顧客）

品牌的粉絲們按的讚，背後代表的意思是什麼？我們如何把"按讚（like）的行為"導引到"分享"（sharing）進而採取購買"行動"（action）。Social Media ROI 作者 Olivier Blanchard 認為粉絲的價值有以下幾個重點，(1) 每個粉絲的價值都是獨一無二的，因為每個粉絲生活型態不同以及購物習慣不同，不能用單一數值去衡量這些粉資的價值。(2) 粉絲的價值隨時會改變，例如某粉絲去年買了 2000 元並推薦朋友買了 200 元，去年這位粉絲價值就是 2200 元，今年沒買今年粉絲價值就是零。從 Olivier Blanchard 的觀點，粉絲價值在於要能自己創造銷售（自銷力）並且要有影響銷售之能力（影響力）。因此在經營粉絲時，就不能僅僅滿足粉絲的人數以及按讚數量，而必須積極促發粉絲購物以及發揮其粉絲們的口碑影響力。

根據動腦（2012）434 期，發表的一篇文章提出"8 大祕訣把粉絲變顧客"，節錄如下供讀者享讀。

1. 把文字變影片，讓數字說話。有圖有真相，影音讓消費者覺得品牌跟我在說話。

2. 洞悉喜好，留住顧客心。從過去資料進行分析顧客偏好。

3. 下關鍵字，容易被搜尋。下對關鍵字，從顧客觀點去想她們如何下關鍵字。

4. 找對媒體，提高分享量。追蹤瀏覽人次與分享次數，才能對影音內容作調整。

5. 研究點擊分佈，發現新市場。

6. 點一下就交易。影音旁加上點擊指示，讓顧客化感動為行動。

7. 把握行動趨勢。利用手機與平台，接觸粉絲。

8. 優化平台管理。

　　如何把粉絲變顧客的三部曲（LSB），按讚（like）分享（sharing）購買（buying）。3M 就是最好的範本，負責 3M 台灣 Facebook 的奧美公關擬定三階段策略，階段一現時按讚，利用抽獎和送好禮，將 3M 原有網站 8.5 萬名會員轉換成粉絲。階段二 member get member，利用原有粉絲影響朋友加入成為粉絲。只要分享到好友塗鴉牆，就可以得到 3M 限量的贈品。收到試用品的粉絲，回到粉絲頁上分享使用心得，還能參加拉霸活動抽大獎。階段三 3M 商品情報區 APP，設計找查人生 快樂人生，每天讓網友找出圖文誤植的商品，找出就獲得大獎。為了找錯，網友必須搜查商品情報區的所有商品，達到讓網友更了解 3M 權商品。這樣三階段的戰略，就是採取了 LSB 策略，按讚、分享、購買三部曲的策略。（動腦 2012）

小專欄

病毒式傳播的神秘配方：約拿博格（Jonah Berger）教授的觀點

病毒行銷：果汁機病毒行銷
https://www.youtube.com/watch?v=zMkk01F1ktc

約拿博格教授在其著作瘋潮行銷（contagious, 由時報出版社出版）提出了病毒傳播的六個重要的神秘配方，很值得我們思考學習。

1. 社交身價（Social currency）：我們談論的事情也會影響別人對我們的看法。一個人言談的內容影響了周遭的人對他的觀感。一般來說，人們普遍希望贏得他人的好感，營造正面形象，讓別人覺得我們風趣迷人，妙語如珠，所以也傾向於談論能創造這種效果的話題。

2. 觸發點（trigger）：觸發物是喚起人們聯想事物的刺激物。和某個常見事物連結，刺激顧客想到你的產品。一件事物是否有趣或太奇特，會使人想分享這件事。但是它能引起討論的時間長短則不一定。

3. 情緒（emotion）：當我們在意，我們就會分享。設計讓人在意、讓人產生情緒波動的內容。

4. 公開（public）：讓人知道，有很多人使用過你的產品，以便吸引更多使用者。

5. 實用價值（practical value）：你的訊息越有特別益處或價值，越足以驅動人們散播資訊。人們喜歡幫助他人。幫助他人使我們感到快樂，也讓他人感覺到我們的關懷，能強化社會聯繫。

6. 故事（story）：有趣的故事具有感染力，能吸引人們注意力，提高被轉述的機會。但光是讓故事廣為流傳是不夠的，重點是要讓人在說故事時，提到你希望表達的核心訊息，否則就喪失了傳播的意義。

三、處理議題與危機應對

公共關係是一種致力於培養公司與其他閱聽眾之間的親善感的組織活動。廣義的定義公共關係的閱聽眾，指的是包括公司雇員、供貨商、股東、政府、工會、一般大眾。也就是說大部分的公關活動並不包括行銷活動本身，而是涉及一般管理事物。狹義公共關係的定義，指的是公司現有客戶與未來客戶互動關係，是以行銷為導向的公關活動稱為行銷導向的公共關係。

（一）公共關係（Public Relation）

1. 主動式公共關係

通常使用於新產品、或替換產品告知媒體。慣用手法為產品發佈新聞（product release），宣告新產品上市，提供新聞媒體有關產品的特點及優勢、及相關資訊。有時也會採取由 CEO 或高階主管對媒體發佈有關產業趨勢、或未來消費預測之相關訊息，此時高階主管發佈訊息，是站在企業層次為該公司爭取向媒體發言的權力與地位。

2. 被動式公共關係（危機處理）

市場發展的不可預測性使得企業處在險境，一旦發生對公司不利事件，就必需求做出公共關係的回應，通常是產品發生缺陷（成分有問題、製造品質不佳）、或產品廣告宣稱與產品事實不符合時。此時展開危機處理，依據學者提出的危機管理四步驟，如圖9-10：

(1) 偵測與準備：在企業內部必須要有單位負責偵測外部環境對公司的威脅，並且時時提出預防的建議，平日做好準備。

(2) 危機發生：此時將啟動平日經常演練危機處理的標準步驟，啟動危機應變小組，並收集資訊定義問題，了解問題狀況大小與問題擴散情況，並發動組織力尋找造成問題的可能原因。

(3) 修復處理：展開對外媒體說明，誠實面對問題，允諾立即改善，並提出改善補救方案。

(4) 評估學習：危機小組必須提出本次危機發生的原因、目前對應方案，以及後續追蹤方案，並且從此危機看到的機會點與公司哪裡還可以改善的地方，可提出給高階管理層作為組織重整的依據。

Proactive　　　Reactive
主動　　　　　回應

② Crises 危機

Prevention
預防

Preparation
準備

Coping
處理

① Detection 偵測

③ Repair 修復

Learning
學習

Broad
detection
redesign the
organization
system
重整組織

Recovery
修復

④ Assessment 評估

圖 9-10　公關危機處理四步驟

公共關係：危機處理的黃金法則：誠實面對，積極處理

小事典

社群媒體的興起，任何人都可以透過網路爆料，造成企業的傷害。特別在食安危機下食品廠商都出現問題，這裡突顯二個議題，一個是廠商的社會道德議題，一個是廠商處理食安危機的處理能力問題。在此要談的是廠商處理企業公關危機處理能力。

2015 年日本連續劇「風險之神（the god of risk）」由男演員堤真一主演，該影集講述了日本企業在面對各種企業危機該如何面對與解決。首先值得一提的是危機發生時，是否能全面性的且快速的收集到事實資料，很客觀的分析問題的原因為何。在台灣企業的個案裡，由於部門分工很細，很多資訊散佈各處，並沒有辦法整合與有效收集，沒有人對問題的本質做透徹的理解。從這部影集裡，我們可以學習到如何快速收集資料與透過團隊分析，找出合適的解決之道。

預防勝於治療，企業內部控管嚴格，出現危機狀況就會少。平常企業就沒有收集資料與整合資料的機制，當然危機發生就無法應變。公關危機處理，應該放在每天日常工作中一點一滴的執行，過程做好管理，資料與事實必須詳實記錄與歸檔，以備不時之需。

四、促銷－讓消費者與通路採取行動

促銷（sales promotion）的定義是針對目標對象提供任何直接的購買誘因、回饋及承諾，促使消費者做出購買決定或採取某特定行動。依據學者賴瑞佩斯（Larry Percy）在執行策略性整合傳播書中給促銷類型定義，立即回饋型促銷（immediate reward promotion）以及延遲回饋型促銷（delayed reward promotion）。立即回饋型促銷是立即提供某些好處給消費者，例如：降價、免費贈品、加值包（bonus packs）等，延遲回饋型促銷就是晚一點給予消費者利益，例如：抽獎、折退部分現金（refund offers），消費者必須先採取行動之後得以享受某些利益。

促銷活動廣義定義還包含：通路促銷與消費者促銷，前者指的是廠商對通路經銷商促銷活動，例如：進貨買十搭一，買十箱送一箱，後者指的針對最終消費者促銷活動，例如：有折扣與回扣、派樣、客戶忠誠計畫與加值計畫、折價券、贈品與抽獎、遊戲與競賽。而這種六種基本銷售促銷技術，還必須考慮到促銷的目的為何，如果是要爭取消費者第一次試用（new trial），則選擇的促銷工具為折扣、派樣、或折價卷較為洽當，如果是爭取消費者做回購（repeat purchase），則選擇的促銷工具為客戶忠誠計畫、遊戲、或抽獎。可參考表 9-1。

表 9-1　六種基本促銷工具

促銷工具	適合促銷目的	範例
折扣與回扣	第一次試用	新產品上市打 8 折 義美山形麵包新上市 嘗鮮價：25 元（原價 30 元）
派樣	第一次試用	街頭發送試用品
客戶忠誠計畫	回購	星巴克儲值卡加 1000 元贈送點數一點，不同點數可換贈品
折價券	第一次試用	摩斯漢堡印製折價券 DM
贈品	第一次試用回購	包裝飲料罐上直接附贈品
抽獎、遊戲、競賽	回購	統一鮮奶剪包裝兩個截角寄回，參加出國旅遊抽獎

促銷活動設計必須搭配主題活動一起進行才能取得效果，若只是為了銷售業績不斷，採取促銷活動會讓該品牌價值產生稀釋作用，造成品牌資產貶值。另外，採取促銷活動的時間點也必須思考，如果進行固定常態型促銷活動，會讓消費者養成等待延遲購物的心態，因此，促銷的時間與時機必須是依據行銷的總目的（marketing objective）來實施。

9-4 管理整合傳播行銷活動

一、從市場複雜度判斷起

　　學者賴瑞佩斯提出三個重要思考關鍵：傳播對象的複雜度、產品或服務複雜度與通路的複雜度。首先探討傳播對象的複雜度，我們是針對第一次購買的人或是已經購買很多次的消費者？還是原本是購買競爭品牌的消費者？買的人與用的人是同一個人或是不同的人？哪一群是我們主要的目標對象群？他們在哪裡？他們怎麼看我們這個品牌？他們為什麼會想買我們這個品牌？他們是喜歡深思熟慮才下決定、還是很衝動就會購買？我們必須把目標對象群描述出一個真實樣貌，而不只是一群數字描述 20～35 歲上班族，男性大學畢業。我們必須了解目標對象群的價值觀、以及他們對產品的需求及意義是什麼。早上來一杯咖啡對某一個人可能只是提供咖啡因滿足身體，對另一個人可能是調整心情的飲料，對另一個人可能是精神的食糧。目標對象群對媒體接觸的習慣是什麼？他們在購買的當下會扮演的角色（發起人、影響者、決定者、購買者、使用者）？在管理整合行銷傳播的起點與終點，都必須想著目標對象群，我們想跟誰溝通，溝通後要他們做什麼。其次必須考慮產品或服務複雜度，如果產品是高科技或創新性產品，那整個傳播工具與過程就會變得複雜，必須有告知性媒體、解釋性媒體等操作，甚至必須有消費者體驗活動操作等。最後必須考慮到通路複雜度，有的商品通路必須涵蓋到大賣場、中盤經銷商、末端通路商，廠商的整合傳播活動就必須在通路端上多費心思去設計溝通宣傳品，讓產品能順利推廣。

二、從消費購物決策旅程著手

　　按照電通公司的說法，就是要尋找與消費者接觸的溝通路徑，透過消費者購物旅程去尋找消費者與媒體接觸點、或者透過行為序列模型去尋找消費者需求的資訊與溝通接觸點。這些都可以幫助我們找出最有效的接觸點與媒體工具，以及在不同媒體載體上，要放置的訊息內容是什麼。在行為序列模型中我們從消費者決策過程中，尋找消費者在不同階段想要知道什麼，藉此幫助它們做出決定。而消費者購物旅程，則是幫助我們找到恰當接觸點與媒體載具，以表 9-2 為例。

表 9-2　遊輪假期的行為序列模型

階段的考量	決策階段			
	需求產生	資料收集與評估	購買	使用
WHO	太太提起朋友去過很棒經驗（受到朋友口碑影響）	先生開始上網收集 太太去問去過遊輪的友人相關經驗 （需求幾天假期與價錢合理性）	決定者與購買者一起同意	夫妻二人
WHEN	看電視時太太突然說起一起旅遊提案（聽說遊輪很浪漫）	去聽旅行社遊輪說明會 回到家中繼續討論 （想知道遊輪怎麼玩）	在家中討論最後拍板定案	依照遊輪給的建議每天玩不同的內容
WHERE	朋友口碑相傳 網路廣告	網路 遊輪官網 （這家遊輪設備與服務如何）	電話旅行社預約行程	上網上傳遊輪照片
HOW	夫婦討論（想要一次特別假期）	主動洽詢旅行社	親自到旅行社辦理刷卡付費	享受遊輪假期

三、調查檢驗成果與學習改善

檢驗目標最好的方法就是執行調查。通常檢驗整合行銷傳播活動會有四個構面，銷售面、訊息有效性、媒體有效性、品牌資產累積性，以下分別說明。

1. 銷售面

這是最容易衡量的指標，透過財務與會計部門的結算，資料在會計帳上是一清二楚的，我們立即可知銷售量多少、花了多少錢、得到銷售量多少。但是我們不只看銷售量，還必須看市場佔有率的變化，市場佔有率是相對指標，我們可以檢驗整體活動所帶來的銷量是否有所績效。

2. 訊息有效性

訊息有效性是指創意內容，是否讓目標對象群產生正面態度進而採取行動，這類指標必須透過調查得知。在活動尚未展開之前就必須先做一次前測，活動後再進行一次調查，前後比對才能看出本次活動訊息對目標消費者態度與行為改變。可以依據 Moriarty, Mitchell and Well 提出的研究問題，做為參考驗證整合行銷的訊息有效性，如表 9-3。

表 9-3 研究效果與題目

效　果	問　題
知　覺	
知名度	你還記得看過哪些廣告？
注意度	這個廣告有哪些特別的地方？
相關度	這個訊息對你有多重要呢？
情　緒	
喜歡／不喜歡	你喜歡這個故事嗎？你喜歡這個品牌嗎？
認　知	
理解／混淆	看完廣告你有什麼想法？廣告的說法有道理嗎？
說　服	
態度	你喜歡這個品牌的意見嗎？這個廣告你喜歡嗎？
聯　想	
個性	這個品牌的個性是什麼？這個品牌讓你想到誰？
自我確認	你跟這個品牌的個性是一致的嗎？

3. 媒體有效性

在活動設計中就必須思考這個議題，等到調查展開時，我們才能知道是哪一個媒體真正接觸到目標對象群，並讓他們產生行動。通常在廣告後測，會有消費者接觸媒體的問題檢驗，看看是哪些媒體真正接觸了目標對象群。對於整合行銷傳播有個重要的層面，就是所謂的最低有效到達率（minimum effective frequency），也就是說我們的傳播閱聽眾接受訊息的曝光次數必須是多少，才能確保此訊息有效加以傳遞？過去有三打理論（廣告有效頻次必須三次以上），但此說法並未得到更多驗證，因此，最低有效頻次這個問題也沒有一個標準答案。學者賴瑞佩斯提出一個公式來如下給予行銷媒體一些參考。

MEF= 1 + VA（1, 2）【TA+BA+BATT-PI】

MEF（minimum effective frequency）= 最低有效頻次

VA（attention value of media vehicle）= 媒體注意力因素，1 代表能引起高度注意力的媒體，2 代表引起注意力較低的媒體

TA（target audience）= 目標閱聽眾

BA（brand awareness）＝品牌知名度

BATT（brand attitude）＝品牌態度

PI（personal influence）＝相關人物口碑因素

這整個公式分成三個部分，第一部分這裡給的是 1 次因為不管任何傳播必須最低量是一次，沒有開始等於沒有傳播。第二部分是媒體注意力因素 VA（1,2），如果是 1 則表示選擇的是高度注意力媒體，如黃金時段（晚上八點到 10 點）電視節目廣告，如果是高度注意力媒體較不需求考慮後面的一串所謂調整因素（correction factors）。公式第三部分則是調整因素，有品牌目標閱聽眾、品牌知名度、品牌態度與相關人物影響力。接下來我們要討論這些調整因素如何影響最低有效接觸頻次。

(1) 品牌目標閱聽眾

如果是我們品牌忠實愛用者不需求調整頻次，如果是針對曾經使用我牌但混合使用其他品牌使用者需求增加一次曝光，如果從未使用我牌者則需求增加二次曝光。因此主要媒體閱聽眾（primary target audience）必須設定清楚，當然使用大眾媒體必須涵蓋的目標閱聽眾很廣，有可能涵蓋自己的品牌忠誠使用者也有非我牌使用者，所以每個廣告活動的傳播目標就必須界定主要是針對誰做訴求，如此在設定最低有效接觸頻次才有依據。

(2) 品牌知名度

如果你的傳播目標只是提高本品牌的辨識度（提到品牌會知道曾經看過這品牌的廣告），則不需求調整曝光次數。若要建立品牌與目標客群之間關係則必須增加曝光頻次，依據你的頭號競爭對手的使用頻次再多加一次。

(3) 品牌態度

如果你的品牌溝通訴求是以資訊型（理性溝通或者是提供一些資訊式廣告）為主，這類廣告很容易傳播，所以不需增加溝通頻次。但如果是轉換型訴求（以情感建構關係）為主，這類廣告溝通則必須增加溝通頻次，必須依據你的頭號競爭對手的使用頻次再多加一次。

(4) 相關人物的影響力

這個品牌溝通如果有可能引起口碑相傳，此時溝通頻次就可以減一次。特別在社會媒體風行的時代，很多消費者自動自發散播訊息，有助於廣告傳播。例如最近有朋友在臉書轉貼了達美孚女鞋廣告，是廠商邀請謝霆鋒與全智賢擔任代言人拍攝的廣告，透過臉書相傳就可以減少廠商媒體支出。

透過學者賴瑞佩斯的最低有效接觸頻次公式，我們可以理解公式背後的邏輯主要在考慮的是，傳播目標（目標閱聽眾是誰？品牌愛用者或非品牌使用者？）廣告任務（增加品牌辨識度或提高品牌與消費者關係）、後續口碑效應，而這三點會影響我們要設定最低有效接觸頻次關鍵考慮因素。

4. 品牌資產累積性

透過問卷了解目標消費者對品牌有著什麼印象，品牌資產是透過每次活動累積而成的，品牌形象加深了、還是模糊了，這也有賴於每次整合行銷活動後的調查研究才能得知。有關品牌資產管理，我們可以借用電通公司發展的品牌蜂巢模型（brand honeycomb model），如圖 9-11。電通購買先知品牌策略諮詢公司（Prophet Brand Strategy）將近 30% 的股權，加強它的品牌諮詢能力。知名品牌學者大衛艾克（David Aaker）是先知品牌策略諮詢公司副董事長，因此該模型借用了大衛艾克教授品牌理論。電通蜂巢模型包含了六個基本元素及核心價值主張。六個基本元素是期望中理想顧客樣貌（ideal customer image）、品牌象徵（symbol）、品牌權威來源（base of authority）、品牌功能利益（functional benefit）、品牌情感利益（emotional benefit）、品牌個性（personality）透過這六個元素思考找出中間對目標顧客要提出的核心主張就是核心利益（core value），也就是這個品牌為什麼會存在的理由，是滿足消費者什麼需求。品牌權威來源說的是品牌來源可信度，如果一個品牌沒有可信度就無法讓消費者想要去買。品牌象徵則是讓功能利益與情感利益能累積這個圖騰、或者是象徵物上，看到這個圖騰馬上聯想到這個品牌的精神與價值主張。因此每次整合行銷傳播活動完成之後，必須透過調查將相關資訊整理成品牌蜂巢，逐項檢討是否該品牌已經達成。

圖 9-11　品牌蜂巢模型

　　管理整合傳播活動應該看成一樣研究工程，因為要決定測量（measure）什麼以及要怎麼測量是門學問。每次傳播活動必須有清楚的傳播目標與任務，有設定目標才能知道要測量什麼，最重要的管理在於改善（improvement），從每次傳播活動實證中得到假說的驗證與發現，而非只是檢討找出犯錯的單位。

本章摘要

1. IMC 的五個關鍵特徵，很值得我們深入探究，這五個關鍵特徵分別是

   (1) 始於消費者或目標市場

   (2) 使用任何形式的及跟目標對象有相關的接觸點

   (3) 溝通說法必須一致

   (4) 與顧客建立關係

   (5) 影響行為

2. 日本電通發表的 AISAS 的溝通理論，理論模型看似差別在搜尋（Search）與分享（Share），而這兩個 S 正是代表網路社會媒體時代。電通認為 Attention 與 Interest 是心理變化，而且消費者是被動接受廠商的廣告刺激，之後 Search、Action、Share 這三種活動是消費者主動的，因此在網路時代的整合行銷活動，透過各樣溝通工具都是為了激發與激活消費者展開行動，這個行動包含了搜尋或者購買或者是分享。在 AISAS 溝通理論基本信念是：激發消費者主動搜尋、訊息分享都會更容易激起購買行為

3. 電通蜂巢模型包含了六個基本元素及核心價值主張。六個基本元素是期望中理想顧客樣貌（ideal customer image）、品牌象徵（symbol）、品牌權威來源（base of authority）、品牌功能利益（functional benefit）、品牌情感利益（emotional benefit）、品牌個性（personality）。透過這六個元素思考找出中間對目標顧客要提出的核心主張就是核心利益（core value），也就是這個品牌為何會存在的理由是滿足消費者甚麼需求。品牌權威來源說的是品牌來源可信度，如果一個品牌沒有可信度就無法讓消費者想要去買。品牌象徵則是讓功能利益與情感利益能累積這個圖騰、或者是象徵物上，看到這個圖騰馬上聯想到這個品牌的精神與價值主張。

一、名詞解釋

1. IMC

2. AIDMA

3. AISAS

4. 品牌蜂巢模型

5. MEF

二、選擇題

(　　) 1. 整合行銷傳播（integrated marketing communication, IMC）有所謂的四大支柱下列何者不是？　(A) 股東權益人　(B) 內容　(C) 媒體　(D) 廣告。

(　　) 2. AIDMA 與 AISAS 最大差別在於哪裡？　(A)desire and share　(B)content and desire　(C)search and share　(D)memory and search。

(　　) 3. 臉書經營專家熊坂仁美在超有效臉書集客術書中，提出臉書粉絲團專頁魅力三要素，下列何者不是？　(A) 內容　(B) 媒體　(C) 忠誠度　(D) 個性。

(　　) 4. 品牌蜂巢模型是由哪家廣告公司所開發出來的？　(A) 電通　(B) 奧美　(C) 聯廣　(D) 智威湯遜。

(　　) 5. 下列哪一個元素並不是品牌巢模型？　(A) 公關能力　(B) 情感利益　(C) 理想的消費者樣貌　(D) 功能性利益。

(　　) 6. 通常使用於新產品或替換產品告知媒體，慣用手法為產品發佈新聞（product release）是屬於下列何種手法？　(A) 主動式廣告　(B) 主動式公共關係　(C) 促銷　(D) 被動式公共公關。

(　　) 7. 一般而言派發試用品其促銷的主要目的為何？　(A) 第一次使用　(B) 增加企業好感度　(C) 企業廣告曝光　(D) 加強企業知名度。

(　) 8. 品牌蜂巢模型中『這個品牌為何會存在的理由是滿足消費者甚麼需求』是指稱的是哪個元素？　(A) 核心價值　(B) 情感利益　(C) 理想的消費者樣貌　(D) 功能性利益。

(　) 9. 下列哪一個不是 AISAS 的內容？　(A)desire　(B)share　(C)search　(D)interest。

(　) 10. 下列哪一個不是 AIDMA 的內容？　(A)desire　(B)action　(C)memory　(D)interest。

三、問題討論

1. 整合行銷溝通的四個核心概念為何？

2. 蘋果電腦 1984 廣告，被專家認為是最佳廣告典範，請上 youtube 觀賞，並試著回答為何專家認為這支廣告是典範，你的看法如何？

3. 試著找出一個最佳公關案例試著解析這個公關案例好在哪裡？

4. 試著找出一個新品牌如何透過整合傳播活動來達成新產品上市目的？

5. 試著找出一個有趣促銷活動設計，曾經讓你心動不已而且掏錢購買，解析一下這個促銷活動設計的優點與缺點，可以再改善的地方有哪些？

- （日）電通跨媒體溝開發項目組著（2011），打破界限：電通式跨媒體溝通策略（蘇友友譯），北京：中信出版社（原著出版於 2008）。

- Don E. Schultz and William A. Robinson (1994)，實用促銷手冊（張麗卿譯），台北：遠流出版社（原著出版於 1982）。

- Larry Percy (2005)，整合行銷傳播策略（王鏑、洪敏莉譯），台北：遠流出版社 (原著出版於 1997)。

- Ternece A. Shimp (2013)，整合營銷傳播廣告與促銷（第八版）（張紅霞譯）‧北京：北京大學出版社（原著出版於 2009）。

- 編輯部（2012），打一場數位行銷戰 , 世界經理文摘，305 期，第 86-91 頁。

- 編輯部（2012），服務創新 - 從製造心態到設計思考，世界經理文摘，316 期，第 77-87 頁。

- 編輯部（2012），設計思考四步驟，世界經理文摘，316 期，第 102-109 頁。

- Larry Percy (1997), Strategies for Implementing Integrated Marketing Communication, NTC publishing group

- John R. Rossiter and Larry Petcy (1987), Advertising and Promotion Management, McGraw-Hill

- Sandra Moriarty, Nancy Mitchell and William Wells (2009), Advertising Principles and Practice 8th , Pearson Prentice Hall

- Terence A. Shimp and J. Craig Andrews (2013), Advertising, Promotion, and other aspects of Integrated Marketing Communications 9th , South-Western Cengage Learning

- Kenneth E. Clow and Donald Baack (2010), Integrated Advertising, Promotion, and Marketing Communications 4th. Pearson Prentice Hall

- Philip Kotler and Kevin Lane Keller (2009), Marketing Management 13th , Pearson Prentice Hall

- Kotaro Sugiyama and Tim Andree (2011), The Dentsu Way, NY: McGraw-Hill

Chapter 10
策略行銷

納智捷開創智慧型電動車的新紀元

嚴凱泰交出代表作！（非凡新聞）
https://www.youtube.com/watch?v=8Ifon9c73og

前言

近十年，汽車產業結合 IT 成為 IA 產業（IT+Auto），加上能源科技（Energy Technology, ET）的新趨勢，對全球汽車產業興起龐大的新興商機。

為創造企業的成長，掌握 IT 及 ET 帶來的契機，台灣汽車產業的的龍頭企業－裕隆集團在 2005 年決定投入成立華創車電技術中心（股）公司（簡稱華創車電）。2009 年第 1 台電動智慧車－納智捷（Luxgen）智慧車問市。裕隆應在汽車產業中採取何種策略行銷搶攻智慧型汽車的藍海市場？裕隆嚴凱泰董事長應運用何種策略思維，帶領裕隆集團邁向另一個新的里程碑？

成立華創車電切入車用電子

裕隆集團發現科技化及綠能化在汽車產業有創新價值，決定承續累積近 30 年在汽車產業研發的深厚基礎結合 Auto、IT、ET 等產業，成立華創車電並致力推動車用電子模組、智慧車及相關零組件的研發。華創車電定位為著重於台灣與大中華地區汽車產業價值鏈的前端，並整合 Mobile IT 科技之研發公司。

華創車電的成立奠立裕隆在研發的自主權，增加裕隆發展自有品牌的競爭優勢。運用差異化優勢，自行研發的車用電子模組結合原有的汽車產業基礎，發展出納智捷電動智慧車。裕隆整合資源發展 Genius 及 Green 的差異性定位，提供解決方案，將 Luxgen 躋身為智慧型電動車的創新品牌，與現今知名汽車品牌作一區隔。

建立自有品牌

華電成功掌握智慧車技術後，裕隆集團決定以自有品牌行銷自製的智慧車。納智捷品牌是裕隆汽車在 2009 年 1 月正式發表的自有品牌。以智慧科技之產品定位及優異的產品力，受到消費者的認同與青睞。

繼納智捷後於 2011 年 4 月又推出「tobe」品牌，係運用對電動車市場及消費者需求了解後，再策略規劃出的第二個自主品牌。顯現裕隆繼續投資自有品牌追求成長的企圖心。

與東風合資搶進中國大陸市場

裕隆 2010 年與大陸東風集團於杭州成立「東風裕隆汽車」，每年以 1～2 款車型在大陸市場推出，為裕隆的營收及獲利創造另一個成長曲線。對大陸市場的經營，係找熟悉大陸通路的東風集團合作，以確保市場可達性。由裕隆主導生產製造，以掌握成本優勢。確保合作可為雙方創造良好的企業績效。

裕隆集團推出的納智捷品牌的智慧車，由台灣行銷至中國大陸；是經過策略性，慎密的思考與執行，從掌握微笑曲線的研發及品牌兩端，在台灣站穩第一步，接著透過東風裕隆擴展大陸車市。裕隆努力自創品牌的辛苦過程，使裕隆跳脫原有的競爭環境，發揮整合的優勢，以品牌的策略，贏向未來。

💡 問題討論

1. 請問裕隆集團為何創立華創車電？
2. 請問裕隆集團為何要自創納智捷品牌？
3. 請問裕隆集團為何要與東風企業合作？

🌏 案例導讀

裕隆集團記取 1986 年自創品牌飛羚，因研發能量不足而告失敗的前車之鑑；在掌握消費者需求及產業新興趨勢，以生產智慧車為企業願景。為達到此一願景，故成立華創車電作為研發的火車頭；在掌握研發優勢，生產出第一部智慧車。為能帶領企業成長，嚴凱泰以自創品牌為目標，大手筆投資行銷納智捷品牌，帶領裕隆集團由為日產汽車代工的營運模式，轉換為自有品牌企業。另為以納智捷品牌行銷國際，在開發新興市場以中國大陸為例，選擇與熟悉當地市的優良企業合作，共創雙贏。

裕隆集團策略行銷的成功三部曲為：(1) 為改善定位而投資－華創車電成立 (2) 為成長而投資－建立納智捷、tobe 自有品牌 (3) 進入新市場－與東風合資進入中國大陸市場。此次的策略行銷奏效後，使原為日產汽車代工為主的營業模式，轉換為經營納智捷自有

品牌企業。此三項策略，為裕隆集團建立自主研發及自有品牌納智捷在台灣建立知名度後，與東風集團策略合作，攜手共創中國大陸市場，將納智捷品牌成功的行銷至中國大陸，進而成為國際馳名的智慧車品牌。可見策略行銷對企業的影響深遠。

裕隆董事長嚴凱泰採用策略行銷，帶領裕隆建立納智捷智慧車自有品牌

資料來源：http://img.autonet.com.tw/news/img/2010/12/bb01203502.jpg

10-1 策略行銷

一、策略行銷

策略源自於古希臘字（Strategos），意指將軍用兵之意。從 1950 年代開始，由於博奕理論（Game Theory）的發展，使得策略一詞逐漸廣泛運用在企業活動之上。在現今這個變化莫測的市場中，企業如果想要拔得頭籌、站在市場的領導位置，就必須要有不同於以往的經營方式，而策略是一種有規劃的思考方式，在市場快速變動的環境之下，策略也是動態的，企業除了必須時時掌握外在環境的變化以外，當環境變動時，策略也要隨之應變。

而企業制定策略，是為了有效地解決問題以及達成企業目標，因此在制定策略之前，必定先了解要解決的問題為何、要達成什麼樣的目標，並藉由反問這些問題，才能擬定出最有利企業的策略。

企業在從事策略行銷時，需求先了解該企業的企業績效、市場吸引力及競爭優勢，然後找出企業在市場中的組合定位，再來決定要執行侵略性策略或是防禦性策略。策略性市場規劃協助企業制定了策略的方向，並且在達成企業銷售成長、利潤績效及市場佔有率定位的長期目標上扮演著重要的角色。

二、為什麼策略行銷是重要的

對於企業來說，行銷是很重要的部分，如何有效率的從事適合的行銷活動，就是策略行銷的目標。然而，回顧過去傳統的行銷活動，比較著重在行銷 4P（產品 Product、通路 Place、定價 Price 及推廣 Promotion）的分析規劃和執行。

不過，隨著時間轉變，現今經營環境的變化起伏日漸增加，市場上的競爭也變得更加激烈，使得行銷與企業經營策略之間的關聯性，關係一天比一天密切。因為，只有好的競爭策略搭配高度效率的行銷活動，才能讓企業擁有卓越的企業績效及成為市場的領導地位。因此，策略行銷（Strategic Marketing）是行銷人員必須重視的一個新概念及新作法。

三、策略行銷與行銷策略的差異

　　在談論策略行銷規劃之前，必須先了解策略行銷的意涵，以及與行銷策略的差異，因為傳統的教科書與大多數的行銷書籍都在探討行銷策略，卻極少提及策略行銷的概念，故多數學生可能對於策略行銷及行銷策略兩者的觀念有所混淆，表 10-1 將簡略的說明策略行銷與行銷策略的差異，以釐清策略行銷的本質。

表 10-1 策略行銷與行銷策略的差異

英文	Strategic Marketing	Marketing Strategy
概念	具備前瞻性的考量	擬訂具體方案的綱領
主要內容	運用策略性的觀點，策略行銷是全面性、整合性的，企業在進行規劃的同時，必須隨時觀察內外環境的變動，不斷地尋找機會、修正問題，以及整合企業內部的優勢和弱勢，提出具有長遠眼光的策略。	沒有要求一定要從策略的觀點出發，因為行銷策略的策略是名詞，指的是企業所提出的定位、目標、行銷組合等規劃，最終的目的是擬訂行銷方案，使產品能夠有效的推廣至顧客。

10-2　策略行銷流程

　　了解策略行銷的重要性後，那麼，究竟企業應該如何執行策略行銷呢？在這之前，企業必須先了解：

1. 企業本身的績效
2. 企業提供的產品及服務在市場上的吸引力為何
3. 企業和競爭者之間的差異為何
4. 企業在市場上的競爭優勢是什麼

　　藉由清楚了解本身的內部優勢，以及在市場上的所在位置之後，便可以著手進行策略行銷的規劃，並選擇適當的策略執行，藉以達到企業的目標。策略行銷規劃流程如圖 10-1。

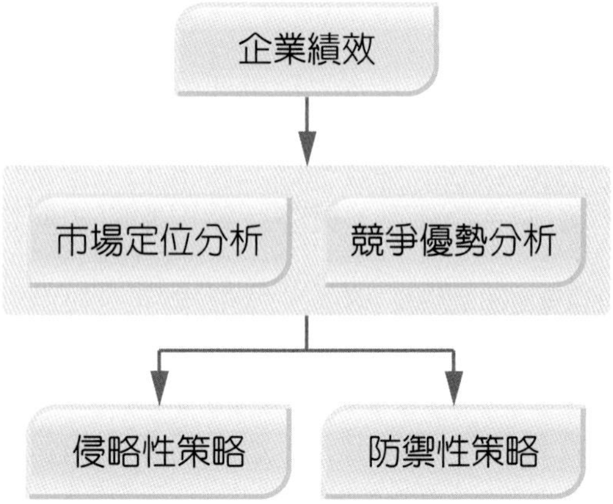

企業績效
市場定位分析
競爭優勢分析
侵略性策略
防禦性策略

圖 10-1　策略行銷規劃流程

10-3 企業績效

每一個企業的產品在市場上的定位和競爭優勢都有所差異，故每個企業的績效肯定也不相同，而企業從事策略市場規劃的目的，是爲了影響三個主要層面的績效並制定出策略方向與績效目標。如圖 10-2。

市場佔有率
銷售成長
獲利性

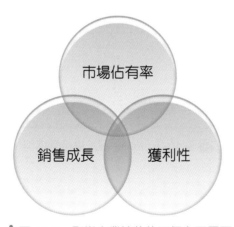

圖 10-2　影響企業績效的三個主要層面

一、市場佔有率

對於企業而言，取得市場上的領導地位是重要的，然而要成為市場上的領導者，勢必了解企業本身的市場佔有率，故達到某個市場佔有率，也是企業的目標之一，所以，當企業執行策略行銷時，需同時考量到，策略行銷規劃將如何提高產品市場的佔有率並同時增加競爭優勢。

二、銷售成長

企業獲得利潤的前提就是將產品賣出去，透過將產品銷售後的收入，才能計算出企業所創造的淨利，所以企業必須了解到，針對銷售數量來看，策略行銷規劃究竟能夠為企業創造出多少的銷貨成長？企業在行銷的投資報酬率（ROI）為何？

三、獲利性

企業在規劃策略行銷時，應考量企業存在的最根本理由，也就是是否能夠獲利，所以在執行策略行銷時，企業應審慎評估規劃的可行性及效益，並預測策略行銷規劃將如何影響企業短長期的獲利性，並增進股東價值？

Keller 品牌價值鏈模型（如圖 10-3）描述企業須了解股東的營收係來自企業的市場績效，要有顯著的市場績效，必須掌握建立以顧客思維為導向的行銷活動，印證有效的策略行銷，將可帶來價格溢價、忠誠度、銷售量、市場佔有率及獲利率等具高投資報酬率的成果。

圖 10-3　Keller 品牌價值鏈模型

10-4 市場定位分析

在策略市場規劃的流程中，檢視市場吸引力是很重要的一個步驟，因為企業可以藉由了解市場吸引力來比較不同產品市場的相對吸引力。然而，如果要評估企業的市場吸引力並將產品市場吸引力指標化，企業需求考量市場強度、競爭程度以及市場可達性。如圖 10-4。

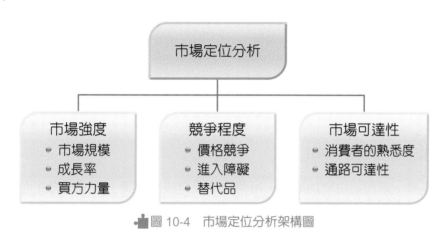

■ 圖 10-4　市場定位分析架構圖

一、市場強度

市場力量包含了市場規模、成長率以及買方力量。

1. 市場規模：企業的產品或服務在市場的整體規模，須考量的因素可能包含企業的產品或服務在一段時間內的產量或產值等。

2. 成長率：在比較期間之內，企業生產的產品或勞務在市場上銷售量或銷售額的增加百分比。

3. 買方力量：買方力量有點類似波特在五力分析中，所提到買方議價能力的概念，產品市場上的買方可能是最後消費其產品的個別顧客（最終使用者），或者是銷售其產品給最終使用者的中間商（如零售商或批發商）。舉例來說，可口可樂公司將產品銷售到便利商店，那麼便利商店就是可口可樂的買方，換個角度來看，如果便利商店再將可樂販賣給一般大眾，此時的買方就是指一般大眾。在了解買方議價能力前，需求考量買方的數量、購買數量及轉換成本，才能確實評估企業在產品市場中，所面對的買方力量是大還是小，帶給企業的是機會還是威脅。

二、競爭程度

競爭強度是指企業在產品市場中，與競爭者之間競爭的激烈程度。包含了價格競爭、進入障礙以及替代品。

1. 價格競爭

價格競爭是指企業運用價格操作，藉由提高、維持或是降低價格，以及對產品市場中競爭者定價的反應，來與競爭者爭奪市場佔有率的一種競爭方式。而企業從事價格競爭可能是為了：

(1) 迅速提高該企業所提供之服務或產品的市場佔有率

(2) 清空存貨

(3) 保衛自身的產品或服務以及利用低價封殺潛在進入者的進入機會

2. 進入障礙

進入障礙主要由幾個因素所決定：

(1) 規模經濟：廠商藉由增加產出，所帶來的單位成本下降，會增加潛在進入市場的企業之進入障礙。

(2) 品牌忠誠度：如果現有市場中的顧客對於市場現有的產品有持續性偏好，對於要進入新市場企業來說，進入障礙增加。

(3) 絕對成本優勢：若企業擁有因經驗、專利或秘密流程所導致卓越生產運作與程序，而導致低成本結構，則表示企業的進入障礙低。

(4) 顧客的轉換成本：當顧客必須花費時間、精神及金錢，從一家市場現有企業所提供的產品轉換到其他的產品時，就產生了轉換成本。這樣的轉換成本讓即將進入市場的企業增加了進入障礙。

3. 替代品

替代品是指兩種彼此間存在著相互競爭的關係，簡單來說，就是一種產品銷售量的增加會使得另一種產品的銷售量減少（例如：雞肉和魚肉），反之亦然。而替代品對於企業的產品會產生什麼樣的壓力呢？此時，企業需考量替代品的獲利能力、替代品企業的經營策略以及消費者的轉換成本。

(1) 替代品的獲利能力：若替代品具有較大的獲利能力，如此一來便會對企業的產品及服務造成較大壓力。

(2) 替代品企業的經營策略：若生產替代品的企業採取迅速擴張及積極發展的策略，則可能對原本企業構成威脅。

(3) 消費者的轉換成本：當消費者對於改用替代品的轉換成本越小，則替代品對企業產生的壓力越大。

三、市場可達性

市場可達性是指消費者可以順利接觸到企業提供之產品或服務的程度，需求考量的因素包含消費者的熟悉度及通路可達性。

1. 消費者的熟悉度

消費者對於產品、服務的了解程度，會影響消費者的購買選擇，若要提高市場可達性。舉例來說，iPhone 智慧型手機的操作對於年輕人來說是很容易上手的，所以 iPhone 對於年輕人是沒有接觸障礙的，進而提高年輕人接觸並購買 iPhone 的可

能性，但是相對老年人來說，他們也許連基本的手機功能都不知道，更不用說智慧型手機的操作，而這樣對產品的不瞭解，將使得老年人降低對 iPhone 的購買選擇，所以企業必須藉由大眾媒體宣傳，藉由文宣或廣告教育消費者，告知產品或服務，讓消費者不僅是知道產品，還要對於產品具備一定的知識。

2. 通路可達性

如果企業沒有良好的通路系統，可能會導致產品很好、消費者也有需求，卻無法將產品順利送到顧客手上，舉例來說，假設有一家企業推出新的產品，消費者對於這個新產品有需求，但是問題就出在，產品沒有中間通路商幫忙販售或是沒有洽當的貨運業者幫忙配送，這樣的結果將使得產品無法順利送到消費者手中，所以通路可達性對於企業來說，是相當重要的，企業在擬訂策略時，必須將通路考量其中，進而達到高度的市場可達性。

10-5 競爭優勢分析

一、差異化優勢

差異化優勢指的是在同質性的產品市場中，企業為了在競爭激烈的市場中脫穎而出，而對目標市場進行充分的調查，並隨著消費者需求的變化，藉由對產品、價格、通路和推廣方面分別制定出不同於競爭對手的策略，以達到比較競爭優勢，如圖 10-5。

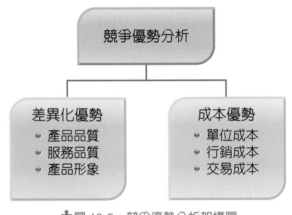

圖 10-5　競爭優勢分析架構圖

1. 產品品質

企業藉由在生產產品的過程中，嚴密控管各項生產步驟，從原物料的取得、原物料運送、工廠生產至產品運送至配銷點，企業藉由層層管控，確保產品的品質達到一定的水準。

2. 服務品質

企業在提供服務時，同時考量了服務人員態度、環境衛生、消費情境氛圍等，提升每一個服務環節的服務品質，讓客戶得到超乎預期的體驗，以增加客戶對企業的滿意程度。

3. 產品形象

產品形象指的是消費者對於企業的觀感或評價，這些觀感及評價可能來自於企業文化、領導者作風、企業執行的策略、企業產品的評價、價值觀等，這些非實質、不可見的價值，便是屬於企業的產品形象。

二、成本優勢

企業的成本包含人事成本、行銷成本、營運成本等，在策略行銷規劃上，將從三個角度切入來看成本優勢，我們將探討企業在生產過程中所產生的單位成本及行銷成本，還有消費者在消費過程中所面臨的交易成本。

1. 單位成本

企業可以藉由深入探討生產過程中是否產生浪費或不經濟的情形，確實掌握每個製成品的花費，並透過了解單位成本，企業就能判斷相對於市場中生產同質產品的競爭者，自己是不是具有競爭優勢。

2. 行銷成本

對於企業來說，為了讓顧客對於產品產生認知、了解，勢必要在行銷上面著手，要利用各種媒體來讓消費者知道企業所提供的產品，比方說藉由電視廣告、網路關鍵字廣告、傳單等讓消費者得知產品訊息，於是，透過這些管道進行宣傳，將增加企業的行銷費用。所以，如果企業能夠相較於其他競爭者，擁有相同的行銷效果，卻能以較少的行銷費用達成行銷目的，這樣就表示企業在行銷費用上擁有了成本優勢。

3. 交易成本

每個消費者在消費的過程中所面臨的成本不僅僅是金錢耗損，還包含了取得成本及維修成本等，而這些成本都屬於消費者的交易成本，企業應致力於降低消費者的交易成本，舉例來說，若一企業沒有足夠多的配銷點，那麼對於消費者來說，就算想要購買企業的產品，但由於取得成本相對的大，就可能使得消費者選擇其他的產品，這麼一來，也會降低企業在市場上的優勢。

10-6 策略行銷規劃

當企業分析了自身在市場的吸引力以及相對於競爭者的競爭優勢後，企業必須判斷什麼方向是企業想要前往的，企業可以藉由圖10-6策略行銷規劃組合找出最合適的策略，並加以執行，以達到企業成長的目標及未來願景。

（一）侵略性策略

1. 為成長而投資：投資行銷資源以促進市場或市佔率的成長。

2. 改善定位：為改善及強化競爭地位而投資。

3. 進入新市場：為進入具吸引力的新市場或新產品市場而投資。

（二）防禦性策略

1. 保護地位：投資於保護市佔率和競爭優勢。

2. 最適化定位：利用最適化價格 - 數量及行銷資源來達到利潤極大。

3. 貨幣化：管理市場定位，利用有限行銷資源來得到現金流量極大。

4. 收成／榨取：管理產品，力求短期現金流量極大值或虧損極小值。

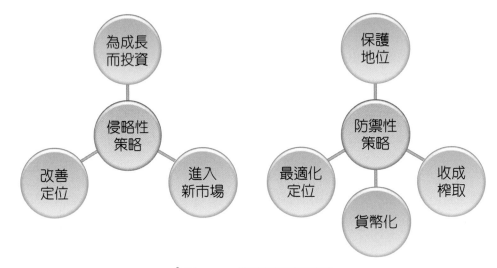

圖 10-6　策略行銷規劃組合

一、侵略性策略

（一）何謂侵略性策略

　　侵略性策略通常是成長導向的策略，企業常於產品生命週期的成長階段使用侵略性策略，基本上，侵略性策略大多是為了促進市場成長，包含改善競爭地位、滲透或擴張既有市場、進入或發展新市場的策略。

（二）侵略性策略目的

　　侵略性策略為了要促進成長，所以侵略性策略是以既有市場為基礎開始的，企業如果已經建立充分的顧客和競爭者知識，也擁有服務既有市場資源的話，就應透過侵略性策略市場規劃運用其在既有市場的地位，進一步的滲透並發展所在產品市場。藉由侵略性策略，企業便能擴張既有市場、改善毛利，以及多角化成長。

（三）侵略性核心策略

核心策略 1：是企業為了在既有市場中提高銷售而投資，進而擴張現有市場的策略，主要的目標有：

(1) 增加市場佔有率

(2) 增加單位客戶營收

(3) 進入新市場區隔

(4) 擴充市場需求

核心策略 2：企業為改善競爭地位而投資，目標是改善毛利，主要做法為：

(1) 改善客戶忠誠度和留住率

(2) 改善差異化競爭

(3) 降低成本／改善行銷生產力

(4) 建立行銷優勢。

核心策略 3：企業為追求多角化成長，進入新市場而投資。

什麼是多角化呢？

小事典

　　多角化這個概念最早是由美國學者安索夫（Ansoff）於 1957 年在《哈佛商業評論》上發表的《多角化戰略》一文中所提出的，他強調多角化是運用新的產品去開發新的市場。然而，他所提出的多角化是針對企業的產品數量種類，但是這種以產品種類多少來定義企業的多角化是不精確的，因為經營多種高度相關的產品與高度不相關卻跨產業的經營，即便是企業的產品種類的數量相同，卻能表現出完全不一樣的多角化程度。

　　而學者 Penrose 於 1959 年定義多角化是企業在保留原有產品生產線的情況下，擴展新的生產活動，增加許多新產品 (包括中間產品) 的生產，他的論點稍微修飾了 Ansoff 所提的多角化。

　　1974 年，學者 Rumelt 指出，多角化戰略是通過結合有限的多角化實力、技術或目標，並與原來活動相關聯的新活動，所表現出來的戰略。

　　所以，綜以上學者所述，企業多角化經營就是增加產品種類和品項，包含跨產業生產多樣的產品或服務，以擴大企業的經營範圍和市場範圍，同時利用企業的有限資源並發揮競爭優勢，提高經營效益，使企業得以長期發展。

　　而多角化的主要做法為以下四點：

(1) 進入相關新市場 (2) 進入非相關新市場 (3) 進入新興市場 (4) 發展新市場。

小專欄

進入相關新市場 - 王品集團

王品之多角化經營策略－品牌行銷策略（台灣經貿）
https://www.youtube.com/watch?v=sLaA1hIF0Io

前言

多角化策略，可分為產品多角化策略及市場多角化策略。均係以企業的核心能力及競爭優勢，垂直整合或水平整合。以王品集團為例，年營業額以品牌多角化策略突破被台灣餐飲業視為天險的 10 億元大關，從 2001 年的西堤（TASTY）、2002 年的陶板屋，到 2004 的「原燒」優質原味燒肉及「聚」北海道昆布火鍋，到 2010 年的舒果，短短10 年王品集團就造就了 13 個品牌，年營業額在 2012 年就衝到 123 億元的新紀錄！究竟王品是如何做到的？

王品集團簡介

董事長戴勝益創立王品集團於西元 1993 年，兩岸共有 300 家分店、13,000 位員工，全部都是直營店，王品集團 2012 年營收達 123 億元。卅年成立一萬間店的經營遠景。

王品集團成立於 1993 年，王品台塑牛排的品牌成立至 2000 年經營業績開始下滑，而由董事長戴勝益提出「醒獅團計畫」。想要達成「醒獅團計畫」，戴勝益需求有人站出來帶頭創建新品牌，這群戴勝益口中的「獅王」，指的就是領導餐飲品牌的總經理。

品牌成立時間	品牌名稱
1993	王品
2001	西堤
2002	陶板屋
2004	原燒、聚
2005	ikki、夏慕尼
2007	品田牧場
2009	石二鍋
2010	舒果
2011	曼咖啡
2013	Hot 7、花、慕

醒獅團計畫的核心，就是將王品台塑牛排的成功經驗不斷複製，走多品牌路線，平均一年開設兩個新品牌餐廳。在這方面，戴勝益也運用海豚的管理哲學的分紅制度，與員工共享經營的豐碩成果。

在多品牌策略及員工分紅制的推動力下，成果斐然。王品集團也規劃將品牌國際化，海外第一步選在泰國展店，2011 年 6 月，在泰國王品首家海外品牌授權店「陶板屋」開幕。王品的品牌多角化策略，將其事業發展出一個創意十足的品牌多角化餐飲集團，每個品牌都具有無限的發展性，也各自發展利基市場，將喜好牛排，鐵板燒，日式料理，健康舒果等消費人口，一網打盡。版圖擴展至國際。

王品集團陸續開創相關餐飲品牌為相關多角化的成功案例

資源來源：http://marchlearning.blogspot.tw/2012/05/blog-post_01.html

進入非相關新市場－旺旺集團

　　1962 年，旺旺集團在臺灣成立食品企業。1983 年，與日本米果製造商合作，並於同年在臺灣市場推出旺旺仙貝，迅速取得市場領導品牌地位，市佔率超過 90%。1996 年，以中國旺旺控股在新加坡掛牌，開始在中國市場的拓展。2001 年，旺旺集團開始進行產品多角化策略。旺旺集團垂直整合生產線的上下游，包含投資包裝材料事業，針對米果的原料－稻米，進行碾製及香料添加劑等事業投資。另一方面，積極進行非相關多角化，成立神旺控股，投資經營醫院、房地產、金融保險、媒體、餐飲、農業及生物科技事業等。

旺旺集團在臺灣的非相關多角化

產業別	公司
貿易	旺家貿易股份有限公司
包材	包旺科技包材股份有限公司
飯店	台北神旺大飯店
媒體行銷	寶立旺國際媒體廣告股份有限公司
新聞媒體	中時集團
電視媒體	中國電視
電視媒體	中天電視
金融保險	旺旺友聯產物保險公司

　　2007 年，蔡衍明以個人名義，以 15 億元拿下友聯產險 75% 的股權，是單一最大的股東，將集團事業觸角跨足金融業。2009 年，旺旺集團跨足媒體產業，買下中國時報系的中國時報、工商時報、中國電視公司及中天電視等多家媒體，並成立旺報，報導兩岸相關新聞。

　　在臺灣方面，旺旺集團的投資包括神旺飯店、小神旺、新莊的工廠，以及旺旺友聯產險等，過去十年間的投資金額已超過 50 億元，時至今日仍繼續投資。

二、防禦性策略

（一）何謂防禦性策略

防禦性策略通常是為了創造銷售成長的策略，企業常於產品生命週期的較晚期階段使用防禦性策略，而企業使用防禦性策略大多是為了保衛其重要的市佔率地位，且對企業的短期營收和利潤有較多的貢獻。

（二）防禦性策略目的

防禦性策略的主要策略是保衛企業的市場地位、找到最適化的定位及使用貨幣化、收成、搾取來取得短期現金流量極大。如果企業位於成長或成熟市場中，且擁有高佔有率的話，通常很適合使用防禦性策略來維持短期利潤績效及股東價值的現金流量。若企業能夠充分應透過防禦性策略市場規劃運用其在既有市場的高佔有率，就能夠在短期獲得利潤績效，進一步的增加企業投資成長導向的侵略性市場機會。

（三）防禦性核心策略

核心策略 1：企業為了保衛其在既有市場中的地位，以維持企業利潤，主要做法為：

(1) 保衛市場佔有率

(2) 建立客戶留住率

核心策略 2：是企業為達到最適化定位，以追求利潤極大值的策略。主要做法為：

(1) 追求淨行銷貢獻極大值

(2) 降低市場專注

核心策略 3：企業若採取貨幣化、收成或搾取的策略，表示其想獲得短期的現金流量極大化，主要做法為：

(1) 管理現金流量

(2) 收成或搾取現金流量

小專欄

A-TEAM 重振台灣自行車王國

前言

　　台灣自行車業者在 2000 年間在產業外移及中國大陸業者以低價產品之削價競爭雙重因素衝擊下，外銷量大幅滑落。此時，由巨大劉金標董事長發起的 A-TEAM 聯盟，係結合台灣自行車產業優質零配件及組件供應商及兩大成車品牌業者巨大及美利達聯盟，以供應 MIT 優質產品為目標，運用豐田式管理改善供應鏈及生產流程，結果台灣自行車的整車外銷價大幅提供，建立國際間台灣生產高級自行車產品之良好形象。為一防禦性策略行銷的成功個案。

A-TEAM 成軍 透過差異化搶佔世界市場

　　2001 年間，全球的自行車市場，因無新興產品推出，致使產業喪失活力，高價車專賣店的市佔率降低，消費者轉向量販店購買廉價自行車，大陸生產的低價格、低品質的產品充斥市面。有自行車王國美譽的台灣，為了因應市場這股低價需求，紛紛將製造基地移往中國大陸等生產成本較低的地區，自行車業者在台灣的生產比重，竟下降至四成，2000 年初，台灣自行車業面臨空前危機。廠商外移中國生產，台灣市場空洞化，自行車出口數量從全盛時期的每年 1000 萬台，下滑到不足 400 萬台。產業外移還有「連根拔起」的後遺症。台灣自行車業者面對業績下滑的經營困境，莫不感到憂心忡忡。羅祥安指出台灣不脫胎換骨，一定空洞化，若再等久點，三、五年後台灣散掉就來不及，台灣便邊緣化了。

　　有志一同的自行車業者採取行動以阻止事態惡化，（2003）A-TEAM 因此成立，運用防禦性策略行銷，以防止消費者走向低價市場的趨勢。A-TEAM 成立的主要目的，是引領台灣廠商開發 IBD（International Brand Design 國際品牌設計），整合全球自行車市場需求及產品創新能力，培養出不斷研發創新的團隊，維持台灣長期競爭的優勢，使台灣成為高級精品的主要基地，以與生產大宗產品的中國大陸有所區分。

A-TEAM 以品質為首要考量

A-TEAM 扭轉自行車產業的生產模式,由先前的先談價的模式,轉換為先談產品特色、差異化,將產品開發出後,再定價格與成本, 覆以往成車廠就送來的樣品中挑出想要的之後,即先砍價格的合作方式大為不同。

A-TEAM 三部曲奏效

A-TEAM 成立第一年時,引進豐田式 Just-In-Time(JIT)管理機制,改善成員生產效率;第二年,大家要共同研發新產品,縮短新產品上市的時間;第三年,則與自行車專賣零售店 IBDs(Independent Bike Dealers)有更密切的合作,與量販店有所區隔。

經過三年的運作,根據台灣區自行車輸出業同業公會統計,台灣自行車的出口實績從谷底翻升,自行車的出口平均單價,由 2000 年的 109 美元,到 2004 年時,成長到166 美元,A-TEAM 成員生產的自行車,出口平均單價更已超過 300 美元。

向全球高級車市場版圖挺進

A-TEAM 的名聲在國際上已引起重視,訂單集中至 A-TEAM 的現象。歐美客戶觀注到 A-TEAM 帶動台灣自行車產業向上提升所產生的質變,對台灣建立了「致力於高附加價值路線」之印象,也形成了「高級產品在台灣、低價位產品在大陸」的明顯印象。A-TEAM 已帶給全球自行車業界相當強烈的震撼力。台灣躋身全球最大高級自行車製造王國。A-TEAM 的防禦性策略行銷,功不可沒。

A-TEAM 集結台灣成車及零組件知名企業,為防禦性策略的成功案例

資料來源:http://www.mobile01.com/topicdetail.php?f=314&t=623215&p=233

1. 策略行銷定義爲：策略行銷係指運用策略性觀點，分析企業績效，並依據企業本身的內部優勢以及在市場上的所在位置，進行策略行銷的規劃，以達到企業的目標。

2. 一個企業的產品在市場上的定位和競爭優勢都有所差異，故每個企業的績效肯定也不相同，而企業從事策略市場規劃的目的，是爲了影響：(1) 市場佔有率 (2) 銷售成長 (3) 獲利性，三個主要層面的績效並制定出策略方向與績效目標。

3. 策略市場規劃的流程中，檢視市場吸引力是很重要的一個步驟，企業需求考量市場強度、競爭程度以及市場可達性。

4. 差異化優勢指的是企業爲了在競爭激烈的市場中脫穎而出，而對目標市場進行充分的調查，並隨著消費者需求的變化，藉由對產品、價格、通路和推廣方面分別制定出不同於競爭對手的策略，以達到比較競爭優勢。

5. 侵略性策略：

   (1) 爲成長而投資：投資行銷資源以促進市場或市佔率的成長。

   (2) 改善定位：爲改善及強化競爭地位而投資。

   (3) 進入新市場：爲進入具吸引力的新市場或新產品市場而投資。

6. 防禦性策略

   (1) 保護地位：投資於保護市佔率和競爭優勢。

   (2) 最適化定位：利用最適化價格－數量及行銷資源來達到利潤極大。

   (3) 貨幣化：管理市場定位，利用有限行銷資源來得到現金流量極大。

   (4) 收成／榨取：管理產品，力求短期現金流量極大值或虧損極小值。

自我評量

一、名詞解釋

1. 策略行銷

2. 行銷策略

3. 差異化優勢

4. 侵略性策略

5. 防禦性策略

二、選擇題

( ) 1. 下列哪項是進行策略行銷規劃應考慮的要素？ (A) 企業績效 (B) 企業本身的內部優勢 (C) 企業在市場上的所在位置 (D) 以上皆是。

( ) 2. 下列哪項是策略行銷的定義？ (A) 是企業所提出的定位、目標、行銷組合等規劃 (B) 是為產品能夠有效的推廣至顧客行銷方案 (C) 具備前瞻性的考量 (D) 以上皆是。

( ) 3. 下列哪項是行銷策略的定義？ (A) 是企業所提出的定位、目標、行銷組合等規劃 (B) 企業觀察內外環境的變動，提出具有長遠眼光的策略 (C) 具備前瞻性的考量 (D) 以上皆是。

( ) 4. 企業從事策略規劃應考量的主要層面為何？ (A) 市場佔有率 (B) 銷售成長 (C) 獲利性 (D) 以上皆是。

( ) 5. 策略市場規劃的流程中，檢視市場吸引力是很重要的一個步驟，應檢視的重點為？ (A) 市場強度 (B) 競爭程度 (C) 市場可達性 (D) 以上皆是。

( ) 6. 下列哪項是防禦性策略的定義？ (A) 為成長而投資 (B) 為改善定位而投資 (C) 為進入新興市場而投資 (D) 以上皆非。

( ) 7. 下列哪項是侵略策略的定義？ (A) 進入新市場 (B) 投資於保護市佔率和競爭優勢 (C) 利用最適化價格來達到利潤極大 (D) 以上皆是。

(　　) 8. 多角化的主要做法為何？　(A) 進入相關新市場　(B) 進入非相關新市場　(C) 進入新興市場　(D) 以上皆是。

(　　) 9. 競爭強度的評估，包括哪些項目？　(A) 價格競爭　(B) 進入障礙　(C) 替代品　(D) 以上皆是。

(　　) 10. 在策略規劃中應考量的成本要素為何？　(A) 人事成本　(B) 營運成本　(C) 單位成本　(D) 以上皆是。

三、問題討論

1. 何謂策略行銷？其重要性為何？

2. 策略行銷與行銷策略的差異性為何？

3. 策略行銷的規劃流程為何？

4. 何謂侵略性策略？其主要作法為何？

5. 何謂防禦性策略？其主要目的為何？

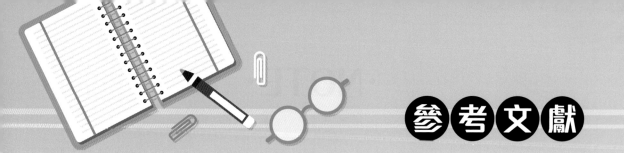

- 費國禎、李采洪（2004），分紅 2 億 7 千萬的「海豚領導學」，商業週刊，2004 年 2 月 2 日：http://www.businessweekly.com.tw/KArticle.aspx?id=17756。

- 王品台塑牛排網站：http://www-wangsteak-com-tw/cultural_family-htm

- 裕隆集團首頁：http://www.yulon-motor.com.tw/about/links.asp

- A Team 首頁：http://www.a-team.tw/

- 旺旺集團：http://zh.wikipedia.org/wiki/%E6%97%BA%E6%97%BA%E9%9B%86%E5%9C%98

- 黃恆獎（2004），行銷管理，華泰文化，第 378-394 頁。

- 產業資訊應用趨勢研討會 - 台灣汽車產業創新之路 / 華創車電技術中心 (股) 公司劉一震總經理演講心得報告。

- Keller, K.L. (2011), "How to Navigate the Future of Brand Management", Marketing Management, 20 (2), pp.37-43.

·NOTE·

Chapter 11
服務行銷

感動服務　贏家特質

好市多 18 年總經理 張嗣漢量販一本經（TVBS 新聞）
https://www.youtube.com/watch?v=ifdpMcswWpY

　　服務的價值有多大？一罐可樂，從工廠生產、到量販店、便利超商、飯店、高級俱樂部，卻有著不同的價格，差別就在於各地點提供的服務內涵與訴求，價值完全不同。服務業競爭激烈，想要在消費者心目中脫穎而出，提供基本服務已經是最低的門檻，從《2015 臺灣服務業大評鑑》榮獲金牌的 35 家企業發現，超越客戶期待、想得比客戶更多、有溫度的感動服務，才是企業能勝出的特質。Costco 的服務人員除了提供各項購物協助與詢問外，更加重視購物安全，例如：在手扶梯上下樓處都有人員提醒保持推車距離，避免意外。Costco 總經理張嗣漢表示，服務不單指人，還包括商品、購物環境、會員卡的優惠等。鼎泰豐店內茶壺去年底開始插上了溫度計，讓服務人員加茶時可以隨時掌握茶水溫度，避免讓客人喝到太冷或太燙的茶；讓外籍客人感到方便與親切，國際組的服務人員，從取號碼牌開始有中、英、日、韓四種語言版本，菜單除了中文版，還有英文、日文版，最近更推出了韓文版菜單。基於服務的特性，如何行銷進而滿足、感動消費者，是重要的一環。

💡 問題討論

1. 最近讓你印象最深刻的服務為何？
2. 討論不同行業的服務提供者，服務之異同？
3. 請討論消費者如何選擇服務提供者？會考慮哪些屬性？

🌏 案例導讀

　　從這個案例當中，我們知道服務業要能超越客戶期待、想得比客戶更多、有溫度的感動服務，才能在競爭激烈的環境中勝出。所以在服務行銷部分，有別於傳統的概念，除了 4P 外，還包含：服務人員、服務環境、服務流程。此外，所提出的新服務愈符合市場需求、愈能感受到消費者需求變化與消費者的價值觀，其成功機會愈高。

11-1 服務的意義

服務業的發展對於世界經濟有極大貢獻，服務業可以穩定經濟、創造更高的附加價值、促進國家經濟發展，各國從事服務業的人口數遠超過製造業與農業部門（陳春富、吳鈺萍、張永茂，2015）。在服務經濟時代，服務已經主宰經濟的發展，企業應該透過服務創造附加價值進而成為企業競爭的籌碼（莊立民、劉春初、王怡茵，2009）。

服務業所提供之核心商品即是服務，服務一字來自於拉丁語 Servitium，是「奴隸奉侍」的意思。隨著時代的演進，其定義改為「幫別人的忙」，也就是由一方代替另一方做事，無論哪一種服務，只要能讓消費者感到滿意就算達到提供良好服務的目的（莊立民、劉春初、王怡茵，2009）。Lovelock and Wirtz（2004）則指出，服務是由一方對另一方所提供的行為表現或績效。雖然在過程中會關牽涉到產品，但是其基本上是無形的，而且不會有所有權的問題。此外，服務是一種經濟活動，可以為消費者在特定地點或時間提供利益與創造價值，對於服務的接受者能夠帶來其所需求的改變。

服務是服務提供者提供產品、專業、知識、技術、人力、設備、場域、時間給消費者的一系列活動流程（吳贊鐸，2014）。曾光華（2014）認為，服務是透過舉動、程序、活動，替服務對象創造價值的無形產品。陳澤義（2010）也指出，服務是一種努力、表現、行為，其特性不同於實體產品。

本章所採用服務的定義：服務是一個組織（或個人）提供另一個組織（或個人）的任何活動或利益，其基本上是無形的，無法產生事物的所有權（Kotler, 2002）。

11-2 服務特性

服務特性包含無形性、異質性、不可分割性、互動性、不能儲存性。

（一）無形性

服務無法像實體產品一樣，可以透過技術，來衡量品質。服務是無法具體觸碰的；對於服務的提供者而言，很難了解顧客、認知和評估服務。服務的好壞常常無法在購買前得知，甚至在使用後，也未必能清楚判斷，例如：醫療服務。消費者不信任服務提供者，因此企業應該建立良好的聲譽，將服務資訊透明化，將無形轉為有形（陳澤義，2010）。企業可以透過認證和專業證書，強調服務人員的專業性，增加服務有形的部分。對服務環境而言，內部裝潢、人員制服、標語口號等，都是有形的證據，可以降低消費者購買的風險。

（二）異質性

服務是由人來提供，大部分需求與消費者互動來傳遞，服務人員的表現難以維持一致。此外，消費者的不同需求，也會造成服務的異質性。服務提供者因為時間、地點等條件的不同而有差異，造成服務品質不穩定，就管理者來說，應該建立服務流程與人員訓練的標準化管理（陳澤義，2010）。

（三）不可分割性

服務無法像實體的產品可以事先生產，在服務過程中，生產與消費是同時進行的，例如：髮型設計師在剪髮時，消費者也同時在消費剪髮服務。然而，有些時候，科技可以讓服務的生產與消費分開，例如：上課時，老師一邊在教學，學生一邊在聆聽，生產與消費是同時的；但是，如果把上課的內容錄製下來，學生可以在回家後再聽，此時，生產與消費並非同時進行。

（四）互動性

消費者必須參與服務流程，這會影響服務的傳遞，也就是提供資訊來讓服務人員順利提供服務，例如：生病時要清楚、正確地告訴醫生病狀，以方便診斷。企業必須刺激消費者參與的積極度、正確性，如此可以降低人員成本、加速服務的傳遞（陳澤義，2010）。

（五）不能儲存性

服務無法儲存，企業應該注意供需管理（陳澤義，2010）。然而，有些時候可以預測消費者對於服務的需求，例如：夏天時，消費者吃火鍋的次數會較冬天時低。

服務是無形的，也是多變的，而且不容易標準化。服務無法儲存，而且在服務的流程裡，顧客會涉入其中，這種人與人之間的互動，使得服務人員與消費者一定會產生某種程度的接觸，在雙方接觸的瞬間就決定了消費者的滿意度。雖然消費者不一定會表示出來，但是他們心裡很明白，其中包含很多的人為主觀評斷。因此，服務應該是以消費者導向為出發點，企業在設計服務方案、提供服務時，如果沒有考慮到消費者，只是考量供給面而沒有需求面的作為，是相當危險的。因此，服務是以消費者導向為依歸，消費者導向為服務的核心。

台中亞緻大飯店

亞都麗緻介紹 part.1（熱線追蹤）
https://www.youtube.com/watch?v=NuuGGpegGFo

小事典

「體貼入心，更勝於家」，亞都麗緻集團總經理徐儷萍出席「2015 服務業大評鑑頒獎典禮」時表示，亞都麗緻集團從成立的開始，就是秉此理念服務客人。亞都麗緻集團旗下的台中亞緻大飯店，是國際觀光飯店類別中唯一四連霸的飯店。台中亞緻飯店總經理王本仁表示，服務的 DNA 就是「從心出發，以心帶心，回歸初心」，傳遞完美服務體驗的關鍵是「用心」，為讓同仁明確了解服務品質標準與必須達成的目標，訂下四大服務精神：

1. 每個員工都是主人
2. 決不輕易說不
3. 想在客人之前
4. 尊重每位客人的獨特性

除了嚴謹的標準作業流程，主管更會透過「服務案例分享」，讓所有員工的思維及行為都從客人的角度出發，透過「換位」思考，假設自己是客人時，會期待飯店提供怎樣貼心的服務。最後在對的時機，以對的方式滿足客人的需求，做到溫暖人心的服務，才能讓客人「心滿意足」。

資料來源：姚舜（2015）

11-3 服務行銷組合

服務行銷組合的目標是透過消費者滿意與延續來達成最佳的結果，進而產生競爭優勢。服務行銷組合在過去的十年中被業界與學界一致認定為，持續獲得競爭優勢的重要關鍵（Grönroos, 2004）。對於服務業來說，傳統的行銷組合已經不足以應付市場的挑戰，除了傳統的行銷組合外，服務行銷組合還增加了服務人員、服務環境、服務流程等三個面向，此為服務業 7P。

（一）產品（product）

服務產品主要是由有形和無形的要素所組成的，並透過這些要素來為顧客創造價值。Wirtz et al.（2012）指出，服務產品包含核心與附屬服務部分。而核心服務為顧客購買服務的主要需求。核心產品的傳遞通常伴隨著多種與服務有關的活動，而這些活動我們稱之為附屬服務；附屬服務可促進核心產品的使用，增加顧客整體消費經驗的價值，並且與其他服務產品形成差異化。以旅館住宿為例，核心產品為住宿旅館，附屬服務有預約、付費電視、客房服務、停車服務、入住和退房服務、結帳等。（周逸衡、凌儀玲、劉宜芬，2012）。

（二）價格（price）

價格是用來獲得某種產品或服務，所必須支付的金額。然而，在整個購買的過程中，付出的不只是金錢而已，所須的時間與精力（如自行到商店購買和等候服務等）都是付出，這些付出屬於非貨幣的付出。如果能降低消費者的付出（時間、精力等），就能增加收入與獲益（Wirtz et al., 2012）。

（三）通路（place）

服務的傳遞包含實體與虛擬的通路（Wirtz et al., 2012）。通路是將產品由生產者轉移至消費者，主要的重點在消除生產者與消費者之間的時間、地點等障礙。然而，通路的概念不僅僅只侷限在實體產品，虛擬通路對於服務也會存在（Booms and Bitner, 1981）。

（四）推廣（promotion）

　　推廣即是執行溝通程序，推廣活動要考量媒介的使用與訊息的內容。訊息內容的設計要引發消費者興趣，激起購買慾望。一般來說，推廣包含：廣告、人員銷售、公共關係等（Booms and Bitner, 1981）。Wirtz et al.（2012）也指出，推廣的重點在於有效地提供資訊，和說服消費者。

（五）服務人員（personnel）

　　服務是由人來提供，突顯出服務人員的重要性。然而，面對消費者對於服務有不同的需求與偏好，服務人員如何來滿足消費者，成為重要的議題。Wirtz et al.（2012）指出，消費者與服務人員的互動，會影響消費者的滿意度。此外，服務人員的專業知識、服務態度、外表形象等，皆會影響消費者滿意度，所以除了慎選服務人員外，服務人員還需求藉由各種教育訓練，來協助消費者解決問題（Booms and Bitner, 1981）。Winsted（2000）則認為，服務人員的微笑、眼神、說話的語調、肢體動作，都會影響消費者的情緒。因此，服務人員須經由教育訓練，來提高服務品質，當服務人員展現友善的行為態度時，也能提升消費者再度消費的意願（Wall and Berry, 2007）。當消費者知覺到服務人員的友善行為，且感受到快樂與滿足感時，會產生正向的歸屬感，也會願意推薦給其它消費者並再度造訪（Tsai and Huang, 2002; Wang et al., 2010）。

　　評選服務人員的標準主要有服務技能（特定服務業或工作性質所需的知識與能力，例如：學位、證照）和服務性向。其中，服務性向又可分為：可靠性（提供一致與精確的服務）、回應熱誠（迅速回應、主動協助消費者）、信賴感（言語、行為令消費者感到安心與信任）、親和力（為消費者設想、有親和力、關懷消費者）。

（六）服務環境（physical environmentse 或 physical evidence）

　　Booms and Bitner（1981）認為，顧客在接受服務時，有一部分的滿足感來自於服務環境，例如：硬體設施；因此，適當地運用各種設備，有助於服務的傳遞。服務環境包含擺設、裝潢、實體裝配、實體產品等。Wirtz et al.（2012）認為服務具備無形的特質，

消費者無法直接評估其品質，服務環境就成爲評估服務品質的一項重要依據。換句話說，設計服務環境時，展示服務表現的實際證據就變得很重要。

（七）服務流程（process management）

流程是服務的構造（Amin et al., 2013），服務流程是指服務的方法與順序（如何做、做何事）。由於服務爲無形產品，其生產的效率受到服務流程的影響。所以，在流程的設計上，除了考量所能使用的資源外，要盡量標準化，進而減少流程不良所產生的浪費，確保品質的一致性（Booms and Bitner, 1981）。

印度的銀行業

玉山銀行－服務業科技創新力（卓越 15）
https://www.youtube.com/watch?v=huGZB9LpTro

小事典

Kushwaha et al.（2015）針對印度的銀行進行研究，地點、服務人員、服務環境、服務流程對於消費者有正向的影響，產品、價格、推廣對於消費者沒有顯著性的影響。換句話說，除了傳統行銷組合外其他 3P（服務人員、服務環境、服務流程）更是重要。具體作法如下：

1. 服務環境：舒適的座位、柔和的燈光、適合的室內溫度、整潔的環境。
2. 通路：分行與自動提款機地點的便利性。
3. 服務人員：透過仔細聆聽、關心與消費者建立友誼、長期關係。
4. 服務流程：快速、即時回應。

一般來說，消費者希望員工能有禮貌地聆聽他們的需求，並展現出誠意來幫助他們解決問題，當消費者獲得快速的回應，他們會覺得更加滿意。

11-4 服務利潤鏈

　　第一線的服務人員和消費者是企業關注的核心，必須對第一線服務人員審慎地招募評選、教育訓練以及獎勵表現優良的員工，才能使企業獲利。根據這個概念，建立在「獲利」、「顧客忠誠度」、「員工滿意度、忠誠度及生產力」間的服務利潤鏈（profit chain）順勢而生，如圖 11-1 所示。

　　從圖中可以知道，內部服務品質影響員工滿意度，員工滿意度影響員工忠誠度，優良的員工忠誠度產生服務價值，服務價值影響顧客滿意度，顧客滿意度影響顧客忠誠度，良好的顧客忠誠度可讓公司收入增加和獲利成長。

　　換句話說，服務利潤鏈主張組織的收入增加和獲利成長來自於忠誠顧客不斷的消費，顧客忠誠度主要來自於顧客滿意度，顧客滿意度則是受到組織提供給客戶服務價值的影響，服務價值來自於忠誠、具生產力而且對工作滿意的員工。要獲得具有這些條件的員工有賴於組織對內部服務品質的提升，換言之，服務利潤鏈的源頭來自於內部服務品質（祝道松、洪晨桓、陳怡安，2007）。

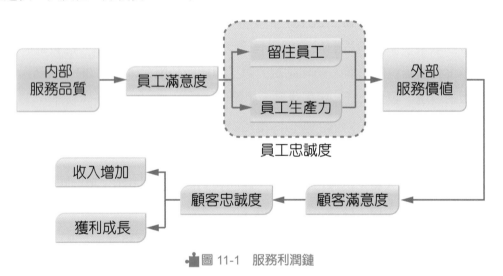

▣ 圖 11-1　服務利潤鏈

資料來源：Heskett, et al.（1994），pp. 164-174.

服務利潤鏈在台灣的銀行業

金融混搭科技 跨領域人才職缺夯（11TV）
https://www.youtube.com/watch?v=fHvP7CvPr_k

小事典

　　滿意是一種反射鏡，有滿意的員工能創造滿意的消費者。祝道松、洪晨桓、陳怡安（2007）研究自十三家不同體系的銀行，如果要提升員工的工作滿意度，銀行除了建立一套完善的獎酬與褒揚制度、提供給員工服務消費者所需求的硬、軟體設施以及充足的資訊之外，主管更要主動傾聽並幫助員工解決問題，授予員工權力與自由來選擇執行工作的方式。

　　員工如果能夠認同自己的工作、感受到自己能從工作中充分發揮能力並獲得成就感，並且對薪資、升遷、管理方式等因素感到滿意，就能夠提升員工對組織的承諾、認同組織價值、願意付出心力並繼續留在組織中。

　　此外，要教育員工團隊合作的觀念，銀行的服務流程是環環相扣的、整體性的服務表現，消費者是否對於服務滿意，整合來自於對銀行設施、服務人員態度、受到充分告知、服務流程的可靠與迅速等因素，並非單一員工的滿足與忠誠就能為組織創造顧客滿意、忠誠以及利潤。

資料來源：祝道松、洪晨桓、陳怡安（2007）

11-5　服務創新

　　組織為了保有持續的競爭優勢，新產品和服務開發是必要的一環（de Brentani, 1995；Oh et al., 2009）。Drucker（1994）指出，創新是組織興盛與存活的重要關鍵，在現今的經濟環境下，創新要比土地、資本、勞工來得更重要。創新是組織可以把改變轉換為機會並獲得成功的唯一途徑（Huse et al., 2005）。

Daniel and Storey（1997）認為，服務創新的目的包括維護或提升企業的形象、增加消費者附加價值、吸引更多新的消費者、瞭解消費者的需求、回應競爭者的新服務、節省更多成本及提供大量客製化的服務等。服務創新必須將重點放在流程、資訊及互動上（Hipp & Grupp, 2005），重視過程中社會互動的創新，來增進服務傳遞過程的效率與效能（Van & Elfring, 2002）。Bygstad and Lanestedt（2009）指出，服務創新是新服務、改善服務或改善已經建立好的服務流程。

服務創新強調用完整的服務體驗，取代傳統的商品買賣，來籠絡客戶的心，爭取更多的利潤。2007 年，美國《BusinessWeek》的內容指出，服務創新將是產業界的「下一件大事」。

服務創新可以來自於以下幾種方式（高宜凡，2010）：

（一）新的服務內容或顧客體驗

便利超商提供代收服務、從零售業變成了生活服務業、單車業跨足旅遊服務等，都給予消費者截然不同的服務體驗。

（二）創造新的傳遞介面或服務流程

擔任旅客與旅行社間橋樑的旅遊網站，把過去零碎的旅遊產品重新模組化，讓消費者上網就能搞定旅遊大小事。

（三）創造新的經營概念與獲利模式

以服務創新發掘新客源、新的利潤、甚至改變自己的核心服務價值，例如：廉價航空去除許多消費者不一定用得到的服務，單純提供運送服務，使得票價較一般航空公司低廉。

圖片來源：亞航官網

　　商業發展研究院顧問龍偉業分析，服務創新的驅動力首先來自科技的突破，其次是來自市場競爭以及消費者需求的變化，例如：「平價奢華」新商品的盛行。他也指出，不是每個服務創新都是新東西，它也可以是產品的再包裝與改善（高宜凡，2010）。因此，服務創新不僅是新服務或新產品的開發成功，同時包含修正和改善現有的產品、服務和傳遞系統的所有活動，然而新服務愈符合市場需求、愈能感受到消費者需求變化與消費者的價值觀，則其成功機會愈高（莊立民、劉春初、王怡茵，2009）。

聊天機器人 -Line

小事典

　　聊天機器人已廣泛使用在電子商務領域，以便客戶即時獲取服務或資訊。目前大多是客戶在輸入關鍵字後，系統依資料庫中尋找與比對合適的應答資訊。例如：高雄市政府消防局的「零消人」Line 聊天機器人，聊天機器人會迅速辨別輸入的關鍵字，即時回覆救災救護相關資訊，包括相關解答文字、影片內容，即便機器人無法回答的問題，也會連上網址由網站管理員解惑。甚至透過直播，由消防員一對一線上解答。

體驗式行銷 - 迪士尼與環球影城

小事典

環球影城商店街是提供眼見為真的購物環境,而迪士尼卻是讓入園的遊客獲得眼見為假的真實感動。「體驗行銷」為顧客創造出更多經驗與體會。是從瞭解顧客真正的需求,將產品依市場需求商品化後,達到消費者對需求的感受或認同。體驗經濟就是要在最關鍵的時刻,提供最適當的感知,讓消費者留下最深刻的印象,達到超過預期的產品銷售效益。真實性就變成了新的消費感知力,成為決定消費者選擇在哪裡買,以及相關的購買條件。「體驗行銷」重視的是顧客的經驗體會、情緒感受、興趣和有期待的價值等,而非一直談品質。

資料來源:http://www.cheers.com.tw/article/article.action?id=5026249

萊爾富 -Cstore

小事典

Cstore 主打「全店 9 折優惠、刷卡結帳、便利服務」為品牌特色。量販價格包含原價商品享 9 折、多款商品最高 5 折起,並領先開放全台各家銀行信用卡結帳,更開通 Apple Pay、Android Pay、Samsung Pay 與 Line Pay 等行動支付工具,同時提供寄取件、代收繳費、列印、Life-ET 多功能事務機等便

圖片來源:萊爾富官網

利服務,打造零現金的便利超商新趨勢。Cstore 以早上 7 點至晚間 11 點的營業時間降低成本,藉此提供媲美量販價格回饋消費者,並同時與萊爾富資源共享,累積萊爾富會員點數與兌換萊爾富雲端冰箱。Cstore 成立是以回歸 Convenience Store 為品牌精神,順應電商潮流與回饋消費者而生,創造年輕消費族群與當地民眾的共鳴,提供寄取件、代收繳費等便利服務,並領先推出全店商品 9 折優惠與指定商品最高享買一送一等優惠、搭配時下各大行動支付,同時開放信用卡結帳,建立新一代風格超商的核心價值。

資料來源:http://www.hilife.com.tw/events_infoData.aspx?sid=1566

台灣大車隊的代酒駕服務

酒駕新制 代駕成長 3 倍 最怕開到超跑（中天新聞）
https://www.youtube.com/watch?v=gCXoCbcoxoM

小事典

　　根據統計，消費者酒後會選擇的交通工具，37% 會開車的民眾選擇搭友人的車，28% 搭乘計程車，有兩成的會自行開車，八成以上的民眾表示，親朋好友提醒以及確保「酒後不開車」的便民服務，都可避免民眾酒後駕車。因此，台灣大車隊與統一超商、帝亞吉歐（DIAGEO）、交通部道安委員會、台灣酒與社會責任促進會攜手推出「ibon 酒後代駕服務」，透過統一超商使用 ibon 叫車服務（計程車代酒駕），台灣大車隊的司機將替消費者把車開回家。

資料來源：台灣大車隊網站（2015）
　　　　　http://www.taiwantaxi.com.tw/taiwantaxi/news_more.asp?newsid=00059&nouse=06

本章摘要

1. 服務業的發展對於經濟有極大貢獻，服務業的人口數遠遠超過其他產業。有別於實體產品，服務的特性包含：無形性、異質性、不可分割性、互動性、不能儲存性。

2. 服務行銷組合為持續獲得競爭優勢的重要關鍵，服務行銷組合包含：產品、價格、通路、推廣、服務人員、服務環境、服務流程。

3. 服務利潤鏈建立在「利潤」、「顧客忠誠度」、「員工滿意度、忠誠度及生產力」的基礎上，內部服務品質、服務能力、員工滿意度、員工忠誠度、生產力、產出的品質，依序導出服務價值、顧客滿意度、顧客忠誠度、進而促進收入增加和獲利成長。

4. 服務創新是新服務、改善服務或改善已經建立好的服務流程。服務創新可以來自：新的服務內容或顧客體驗、創造新的傳遞介面或服務流程、創造新的經營概念與獲利模式。

一、名詞解釋

1. 服務

2. 服務特性

3. 服務行銷組合

4. 服務利潤鏈

5. 服務創新

二、選擇題

(　　) 1. 何謂服務？ (A) 幫別人的忙 (B) 一個組織提供另一個組織的任何活動或利益 (C) 透過舉動、程序、活動，替服務對象創造價值的無形產品 (D) 以上皆是。

(　　) 2. 服務的特性包含？ (A) 有形 (B) 同質 (C) 可分割 (D) 以上皆非。

(　　) 3. 服務行銷組合包含 (A) 服務人員 (B) 服務環境 (C) 服務流程 (D) 以上皆是。

(　　) 4. 評選服務人員的標準中，服務性向包含？ (A) 信賴感 (B) 可靠性 (C) 回應熱誠 (D) 以上皆是。

(　　) 5. 服務人員所具備的親和力包含？ (A) 為消費者設想 (B) 關懷消費者 (C) 迅速回應 (D) 以上皆是。

(　　) 6. 在流程的設計上，需考量的因素有？ (A) 能使用的資源 (B) 降低標準化 (C) 增加重複的步驟 (D) 以上皆是。

(　　) 7. Winsted（2000）認為，服務人員的哪些特質會影響消費者的情緒？ (A) 微笑 (B) 眼神 (C) 說話的語調 (D) 以上皆是。

(　　) 8. 就服務環境而言，哪些項目可以降低消費者的風險？ (A) 內部裝潢 (B) 人員制服 (C) 標語口號 (D) 以上皆是。

(   ) 9. 服務行銷中的價格因素包含？ (A) 金錢 (B) 時間 (C) 精力 (D) 以上皆是。

(   ) 10. 服務創新來自於哪幾種方式？ (A) 新的服務內容或顧客體驗 (B) 創造新的傳遞介面或服務流程 (C) 創造新的經營概念與獲利模式 (D) 以上皆是。

三、問題討論

1. 服務與商品的差異為何？

2. 說明服務的特性？

3. 服務行銷組合的核心為何？

4. 舉例說明服務創新的形式。

5. 舉例說明感動服務。

- 方明（2015），感動服務－企業贏家特質，工商時報：https://tw.news.yahoo.com/%E6%84%9F%E5%8B%95%E6%9C%8D%E5%8B%99-%E4%BC%81%E6%A5%AD%E8%B4%8F%E5%AE%B6%E7%89%B9%E8%B3%AA-215008654--finance.html。

- 周逸衡、凌儀玲、劉宜芬譯（2012），服務業行銷，華泰。

- （原著 Lovelock, C., and J. Wirtz (2012), Services Marketing, 7th ed, Pearson.）

- 吳贊鐸（2014），運用雙主題 DEMATEL 建構服務藍圖，東亞論壇季刊，第 486 期，第 17-30 頁。

- 姚舜（2015），台中亞緻：用心傳遞完美服務，工商時報：https://tw.news.yahoo.com/%E5%8F%B0%E4%B8%AD%E4%BA%9E%E7%B7%BB-%E7%94%A8%E5%BF%83%E5%82%B3%E9%81%9E%E5%AE%8C%E7%BE%8E%E6%9C%8D%E5%8B%99-215013064--finance.html。

- 高宜凡（2010），台灣產業必須的改變：服務創新，遠見雜誌，283 期。

- 莊立民、劉春初、王怡茵（2009），建構服務創新衡量模式之研究─以台灣國際觀光旅館業為例，中小企業發展季刊，第 14 期，第 177-206 頁。

- 陳春富、吳鈺萍、張永茂（2015），商店氛圍抑或服務人員熟能誘發顧客公民行為？顧客滿意學刊，第 11 期，第 1 卷，第 133-158 頁。

- 陳澤義（2010），服務管理，台北市：華泰文化。

- 陳勵勤（2013），產銷團體行銷通路推廣之研究，臺南區農業改良場研究彙報，第 62 期，第 61-73 頁。

- 曾光華（2014），服務業行銷與管理：品質提升與價值創造，新北市：前程文化。

- 祝道松、洪晨桓、陳怡安（2007），以服務利潤鏈觀點探討顧客忠誠度之建立─以本國銀行為例，顧客滿意學刊，第 2 期，第 3 卷，第 95-120 頁。

- Amin, M., Yahya, Z., Faizatul, W., Ismayatim, A., Nasharuddin, S. Z., and Kassim, E. (2013), "Service Quality Dimension and Customer Satisfaction: An Mmpirical Study in the Malaysian Hotel Industry", Services Marketing Quarterly, 34, pp.115-125.

- Bang, N. and Philipp, P. K. (2013), "Retail Fairness: Exploring Consumer Perceptions of Fairness Towards Retailers' Marketing Tactics", Journal of Retailing and Consumer Services, 20, pp.311-324.

- Berry, L. L. (1980), "Service Marketing is Different", Business, 30, pp.24-29.

- Booms, B. H. and Bitner, M. J. (1981), "Marketing Strategies and Organization Structures for Service Firms", in Donelly, J. H. and George, W. R., Marketing of Services, Chicago: American Marketing Association.

- Bygstad, B. and Lanestedt, G. (2009), "ICT Based Service Innovation - A Challenge for Project Management", International Journal of Project Management, 27, pp.234-242.

- Daniel, E. and Storey, C. (1997), "On-line Banking: Strategic and Management Challenges," Long Range Planning, 30 (6), pp.890-898.

- de Brentani, U. (1995), "New Industrial Service Development: Scenarios for Success and Failure," Journal of Business Research, 32, pp.93-103.

- Drucker, P. F. (1994), Innovation and Entrepreneurship: Practice and Principles, Oxford: Butterworth Heinemann.

- Grönroos, C. (2004), "The Relationship Marketing Process: Communication, Interaction, Dialogue, Value", Journal of Business & Industrial Marketing, 19, pp. 99-113.

- Hashim, N. and Hamzah, M. I. (2014), "7P's: A Literature Review of Islamic Marketing and Contemporary Marketing Mix", Procedia-Social and Behavioral Sciences, 130, pp.155-159.

- Heskett, J. L., Jones, T. O., Loveman, G. W., Sasser, W. E., and Schlesinger, L. A. (1994), "Putting the service-profit chain to work," Harvard Business Review, 72 (2), pp.164-174.

- Hipp, C. and Grupp, H. (2005), "Innovation in the Service Sector: The Demand for Service-Specific Innovation Measurement Concepts and Typologies", Research Policy, 34 (2), pp.517-535.

- Huse, M., Neubaum, D. O., and Gabrielsson, J. (2005), "Corporation Innovation and Competitive Environment", International Entrepreneurship and Management Journal, 1, pp.313-333.

- Kotler, P. (2002), Marketing Management, New Jersey: Prentice-Hall.

- Kushwaha, G. S. and Agrawal, S. R. (2015), "An Indian Customer Surrounding 7P's of Service Marketing", Journal of Retailing and Consumer Services, 22, pp.85-95.

- Lovelock, C. H. and Wirtz, J. (2004), Service Marketing: People, Technology, Strategy, New Jersey: Pearson.

- O' Cass, A. and Grace, D. (2008), "Understanding the Role of Retail Store Service in light of Self-image-store Image Congruence", Psychology and Marketing, 25, pp.521-537

- Oh, Y., Suh, E. H., Hong, J., and Hwang, H. (2009), "A Feasibility Test Model for New Telecom Service Development using MCDM Method: A Case Study of Video Telephone Service in Korea", Expert Systems with Applications, 36, pp.6375-6388.

- Tsai, W. C. and Huang, Y. M. (2002), "Mechanisms Linking Employee Affective Delivery and Customer Behavioral Intentions", Journal of Applied Psychology, 87 (5), pp.1001-1008.

- Van der A. W. and Elfring, T. (2002), "Realizing Innovation in Services," Scandinavian Journal of Management, 18(2), pp.155-171.

- Wall, E. A. and Berry, L. L. (2007), "The Combined Effects of the Physical Environment and Employee Behavior on Customer Perception of Restaurant Service Quality," Cornell Hotel and Restaurant Administration Quarterly, 48 (1), pp.59-69.

- Wang, S., Tsai, C. Y., and Chu, Y. C. (2010), "Tourist Behavior in Hakka Cultural Parks," African Journal of Business Management, 4 (14), pp.2952-2961.

- Winsted, K. F. (2000), "Service Behaviors that Lead to Satisfied Customers", European Journal of Marketing, 34 (3/4), pp.399-417.

- Wirtz, J., Chew, P., and Lovelock, C. (2012), Essentials of Services Marketing, Singapore: Pearson.

·NOTE·

Chapter 12
行銷管理程序

新產品企劃分析

　　A 公司是國內的電腦公司，現在想要推出一款新的智慧型手機，此手機具備大螢幕，並且有較佳的照相功能，可以拍 360 度環景照片，以下是該公司在行銷企劃時應該注意的事項：

一、目前的行銷情境

　　A 公司可以利用五力分析來分析外部環境：在上游供應商的部分，A 公司主要的上游供應商包括 CPU、晶片組、記憶體、電池、外殼模具等廠商。其中 CPU 與晶片組的議價能力較高，其他元件則議價能力較低。而在替代者的力量部分，包含數位相機、平板電腦等產品，基本上這些產品雖然也可達成照相的效果，但是手機具備輕便特性，這些替代品應該也不致產生太大的威脅。至於潛在進入者的部分，所有的手機大廠都有可能會生產環景照相之手機，因此進入市場的時機將是重要的關鍵。

　　而在下游購買者的力量部分：包括一般消費者以及企業機構消費者的力量都相當大，因為現在手機市場競爭激烈，主要大廠紛紛採行低價策略，讓消費者有多樣的選擇；在機構消費者方面，又有多項聯合採購的機制產生，如公務機關的中央信託局聯合採購或是台塑集團的聯合採購網，因此也會產生極大的議價能力。如果就 A 公司而言，要採取低價策略吸引消費者，必須本身在生產的成本方面要有相當大的低價優勢。

　　最後是同業之間的力量，目前主要手機的大廠為蘋果、三星、華為，這些廠商都具有高度的品牌優勢。

二、機會與問題分析

　　智慧型手機進入到 VR 的時代，具備 360 度環景拍攝的手機目前還未出現，只有專業的數位相機有支援，價格較為昂貴。由以上目前市場問題與五力分析可以看出，低價是目前較具吸引力切入市場的訴求，而一般消費者，如學生、教師、或是業務員也都是潛在的目標顧客。

三、行銷目標

　　根據以上機會與問題分析，A 公司可以推出低價的環景照相手機，鎖定在一般的消費大眾。A 公司預計在第一年要達成銷售量一萬台，以及市場佔有率 10% 為目標。

四、行銷策略

　　首先是市場區隔方面，A 公司以職業（業務員、學生、教師）以及利益追求（低價格的環景拍照）主要區隔；因此目標市場就是在業務員、學生、教師使用者當中對環景拍照有消費需求，如學生可以記錄生活、教師製作教材、業務員對顧客展示等；同時希望能以低價以及輕便型為主要考量。在消費者心目中形成價格輕鬆、使用輕鬆的好夥伴的定位。

　　以下分析四 P 的策略：在產品方面將以新產品－環景拍照手機作為其策略；而在價格方面採取低價滲透市場策略；在促銷方面採行產品試用活動，以教育使用者的認知；並在全國各地建立使用據點，同時大量利用網路社群來推廣，減少使用全國性的廣告。而在通路策略方面，將以網路通路為主要據點，再選擇性搭配幾個重要實體通路據點，如光華數位新天地、Nova 廣場。

五、行動方針

主要包含下列項目：

1. 新產品開發：將由產品經理領導研發、生產，品管團隊開發低價輕便的智慧型手機。

2. 巡迴各大專校園給學生試用：將由業務部門領導進行試用活動。

3. 網站建立以及廣告：將由行銷部門與資訊部門架設網站以及廣告。

4. 網路社群推廣：將由行銷及研發團隊到各網路社群推廣與說明產品。

六、預計損益

此部分僅就行銷的成本分析：A 公司主要經費將花在試用據點，可以巡迴各大專校園給學生試用。另外公司將以網路廣告及社群來推廣產品，然後是選擇實體點通路的費用。而可以獲得的效益是直接接觸到目標顧客族群，同時也可以接觸到意見領袖，再藉由意見領袖傳播給其他消費者，如此可以計算出會有多少人接觸到 A 公司的產品，然後預估會有多少比例購買，銷售金額減去產品成本及管理成本、上述的行銷成本將可以看出其損益。

七、控制

由於大多數活動可以在網路上執行，因此網路上的流量與互動資訊將可以作為即時控制的重要依據。隨時根據上網消費者的動向，機動調整網路行銷活動。至於事後控制，則可以在某個活動之後，看產品知名度或銷售量是否有提升，作為事後控制之參考。在辦了多個行銷活動之後，A 公司可以利用先前活動的反應來做事前預測分析，接下來的活動進行之前，就可以預先控制可能的問題，並先行解決之。

💡 問題討論

1. 你對 A 公司的產品功能有何建議？

2. 你是否同意本個案之目標市場？

3. 評估本個案之行銷策略是否適當？

🌐 案例導論

　　完整的行銷企劃首先是行銷外部環境分析，包括分析供應商、潛在進入者、產品替代者、顧客、同業競爭者等的競爭狀況。接下來做 STP 的規劃，包括市場區隔化，找出目標市場、市場定位等。然後是研擬行動方針、損益分析，最後是行銷控制。

12-1 行銷管理的程序

行銷管理的程序有以下幾個步驟（Kotler,1997；Etzel et al., 2002）：1. 分析行銷機會；2. 市場區隔與選擇目標市場；3. 設計行銷策略；4. 規劃行銷方案；5. 組織執行控制。以下分別說明：

一、分析行銷機會

在分析行銷機會方面，可以利用 Porter（1985）的五力分析（包括供應商、顧客、潛在進入者、產品替代者、同業競爭者等五種力量），分析外部環境，然後再利用 Porter（1985）的價值鏈分析內部行銷環境（包括主要的生產活動、以及人力資源、採購、制度、資訊系統等支援活動）。在整個分析過程當中，可以利用「產品市場矩陣」（product/market matrix）來發掘所存在的機會（Kotler, 1997），此矩陣的橫座標為產品的類別分別是新產品、以及現有的產品，縱座標則是市場的類別，可以區分為目前的市場和新市場，如此分類可將市場的機會分成四種：市場滲透、產品開發、市場開發和多角化經營，如圖 12-1。

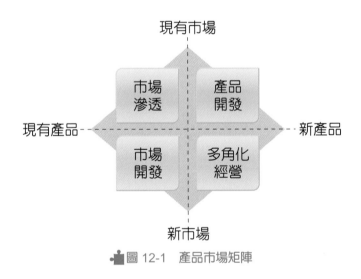

▣ 圖 12-1 產品市場矩陣

（一）市場滲透

這是針對目前現有的市場和現有的產品。市場滲透是利用行銷活動對現有市場更深入的開發，例如中華汽車商用車針對其現有市場推出無息分期付款，希望能增加銷售量。

（二）產品開發

這是位於現有市場與新產品。一般來說，企業如果已經在現有市場維持一定的佔有率，同時品牌也有一定的忠誠度，但是銷售量卻無法提高時，可以採取開發新產品的方式。如此可以滿足現有顧客求新求變的需求，同時也可以從競爭者品牌搶走一些顧客。例如汽車的改款，推出新款汽車，針對現有的市場來促銷。

（三）市場開發

這是位於現有產品與新市場。這種策略之下，現有的產品直接銷售到新的市場去，所以重點在於新市場的開發。像現在很多食品業如統一企業或是汽車業如中華汽車都西進大陸，以市場而言，算是新市場，但都是以舊產品來行銷。

（四）多角化經營

這是位於新產品與新市場。多角化是一種多功能的營運方式，即企業一方面開發新的產品，另一面也同時打入新的市場中。如現在台鹽，除了在家庭市場的食用鹽之外，也推出膠原蛋白等保養新商品，鎖定女性保養的新市場，就可算是多角化經營。

二、市場區隔與選擇目標市場

在上述分析可能存在的市場機會之後，就必須對市場加以區隔、並選出目標市場。市場衡量與預測將成為目標市場與新產品選擇的重要關鍵，本階段把市場分為不同市場區隔，加以評估，並選擇公司能提供最佳服務的市場區隔。

進行市場區隔有許多途徑，在分析行銷機會所提之產品／市場方格（Product/Market Grid），行銷管理部門可以估計每一個格子內市場的吸引力，以及公司的競爭優勢的程度，找出那個產品／市場格子，以便能找出最配合公司的目標與資源配置。

針對是否有做目標市場的區隔，行銷的方式也有兩類：

1. 無差異行銷（undifferentiated marketing）：公司不考慮特有的目標市場，而是針對一般性大眾作銷售。

2. 差異化行銷（differentiated marketing）：對特殊的目標客戶做行銷，即是「小眾市場」，在此種方式下公司有其特定的目標客戶，並需對此市場內的消費者作較深入之調查，以提出符合他們需求的產品或是服務。

目標市場的選擇可分為幾種方式，「單一區隔、多類區隔、選擇單一市場、選擇單一產品和選擇整個市場」。準備研究和選擇目標市場，需求知道如何衡量和預測特定市場的吸引力，需求去估計這市場的規模、成長率、獲利性、與風險。行銷人員需知道衡量市場潛力，與預測未來需求的主要的技術，也需瞭解各個技術目標的優點與限制，以避免誤用（Kolter, 1997）。

企業可發展產品定位圖，來描述銷售此市場的競爭者的位置，例如：可以用品質高低、價格高低來描繪出自己與競爭者的位置。一旦決定產品定位，接著要開始進行新產品的發展、測試、與上市。新產品發展的開發過程包括：尋求創意、篩選創意、產品開發、市場試銷、批量上市。上市後，新產品需依不同的產品生命週期階段：上市期、成長期、成熟期、與衰退期，做有必要的修正。此外，策略選擇將視廠商在這個產品市場中要扮演領導者、挑戰者、跟隨者、或利基的角色。最後，還必須把變化中的全球市場機會與挑戰列入考慮。

三、設計行銷組合策略

行銷人員針對選定的目標市場可作策略的擬定，並據此來推動實際的各項活動，策略的內容可依據產品策略（Product strategy）、價格策略（Price strategy）、通路策略（Place strategy）和促銷策略（Promotion strategy）等 4P 來分析。

1. 產品策略主要思考是否要推出新產品、品牌管理等策略。
2. 價格策略主要思考要以低價搶攻市場佔有率、或是以高價快速回收成本等策略。
3. 通路策略則包括通路服務功能的多少、通路的選擇、通路成員的管理。
4. 促銷策略則包括廣告、人員推銷、銷售促進、公共關係等策略。

四、規劃行銷方案

行銷活動的落實最重要的就是在規劃出具體的行銷方案，行銷方案的內容如表 12-1 所示，可區分為七個項目。首先是行銷計畫的重點摘要、行銷情境、機會與問題分析、目標、行銷策略、行動方針、預計損益表、行銷控制。

表 12-1　行銷計畫（綜合 Kotler,1997; Zikmund and d'Amico,2001; Etzel et al., 2002）。

	部分	目的
1.	行銷外部環境分析	分析供應商、潛在進入者、產品替代者、顧客、同業競爭者等的競爭狀況。
2.	機會與問題分析	以第一階段的分析為基礎，根據自己公司資源的多少，確認機會／威脅／優勢／劣勢，找出最有利的機會。
3.	制訂行銷目標	確認行銷目標：是否要追求市場佔有率？或是追求利潤？
4.	發展行銷策略	列出可以達成行銷目標的各種行銷活動：產品、定價、通路、促銷。
5.	行動方針	回答：要做什麼？誰來做？何時做？要花多少錢？
6.	預計損益表	預測計畫可能產生的利潤以及所有必須支出的成本。
7.	行銷控制	如何追蹤活動績效以及如何調整行銷策略。

五、組織、執行、與控制行銷活動

　　行銷企劃完成之後，還有一個重要的程序，就是組織行銷資源和控制行銷計畫。如果沒有執行的團隊與控制機制，很有可能會讓前面的規劃努力白費。在執行的部分，因為關聯到人，所以在實務上的運作往往會比規劃階段來的困難。

　　行銷組織結構會依不同的產業以及規模而定，通常在消費品的公司，行銷功能比較完整，會包括廣告、促銷、銷售、產品管理等。而在以工業品為主的公司，則行銷活動會以銷售通路、產品管理為主。另外如果是規模較小的公司，可能少數人就執行所有的行銷活動。規模較大的公司有較多的行銷人員：例如業務員、業務經理、行銷研究人員、廣告人員、產品經理、促銷人員、促銷經理。

　　Kotler（1997）認為行銷計畫在執行時，公司需求回饋和控制的程序確保公司將完成銷售、利潤、與其他的目標。首先，管理當局必須在年度計畫中，明確訂出每個月或每季的目標。其次，管理當局必須衡量在各市場中的績效。接著，管理當局對於任何嚴重的績效差距，必須找出原因。最後，管理當局對於績效與目標間的差距，必須採行矯正的行動。

12-2 行銷的組織

　　行銷組織可從一般最常見的組織結構來分析，包括功能、地區、產品經理制度。以下分析其優點與缺點：

一、功能型組織

　　傳統管理學理論所提出的分工概念，就是利用管理功能切割，分成不同部門、各司其職；由於各功能專業分工，因此可以有效率完成任務。行銷組織也可以利用這樣的概念將行銷功能分成產品管理、銷售促進、企劃、物流等部門。例如統一超商行銷組織就分成行銷情報、銷售促進、物流等部。

　　功能式組織專業分工可以達到行銷功能的效率，因為資源可以集中，同時專業人才可以充分發揮專長。但是實際遇到問題的時候很難切割到底是哪一個行銷功能的問題，例如某公司推出新產品，在電視打了很多廣告之後，銷售一直很差，因此行銷經理想要檢討到底是哪個部門的問題；但是行銷研究沒做好、廣告內容不好、促銷的手法不好，或是產品做的不好等都可能是問題的來源。

　　功能式行銷組織另外一個缺點就是可能沒辦法培養完整的行銷人才，因為經過部門化之後，行銷功能被切割，屬於該功能的員工就專注在該功能，而忽略了其他。例如：廣告部門的員工可能就會忽略物流、銷售促進的專業。要解決這個問題必須要加強員工對行銷功能的完整訓練，或是採取部門輪調的方式，讓員工有機會加強各行銷能力。

二、地區型組織

　　當公司服務市場大且各市場的消費與市場特性不同的時候，就需求選擇以地理區域作為組織的劃分，以利各地區因為當地的差異做出不同的行銷回應。例如跨國企業在台灣地區與在歐美地區的行銷活動就必須以地區來做劃分，因為不論在廣告、通路、促銷的偏好，台灣與歐美的消費者都有很大的差異。以麥當勞而言，在亞洲市場就推出了符合亞洲口味的照燒豬肉漢堡。

以地區為劃分的行銷組織最大的缺點就是資源可能會重複，不像功能式組織可以集中資源做最有效率的運用。另外的缺點就是以區域為主的分權式管理有時候會讓總部無法掌控各地區的狀況，嚴重可能會產生意想不到的危機；為了解決這問題，有很多高階主管會到處巡迴，以掌握各地的狀況。其實現在很多企業利用資訊科技，如網際網路可以將各地的資訊即時傳遞到總部、並利用視訊會議方式與各區域組織溝通，應該可以達成較佳的控制效果，詳細例子可以參考本章第三節中的行銷控制的即時控制例子。

三、產品與品牌管理組織

產品開發與行銷活動非常的複雜，這些活動基本上是跨部門的，可能包括研發、生產、行銷、銷售或是顧客服務。因此要開發一個商品或行銷案必須與多個部門協調；而在管理控制的角度來看，當案子出現問題的時候，不知道要找誰來負責，事實上也很難確定是誰出了問題。為了解決上述的問題，產品經理制度就出現了，他對這個產品負責，也就是這個產品的總窗口，負責協調各相關部門，讓產品相關的案子能順利完成。產品經理或品牌管理制度基本上是屬於矩陣式的組織結構，也就是說在管理功能分工之下，另外成立跨部門的組織，產品經理可能會有自己部門的上司，同時也會有各功能的上司。矩陣式組織兼具功能別與地區別的優點，既有資源集中之效率又有即時回應的特質。

許多公司跟進建立產品管理型組織，嬌生公司就利用產品管理型組織，個別產品類經理掌管不同醫療產品－醫院耗材、止血療傷用品、傳染病控制、外科手術用品及眼科用品等（Kotler, 1997）。而許多高科技電腦公司，如宏碁電腦、華碩電腦也都有採取產品經理制度。

產品經理的負責發展產品計畫，監督執行、結果，及採取修正行動。此責任包括六大任務（Kotler, 1997）：

1. 為產品發展－長期與競爭策略。
2. 準備年度行銷計畫與銷售預測。
3. 與廣告公司及代理商共事，來發展文案、溝通方案與活動。
4. 刺激銷售人員與配銷商對產品的支持。
5. 收集產品績效、顧客與經銷商態度、新問題與機會的情報。
6. 引發產品改進，以符合市場的需求。

這些基本功能對消費品與工業品產品經理均相同，但工作內容與強調重點會有所不同。工業品產品經理較須具備專業知識，工作偏在產品生產與開發管理；消費品的產品經理較偏於促銷和廣告。也就是說，消費品產品經理較工業產品管理的產品項目較少，時間大都畫在廣告與促銷活動上，且更多的時間花在公司或其他成員及各相關機構上，較少用於顧客上。工業產品經理在於產品的技術面與可能的產品改進上與生產過程，時間多用在實驗室與工程人員上，也和銷售人員與重要顧客很接近，較少注意廣告、促銷活動及促銷性定價（Stanley, 1978）。

產品經理在整個產品發展是個源頭，以某電腦公司產品經理為例：產品經理首先根據市場需求，制定電腦規格後，由研發部門設計，然後由其他相關單位試作、測試、生產，最後將產品行銷。產品經理扮演研發與行銷間的橋樑，而在產品生產過程中產品經理負責協調、監督、控制進度，隨時做危機處理（如缺零件、調整價格、改變規格以符合需求、生產線出問題）。

Stanley（1978）認為產品經理制度有下列優點：

1. 從提出產品構想到行銷該產品，只須很短時間。
2. 應用在有效時機與促銷工具，因應市場狀況的需求。
3. 在行銷計畫中，迅捷的調整戰術，以適應競爭策略的變化。
4. 在產品最後試銷與介紹期中，減少產生錯誤的機會。
5. 在行銷計畫中，減少作業上的疏忽與觀念上的空虛感。
6. 更了解成本、利潤，以及對投資報酬率的考慮。

產品經理制度除了以上優點外，因為有人負起責任，使產品與公司具有生命共同體的觀念，這亦是優點之一。

Kolter（1997）也認為產品經理有下列缺點：

1. 產品經理未擁有足夠職權以有效負起他們肩負的責任，往往造成各部門衝突。
2. 產品管理系統成本較原來預期為高。
3. 產品經理牽涉多部門運作，往往造成工作不夠專精。
4. 短期產品管理特質，產品經理若離職，對長期產品發展有不利影響。

產品經理制度除了以上缺點外，產品經理工作負荷過重，這亦是缺點之一。

　　產品經理工作壓力是非常大的，而且非常具有挑戰性，隨時隨地都有突發狀況要解決，每天有開不完的會和接不完的電話，產品經理看事情的角度是宏觀的、未來的，他可以很快看出整個組織的問題，並且也可培養出人際溝通能力。

12-3　行銷的執行與控制

　　行銷工作在組織完成後，最重要的即是要確實的付諸執行，Bossidy and Charan（2003）在其執行力一書就說明，根據他們的觀察，戴爾、EDS 是以執行力取勝，而曾經風光一時的朗訊、全錄，則是執行力不如對手，導致企業的沒落。因此行銷企劃完成之後，如何利用公司資源有效執行，將是行銷方案是否成功的關鍵因素。

　　執行力一書的作者，歸納出七大行為（Bossidy and Charan, 2003），稱之為構成執行力的基礎，這些可以作為行銷活動執行時應該要注意的事項：

1. 瞭解你的企業與員工
2. 實事求是
3. 設立明確的目標與優先順序
4. 後續追蹤
5. 論功行賞
6. 傳授經驗以提升員工能力
7. 瞭解自我

　　綜合以上七點，執行力的三個核心流程是：人員流程、策略流程、營運流程。人員流程有三個目標，首先是精準而深入的評量每個員工，以行銷組織而言，可能要去評量員工專業行銷理論、市場調查技術、廣告企劃技術、資訊科技應用技術、消費者行為等；其次是提供鑑別與培養領導人的架構，以配合組織未來執行策略的需求，例如：在每個行銷功能內都應該有不同類型的領導人；第三則是充實領導人才儲備管道，以做為健全接班計畫的基礎，以行銷人員來說，因為行銷環境變化很快，隨時都有上場接班的準備，產品經理制度就是一個培養儲備接班人的重要制度。因為經過產品經理制度磨練之後，不但可以充實完整的行銷專業能力，同時也可以接觸到公司多個部門的流程與人脈，也可以培養溝通與危機處理能力（Bossidy and Charan, 2003）。

　　策略流程即是對策略如何執行的問題。策略不是紙上談兵，而應是一項具體可行的行動方案，結合內外部資源，可供企業達成目標。一個完整的策略，除了企業常用的SWOT（強勢、弱勢、機會、威脅）之外，還要兼顧執行的能力、是否兼顧長短期目標、是否在永續經營的基礎上追求獲利？以行銷組織來說，到底公司的資源是否可以配合？公司的文化與組織氣候是否可以讓行銷策略順利推行？這些都是執行行銷策略的重要執行要素（Bossidy and Charan, 2003）。

　　營運流程則是將策略轉換為營運計畫的過程，通常是一年內能完成各項方案，以期望達到企業銷售、獲利的既定目標。以上三項流程最重要的是將人員流程、策略流程、營運流程完整連結在一起，也就是說，策略流程設定出企業行進的方向；人員流程則決定哪些人參與；營運流程則是為這些人指明執行的途徑，並將長期目標切割成短期目標，加以實現。三個流程整合與運作，即決定執行力的高低（Bossidy and Charan, 2003）。

一、行銷的控制

（一）行銷績效的評估

　　行銷績效可以從「效率」（Efficiency）和「效用」（Effectiveness）來評估。所謂「效率」是指為了達到目標，公司資源運用後產生了多少效益，可以由產出除以投入得到，也就是指把事情做好；而「效用」則是完成目標的程度，也就是指做對的事情。因此在分析行銷績效時，我們從行銷效率以及行銷效用來分：

1. 行銷效率：指行銷資源投入之後所得到的報酬，通常為量化指標，如：

　　(1) 銷售量：公司各項產品的銷售總數量。

　　(2) 個人生產力：全公司的生產量／公司員工人數。

　　(3) 公司設施的利用率：指現在使用量／可供使用量。

　　(4) 耗用成本：例如人事成本、促銷、廣告成本等。

　　(5) 利潤力：指行銷所達成的利潤有多少。

2. 行銷效用：指行銷目標所達成的情況，通常包含量化或質化的指標，如：

　　(1) 市場佔有率（Market Share）：產品在市場上的銷售佔有率。

　　(2) 顧客滿意度（Satisfaction）：消費者對產品使用後的滿意程度。

　　(3) 顧客忠誠度（Loyalty）：消費者重複購買公司產品的比例。

　　(4) 產品品質（Quality）：指產品是否符合原先規劃之功能。

(5) 服務品質（Service Quality）：服務在消費者心目當中的優越程度。

(6) 顧客終生價值（Customer Life Time Value）：顧客在一生當中會消費公司產品或服務的額度。

（二）行銷控制的類別

行銷控制的類型可以從時間構面和作業層次的控制類型，分述如下：

1. 時間構面控制的類型（Anthony, 1988）

(1) 事後控制（Post action control）：

事後控制是在行銷活動執行之後，以行銷產出的變數，如消費者廣告曝光量、銷售量、銷售金額、利潤、市場佔有率、顧客滿意度、忠誠度等為回饋變數，根據這些數值來修正行銷活動的投入，看是要增加或是要減少。這種控制機制有一項最大的問題就是活動要執行完成或是到某階段之後才會去檢查進度，有些問題的解決可能會拖延一段時間，例如：某公司導入電話顧客服務流程，過了一個月之後才控制檢討，發現顧客服務人員態度不佳，造成顧客滿意度降低，其實顧客抱怨已經有一段時間了，因為公司沒有即時處理，造成不滿意的顧客向其他人傳播，結果公司形象大受影響，這就是因為沒有即時事後控制的結果。

(2) 事前控制（Preliminary control）：

公司可以利用一些計量的技術，如銷售預測、迴歸分析等，在執行之前先作各種可能發生狀況的預估，並作糾正的行動。例如：上述的例子，在導入之前，公司就可以先推估可能會發生什麼問題，在事前就能夠先避免，比如雇用服務態度較好的人員。不過此種控制還是必須仰賴過去是否有類似的經驗或數據，才能夠做較準確的控制。如果公司有建立知識管理系統，蒐集公司內過去曾發生的問題與數據，透過較準確的統計或資料探勘分析方法，就可以較準確提出事前的控制。

(3) 即時控制（Real control）：

事後控制時間上無法掌握，同時也可能會浪費掉很多行銷資源。而事前控制又無法完全精準掌握突發狀況，因此即時控制就有其必要性。即時控制這與事前和事後的方法均有不同，即不是在事前模擬可能發生的情況，以便預作準備；也不會在事情結束之後才作分析檢討。即時控制是在方案推動的時程之中，隨時加以控制評估，若有突發事件或是當初沒有設想到的情境發生、同業的作法有重大的改變，凡此均是在行銷方案推動之中就必須要隨時做的反應。這種方法需求隨時隨地掌握資訊，

因此對管理者而言可能需求花很多時間去注意，同時對於執行者而言，每做一次的動作就要紀錄與回報，也會相當令人困擾。

不過近年來資訊與網路科技進步，電腦網路或是掃描技術可以將所有產品或服務流程紀錄下來，不但可以作為即時控制的參考，同時這些紀錄的資料經過分析之後，也可以成為事前控制的重要參考。

所以上述的時間與紀錄的問題將有效的解決。目前在行銷領域應用即為熱門的銷售自動化（Sales Force Automation, SFA）系統，它是專門給銷售代表日常工作要求而定制的軟體系統，功能包括行事曆、活動管理、客戶管理和機會管理、各種報告分析、客戶與產品資料庫等，還可以社交媒體聯結，如 Facebook 或 Line。SFA 能夠幫助銷售人員即時收集、組織客戶的資訊，根據銷售資料精確預測、分析利潤、客戶需求、個人績效等，可以提高銷售團隊的效能，減少企業銷售成本。有了銷售人員自動化系統，公司也可以隨時隨地掌握銷售人員的狀況，因此對於銷售人員的控制，可以由過去的事後控制改為即時控制，這樣公司就不用擔心銷售人員整天到底在外面做什麼。

玫琳凱化妝品公司的銷售人力自動化系統

　　接下來舉出採用銷售自動化系統進行即時控制例子，例如：玫琳凱化粧品公司，採人員直銷方式銷售，透過獨立的美容顧問來進行產品銷售，而掌管獨立美容顧問的是指導員，在指導員之上又有全國銷售指導員。為了讓指導員能夠方便掌握美容顧問的績效以及美容顧問作業效率的提高，所以從 1982 年開始，玫琳凱公司進行業務自動化，然而此系統並未進行連線，美容顧問還是必須在每月將報表印出後寄回公司，因此並未提供即時的效率。而且因為美容顧問大多對電腦不熟悉，加上系統設計不夠友善，設計師並未站在使用者的立場設計，整個業務電腦化宣告失敗。有了第一次失敗的經驗，玫琳凱公司後來又進行 InTouch 系統的開發，這次開發原則強調是在增加銷售的生產力，而非只是增加作業的生產力，同時把自己也當成顧客來開發系統，另外也強調系統操作的簡單化。InTouch 系統包括銷售生產追蹤與報告系統、電子文件系統、電子郵件、電子訂單輸入。銷售生產追蹤與報告系統主要是指導員激勵美容顧問之用，透過銷售生產追蹤，指導員可以很及時與精確知道美容顧問的銷售情形，進而進行排行分析，如此指導員可以在適當的時間給予適當的人適當的獎勵。過據這些資料往往要花好幾天才能整理出來，並且也不一定是正確的資訊。電子文件系統則是指導員給美容顧問訓練有關產品最新訊息或銷售技巧的資訊，指導員可以很容易做資料的儲存與查詢，如此可以給美容顧問做適當的訓練。而美容顧問也可以根據顧客的需求，向指導員索取適當的資訊，以便向顧客說明，不必再等時間向總公司索取。透過電子郵件，指導員彼此可以聯絡，並且也可以和總公司聯繫，同時可以傳遞任何形式的資訊，達成人員互動。電子訂單輸入則可以讓銷售就在電腦前面完成，不必再像從前要填訂單，郵寄回公司。同時系統也可以計算價格、並且有顧客偏好的紀錄，可以針對顧客需求推薦顧客想要的產品。透過 InTouch 系統，玫琳凱改善了業務的生產力與即時控制（Bradley and Jodie, 1997）。

2. 作業層次控制的類型

　　前面是以時間為構面分析控制，Kotler（1997）認為行銷在實際的作業上可以區分為行銷計畫、獲利能力和行銷效率等方面：

(1) 行銷計畫控制：

　　行銷計畫控制由最高階主管和中階主管負責，主要為行銷的年度計畫，其內容包含了銷售分析、市場佔有率分析、費用對銷售的比率和財務分析等重要指標，若未能達成則應加以診斷並找尋出適當的修正辦法。事實上，年度計畫控制的核心是目標管理（management by objective）。目標管理理論是說明一個組織必需建立大目標，以作為該組織的方向；為達成大目標，組織中的管理者必須設定個別目標，而這些個別目標應與組織的目標協調一致，目標從上到下，形成目標體系，得以發揮整體的組織績效。管理者在事前和部屬商定彼此可以接受的目標及計畫後，即充分授權部屬，讓部屬可以有充份的自由選擇最有效的手段，以達成預先設立的目標與計畫。事後，管理者再以原訂目標與部屬實際執行的成果加以檢討，並予校正與調整，以確保目標的達成。

(2) 行銷獲利力控制：

　　由公司的行銷人員負責，目的在檢視公司營業部門的績效是有利潤還是沒利潤。而所使用的方法包含了分析各種不同產品的區隔、目標市場、主要顧客群、通路、獲利能力、投資報酬等，以決定該項產品與是服務是否應該擴大經營。

(3) 行銷效率控制：

　　如果獲利力分析結果顯示某些產品的獲利情況不良，此時即可用行銷效率來分析，謀求補救之道。其內容有銷售力效率、廣告效率、銷售促進效率和配銷效率等。

☆ 表 12-2　行銷控制的類型（Kotler, 1997）

控制類型	主導人	控制目的	方法
年度控制	高階管理者 中階管理者	檢視計畫中的結果是否已經達成目標	銷售分析 市場佔有率分析 銷售／費用比率 財務分析 滿意度追蹤
獲利力控制	行銷主管	檢視公司利潤	獲利力，以下面區分：產品、區域、顧客區隔、通路、訂單大小
效率控制	企劃主管 行銷主管	評估並改進行銷活動	銷售力的效率 廣告的效率 銷售活動的效率 配銷的效率

本章摘要

行銷管理的程序，有以下幾個步驟：

1. 分析行銷機會：在分析行銷機會方面，可以利用 Porter 的五力分析，分析外部環境，然後再利用 Porter 的價值鏈分析內部行銷環境。

2. 市場區隔與選擇目標市場：在上述分析可能存在的市場機會之後，就必須對市場加以區隔並選出目標市場。

3. 設計行銷策略：包括新產品發展以及產品生命週期管理。

4. 規劃行銷方案：行銷組合方案，包括產品、定價、促銷、通路。

5. 組織執行控制：行銷活動的落實最重要的就是在規劃出具體的行銷方案。

6. 行銷方案的內容可區分為七個項目：行銷環境、機會與問題分析、行銷目標、行銷策略、行動方針、預計損益表、行銷控制。

7. 行銷組織可以區分為功能、產品、地區等形式。

8. 行銷控制的類型可以從時間構面分成事前控制、即時控制、事後控制。

9. 關鍵詞彙：行銷管理程序、行銷組織、功能別組織、產品與品牌經理、地區別組織、行銷的控制。

自我評量

一、名詞解釋

1. 行銷管理程序

2. 功能別組織

3. 產品與品牌經理

4. 地區別組織

5. 行銷的控制

二、選擇題

( ) 1. 下列哪項不是行銷管理的程序？ (A) 分析行銷機會 (B) 市場區隔與選擇目標市場 (C) 設計行銷策略 (D) 以上皆是。

( ) 2. 下列何者不是以功能別為基礎的行銷組織的優點？ (A) 行銷效率 (B) 資源集中 (C) 彈性 (D) 以上皆非。

( ) 3. 下列何為產品與品牌經理的任務？ (A) 為產品發展－長期與競爭策略 (B) 準備年度行銷計畫與銷售預測 (C) 與廣告公司及代理商共事 (D) 以上皆是。

( ) 4. 下列何為行銷效率的衡量？ (A) 市場佔有率 (B) 顧客滿意度 (C) 顧客忠誠度 (D) 銷售額。

( ) 5. 行銷控制的類型有哪幾種？ (A) 積極控制 (B) 有效控制 (C) 事後控制 (D) 品質控制。

( ) 6. 一個組織必需建立其大目標，以作為該組織的方向；為達成其大目標，組織中的管理者必須設定個別目標，而此等個別目標應與組織的目標協調一致，目標從上到下，形成目標體系，稱為？ (A) 例外管理 (B) 目標管理 (C) 走動管理 (D) 品質管理。

(   ) 7. 在行銷活動執行之後，以行銷產出的變數如消費者廣告曝光量、銷售量、銷售金額、利潤、市場佔有率、顧客滿意度、忠誠度等為回饋變數，根據這些數值來修正行銷活動的投入，看是要增加或是要減少，稱之為？ (A) 事前控制 (B) 及時控制 (C) 事後控制 (D) 自動控制。

(   ) 8. 公司可以利用一些計量的技術，如銷售預測、迴歸分析等，在執行之前先作各種可能發生狀況的預估，並作糾正的行動，稱之為？ (A) 事前控制 (B) 及時控制 (C) 事後控制 (D) 自動控制。

(   ) 9. 在方案推動的時程之中，隨時加以控制評估，若有突發事件或是當初沒有設想到的情境發生、同業的作法有重大的改變，凡此均是在行銷方案推動之中就必須要隨時作的反應，稱之為？ (A) 事前控制 (B) 及時控制 (C) 事後控制 (D) 自動控制。

(   ) 10. 下列哪項是執行力的三個核心流程： (A) 人員流程 (B) 策略流程 (C) 營運流程 (D) 以上皆是。

三、問題討論

1. 行銷管理的程序為何？

2. 請說明以功能區別為基礎的行銷組織有何優缺點？

3. 請說明以地區區別為基礎的行銷組織有何優缺點？

4. 何謂產品與品牌經理制度？有何優缺點？

5. 行銷控制的類型有哪幾種？

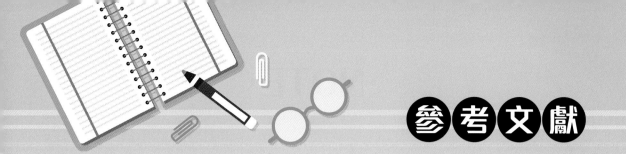

- Anthony, R. N. (1988), The Management Control Function, HBS Press.

- Bradley, Walter A. and s. Kregg Jodie (1997), "Electronic Sales Force Management at Mary Kay", in Electronic Marketing and the Consumer, Robert A. Peterson Ed., Thousands Oaks, CA: Sage Publications, Inc., pp.61-79.

- Etzel, M. J., Bruce j. W., and W. J. Stanton (2001), Marketing, 12 ed., McGraw Hill.

- Kotler, Philip (1997), Marketing Management, 9 ed., Prentice-Hall.

- Bossidy , Larry and Charan, Ram (2003),Execution: The Discipline of Getting Things Done，執行力，李明 譯，天下文化出版

- Porter, M.E. (1985), Competitive Advantage: Creating and Sustaining Superior Performance, NY: Free Press.

- Stanley, R. E. (1978), Promotion, Prentice-Hall.

- Zikmund, W. G. and d'Amico, M. (2001), Marketing: Creating and Keeping Customers in an e- Commerce World, 7ed., South-Western College Publishing.

Chapter 13
國際行銷

法藍瓷轉戰中國電商市場

法藍瓷（FRANZ）創立於 2001 年，法藍瓷品牌名稱像是優雅的歐洲品牌，其實是創辦人陳立恆以自己的德文名字 FRANZ 來命名，意涵無拘無束，充滿創意，陳立恆希望藉由 FRANZ 來實現夢想，將理念融入作品的設計風格。

陳立恆在 1980 年代即投身於國際禮品產業，他所經營的海暢企業是世界最大的禮品代工廠商之一。有感於海暢不管是 OEM 或 ODM，都是替客戶代工，無法奢求產品的工藝品質，因此陳立恆決定自創品牌，只有擁有自己的品牌，才能做出屬於自我精神的生活藝術品。

法藍瓷因產品融合中西方文化及結合浮雕的獨特設計，深受歐美人士的喜愛，所以能定位在藝術禮品市場的高級品。加上海暢代工時所建立的深厚人脈，讓法藍瓷能夠找到熟悉通路的歐洲代理商，還爭取到在知名百貨和高級精品專賣店（如美國的 Bloomingdale's）擺放銷售的機會，使得歐美消費者很快的就知曉法藍瓷這個新品牌。法藍瓷也因為價格不很貴，所以曾獲得紐約國際禮品展「最佳收藏首獎」和英國禮品專賣零售商協會所頒發的「最佳陶瓷禮品首獎」。此外，柯林頓總統和芭芭拉史翠珊等知名人士購買法藍瓷來送禮和收藏，還大大做了免費的廣告。以上種種，讓法藍瓷順利躋身一線國際精品品牌，也因此法藍瓷建立了極高的品牌知名度和品牌權益。

法藍瓷從傳統代工、創立自有品牌、到躋身一線國際精品品牌，十數年的發展，開發全球 56 個國家市場，拓展 6000 多個零售據點，年營收最高 20 億元，坐穩全球陶瓷市場第四大品牌。

2008 年，法藍瓷將經營重心轉至中國，主要是因為歐美市場因受金融海嘯而銷售萎縮，中國的經濟的快速成長，讓法藍瓷在中國市場的業績得以快速成長。法藍瓷在中國擴大投資設立工廠（台北是營運與設計總部），在義烏建立設計中心，從事品牌、工藝、包裝、平面設計等業務，並且計畫將此模式複製到中國其他城市，就是看好中國文創市場的未來發長潛力。

然而，2015 和 2016 年，法藍瓷首次遭還連續兩年虧損，並且衰退幅度高達兩成。除了受到全球經濟不景氣影響外，中國市場的投資評估失準也是主要原因。為解決營業虧損，法藍瓷在中國採取了緊縮防禦策略，也就是法藍瓷為了避免資源過於分散，縮減精品市場的投資，2016 年 11 月，法藍瓷從研發、製造到行銷部門，優退 25％員工。

　　此外，法藍瓷計畫將資源分配到另一個重要領域上，也就是中國電商市場。法藍瓷想要進入的是一個新的市場，一個銷售低價的杯、盤、相框、項鍊等年輕化商品的電子商務市場。法藍瓷看好中國電商市場龐大的商機，像 2016 年雙 11 狂歡購物節，一天就創造了人民幣 1,207 億元的營業額，而且中國年輕人的消費觀不似年長者那麼節儉，如果杯、盤、相框、項鍊等瓷器設計精巧，價格又不貴，加上法藍瓷品牌的加持，應該能吸引年輕族群的購買。

💡 問題討論

1. 請分析法蘭瓷進入中國電商市場的優劣勢。

2. 請以安索夫的產品－市場矩陣，分析法蘭瓷進入電商市場是屬於甚麼策略？請說明理由。

3. 依據第 2 題作答的策略，請為法蘭瓷擬定適當的行銷策略。

參考資料

- 李雅筑（2016），「法藍瓷縮編 25％　總裁第一手認錯告白」，1516 期，商業周刊，http://magazine.businessweekly.com.tw/Article_mag_page.aspx?id=63257。

- 法藍瓷官方網站，http://www.franzcollection.com.tw/tw/report。

- 高佳菁（2016），「不甘被罵豬　50 歲怒創法藍瓷」，蘋果日報，http://www.appledaily.com.tw/appledaily/article/finance/20161010/37411150/。

- 財經中心（2016），「法藍瓷縮編精簡 25% 人力　轉型輕資產」，蘋果即時，http://www.appledaily.com.tw/realtimenews/article/new/20161115/989113/。

- 張志誠（2005），「連柯林頓都著迷的精品瓷器 -- 法藍瓷」，Career 就業情報網，http://media.career.com.tw/company/company_main.asp?CA_NO=351p068&INO=68。

🌏 案例導讀

　　中國電商市場之所以受到法藍瓷的青睞，是因為中國電商市場規模龐大。根據中國電子商務報告顯示，2016 年中國電子商務交易總額為人民幣 26.1 兆元，佔全球電子商務零售市場 39.2%，中國網路購物用戶有 4.67 億戶，手機網路購物用戶約 4.41 億戶（大陸新聞中心，2017a）。

　　根據麥肯錫公司的 2017 中國數字消費者研究報告顯示，中國電商市場是全球最大的電商市場，市場規模大約是為排名第二名至第七名（美國、英國、日本、德國、韓國、法國）六大市場的總和（大陸新聞中心，2017b）。

　　義烏市是中國最大的小商品市場集散地，全市有超過 2,000 家的物流公司，低物流成本使義烏成為發展電子商務的最大競爭利器，2014 年義烏市為唯一被列入第二批創建國家電子商務示範城市的縣級市。義烏市政府希望未來能將義烏打造成全球網商集聚中心，因此建設義烏國際電子商務城，並發展跨國物流體系，包括建構義烏港、公路、鐵路、海運、航空整體物流體系（呂曜志、邱芳 2015）。

參考資料

- 大陸新聞中心（2017a），「麥肯錫：大陸是全球最大電商市場」，聯合報，6 月 27 日，https://udn.com/news/story/7333/2541037。
- 大陸新聞中心（2017b），「大陸電商交易熱　佔全球近 4 成」，聯合報，5 月 30 日，https://udn.com/news/story/7333/2494104?from=udn-referralnews_ch2artbottom。
- 呂曜志、邱芳（2015），中國大陸電子商務發展趨勢對臺商的啟示，全球台商服務網，https://twbusiness.nat.gov.tw/files/201501/20150116CNtoTWB1.pdf。

本章是在協助學生從國際的角度來看行銷，讓同學瞭解國際行銷的觀念及在企業組織的應用。前面幾章所說明的行銷觀念與理論，是探討單一市場內的行銷管理，從行銷面對的環境進而到目標市場策略、以及發展行銷組合，這都是發生在單一市場內的行銷議題，比較單純。而國際行銷是探討在多個國家市場的行銷管理，雖然看起來只是增加為多個市場的範圍，然而實務上，國際行銷管理卻不僅僅是行銷任務在量的增加，而必須考慮更多，包括國際行銷活動的集中與協調等（Zou & Cavusgil, 2002），表 13-1 為比較國內行銷（單一市場）與國際行銷（多國市場）的差異。

✖ 表 13-1　國內行銷（單一市場）與國際行銷（多國市場）的差異比較

國內行銷（單一市場）	國際行銷（多國市場）
● 目標市場策略	● 國際市場參與
市場區隔	● 國際行銷活動的集中
選擇目標市場	● 國際行銷活動的協調
市場定位	● 國際競爭行動的整合
● 發展行銷組合	● 發展國際行銷組合
產品	產品的標準化或調適化
定價	定價的標準化或調適化
通路	通路的標準化或調適化
促銷	促銷的標準化或調適化

參考資料：**Zou, Shaoming & S. Tamer Cavusgil (2002)，"The GMS - A Broad Conceptualization of Global Marketing Strategy and Its Effect on Firm Performance"，Journal of Marketing, 66(4), pp. 40-56.**

13-1　國際行銷的必然性

一、國際行銷的定義

國際行銷是指企業跨越國境，在超過一個以上的國家，進行產品或服務的設計、定價、促銷與配銷決策，以滿足顧客需求的規劃與執行程序。從定義上來看，國際行銷與國內行銷最大的差異只在於，前者的行銷任務在一個以上的國家進行。然而，隨著企業

進入不同的國家市場愈多，所面臨的環境因素也愈形複雜，因而國際行銷所面臨的挑戰性也愈加艱鉅。

　　圖 13-1 簡單說明了國際行銷的任務，當企業只在國內市場行銷時，行銷人員必須考慮國內環境因素所帶來的影響，這些環境因素大都是不可控制的因素，行銷人員只能因應，不太能夠改變；在這些環境因素的限制下，行銷人員擬定了行銷策略，以滿足顧客需求。當企業走向國際市場時，在每一個國家市場中，行銷人員所擬定的行銷策略，除了受到國內環境因素的影響，也會受到國外環境因素的影響，國際行銷管理不僅是在多個單一國家市場的行銷，也必須考慮國際行銷活動的集中、協調與競爭行動的整合。

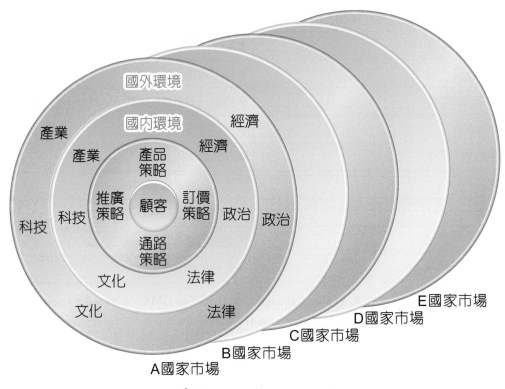

圖 13-1　國際行銷的任務

參考資料：Cateora Philip R., Mary C. Cilly Gilly, & John L. Graham (2009),
International Marketing, 14th edition, New York, McGraw-Hill, 11.

二、趨動國際行銷的因素

　　企業走向國際化，是指企業突破一個國家的疆界，在兩個或兩個以上的國家經營，以擴大銷售市場的規模、獲得更低的生產要素、或追求更高的營利。企業走向國際化後，如果在兩個或兩個以上的國家市場，規劃與進行產品或服務的設計、定價、促銷與配銷

決策，就涉及到國際行銷的議題。以下為企業進行國際行銷活動的趨動因素：

（一）國內市場的飽和

國內市場的飽和通常是趨動企業從事國際行銷活動最基本與最直接的因素，由於國內市場趨於飽和，企業為了要擴充市場規模，為現有的產品和服務尋找新的市場機會，因此想要進入海外市場。尤其在全球化的發展趨勢下，不同國家的消費者，在許多產品和服務的需求和偏好都有趨同的現象，這使得企業可以直接將原有的產品和服務行銷到更廣大的海外市場，因而促進了企業進入國際市場。

（二）全球化經濟的發展

全球化經濟的發展是指跨越國家和區域的界限，經濟活動有明顯快速的成長，而在自由貿易和國際投資下，帶動了的國際間產品與服務的流通，企業在海外市場可以獲得更優質和更低廉的資源，包括原材料、勞動力和技術，以降低生產成本，獲得低成本優勢；或是企業將經營的市場由的國內擴展海外，就能夠可以在獲得更多顧客的購買，轉移管理經驗與技術，創造出更多價值與的競爭優勢。

（三）國際市場的趨同與逐異

由於全球化以經濟為核心，進而影響到文化、意識形態、生活方式、價值觀念、消費行為、商品等多層面力量的跨國交流、衝突與融合，而使國際市場的發展，一方面是趨同（Convergence），一方面是逐異（Divergence），兩者同時並存。

圖片來源：聯合新聞網

消費者逛一圈超級市場，會發現賣場中供應的食物愈來愈多元，有日本的壽司、韓國的泡菜、印度的咖哩、新加坡的叻沙（Laksa）、美國的漢堡、墨西哥的塔可和德國的豬腳，這種多樣化的飲食習慣已成為全球趨勢。所以就單就食物產品而言，全世界消費者的飲食習慣漸趨相同，就是市場趨同的現象，而市場上玲瑯滿目多樣化的商品，是因為要滿足不同消費者的不同需求，這就是市場逐異的現象。

（四）科技的創新與發展

Laszlo（2001）指出在農業和工業時代，社會所形成多樣的文化，現在正因為科技的創新與發展而發生變化。尤其是交通工具、通訊技術（從電話到電腦，再到網際網路）的發展，消除了人與人之間的空間界限，強化世界各地人與人之間的聯繫，加速推動經濟全球化的進程。在經濟全球化的影響下，社會與組織也改了結構和運作方式，消費者改變生形式活與思維，因而促使商業改變了營運模式，走向國際市場。

SHOPPING99 以跨境電商拓展東南亞市場

圖片來源：SHOPPING99 購物網站

跨境電商（Cross-Border Electronic Commerce）是指分屬不同關境（實施同一海關法規和關稅制度的境域）的買方和賣方，透過電子商務平台交易與支付，並透過跨境物流將商品送達的一種國際商業活動。

在數位時代，台灣中小企業可以搭上跨境電商這個順風車，輕鬆的進入國際市場。中小企業將商品出口到國外市場，進入第三方倉儲（搭配物流業者），選擇當地流量最大的電商平台或自設官網，然後針對當地市場做在地化的網路行銷。

耐德科技股份有限公司成立於 2000 年，公司資本額為 3,600 萬元整；2002 年成立 SHOPPING99 女性購物網站，並以社群經營的基礎與概念經營購物網站；2004 年，台灣 SHOPPING99 年度業績突破一億元；2006 年，台灣 SHOPPING99 年度業績突破兩

億元；2008 年，跨境發展中國市場；2013 年，跨境啓動菲律賓市場；2015 年，跨境開拓馬來西亞市場。現在 SHOPPING99 旗下，依產品線區分，有 PRETTY99 美妝保養館，FASHION99 服飾包包館，WOMAN99 女人專屬館，LIFE99 創意生活館，BUTY99 抒壓 SPA 館。

耐德科技能夠成功的進入東南亞市場，執行長陳昶任指出關鍵在於針對東南亞各國的不同風俗民情，進入市場的方式各異。例如：對於菲律賓市場，SHOPPING99 在還沒進入前，先在臉書建立兩個帳號，各別加了 500 位菲律賓朋友，每天觀察並分析他們食衣住行討論串和社群使用行為，因而能事先研究出菲律賓電商市場與消費者的特性，例如：菲律賓的電子商務仍是藍海市場，與台灣電商相比，市場規模雖然只有 1%，但是電商法規相較台灣寬鬆，並且沒有甚麼競爭者存在；菲律賓人民所得不高，但消費力強，週間逛購物中心充滿人潮，全球前 10 大購物中心，就有 3 家就開在馬尼拉就有 3 間；菲律賓人生性樂觀，喜歡聊天，尤其喜歡在社群裡網站聊天，所以在社群網站的停留時間很長，而且菲律賓官方語言是英文，用英文就可以在社群網站上和當地消費者溝通，所以社群經營很重要。

SHOPPING99 進入菲律賓市場後，更是善加利用臉書以社群的概念經營管理顧客，例如：以粉絲專頁的發文與回文，抓住 PO 文類型趨勢，看數字進行粉絲專頁洞察報告，目的就是要提升導流轉換率（進站人數／總曝光人數），也就是將臉書上按讚、留言和分享的網友，成功導引進入 SHOPPING99 購物網站。

SHOPPING99 進入馬來西亞市場的方式與菲律賓截然不同，SHOPPING99 在馬來西亞的購物網站是與馬來西亞大型網路購物平台 Lelong.my 進行合作，因為 Lelong.my 馬來西亞當地最早的電子商務網站，於 1998 年創建，帶動了馬來西亞初期的電商活動，目前是馬來西亞當地第二大電商平台，第一大 C2C 平台。SHOPPING99 在馬來西亞市場，同樣也是透過臉書進行導流，透過分享文增加 SHOPPING99 的知名度。

13-2 國際行銷的演進

　　隨著國外市場的營運經驗日漸增加，企業在國際化的發展會經歷以下三個階段：(1) 初期進入海外市場；(2) 擴展國家市場；(3) 國際市場合理化（Douglas & Craig, 1989）。而國際行銷的演進（如圖 13-2），也隨著企業在國際化程度的增加，而由國內行銷發展到出口行銷，進而到國際行銷。

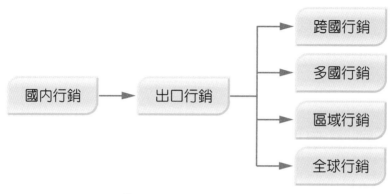

圖 13-2　國際行銷的演進

　　目前國際企業的國際行銷活動，因受到四種不同的管理導向：本國中心導向（Ethnocentric Orientation）、多國中心導向（Polycentric Orientation）、區域中心導向（Regiocentric Orientation）、全球中心導向（Geocentric Orientation）的影響，而呈現出四種不同的國際行銷類型：

（一）跨國行銷

　　在本國中心管理導向的影響下，國際企業將國際行銷放在低於國內行銷的地位，行銷策略大多數由國內總公司制定，國外分公司大致上是聽從與採取與國內市場相同的行銷策略。

（二）多國行銷

　　在多國中心管理導向的影響下，企業認知到每一個國家市場都是獨特的，不同的國家市場具有差異化，以及國外業務對企業組織的重要性，就會採取多國行銷。通常多國行銷會根據不同國家的環境因素和市場需求，來擬定不同的行銷策略，所以在每一個國家的分公司，都會自行制定不同的行銷策略。

（三）區域行銷

在區域中心管理導向的影響下，國際企業會基於相同的市場需求特性，而劃分國際區域為市場區隔，並為每一個國際區域，擬定綜合性的區域市場計畫。通常，企業會針對同一個國際區域內不同的國家市場，採行相同的行銷策略，而不同的國際區域，則有不同的行銷策略。

（四）全球行銷

在全球中心管理導向的影響下，國際企業將整個世界視為相似的市場，所以是以全球範圍來擬訂行銷計畫，以全球範圍為基準進行行銷活動，行銷策略的制訂，是由位在不同國家的總公司和分公司共同參與、相互諮詢而得的。

13-3　國際市場進入模式

國際市場進入模式是指國際企業在選定國家市場後，進入該市場所使用的方式。根據國際化理論相關研究，國際市場進入模式可歸納為三大類：出口模式、契約模式、及投資模式。

一、出口模式

國外進入模式的第一大類是出口模式，是企業在國際化初期最常用的方式，因為企業投入的資源較少、風險較小，但企業的控制力較小、無法累積當地市場經驗。

出口模式又分為間接出口和直接出口方式：

（一）間接出口

間接出口是企業不直接與國外客戶聯繫，而透過的國內專業貿易公司、經銷商或代理商，將產品銷往國外市場。

利豐集團（Li & Fung）是一家以香港為基地的大型跨國商貿集團，運用供應鏈管理的概念經營出口貿易，是全世界最具規模的出口及採購集團之一，業務網遍布全球 41 個國家，從中國大陸和其他亞洲發展中國家的生產基地採購，賣給歐美的零售商，出口貿易經營範圍包括提供產品設計、原材料採購、統籌生產、物流、融資等，主要出口市場為美國、歐洲和日本。對於中國大陸和其他亞洲發展中國家的生產商，沒有資源和能力

直接將產品銷往國外市場，就可選擇與利豐合作，利豐可以提供穩定、價錢合理的訂單，而生產商則能在預定產能、快速生產及各種細節上配合利豐，縮短供貨時間。

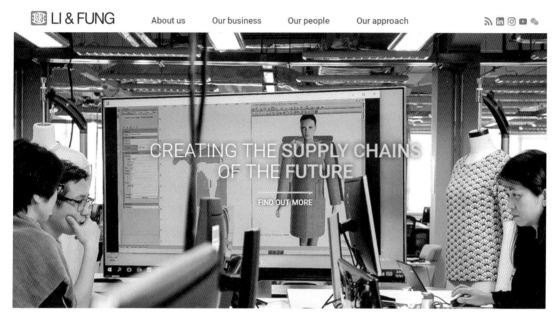

圖片來源：科豐集團官網

 利豐公司影片 **https://www.youtube.com/watch?v=zSv-VTdimnI**

（二）直接出口

直接出口是指企業主動開展出口業務，如自行設立出口部門，直接與國外客戶聯繫，將產品銷往國外客戶手上。

法國著名的礦泉水沛綠雅（Perrier），水源在法國南部的加爾省，由於該處泉水有治療作用，1898 年泉水被列為法國國家資產，1903 年開始出售瓶裝水，以直接出口的方式行銷國外，並於 1905 年成為英王御用礦泉水。在英國人的寵愛下，沛綠雅礦泉水在法國巴黎的知名度，還不及在英國倫敦、香港、新加坡或印度新德里的高知名度。目前沛綠雅仍是以直接出口的方式行銷全世界，傳統的沛綠雅礦泉水中只有礦物鹽及二氧化碳，但在部分國家市場中，會在水中加入精油，做成有香氣礦泉水。

二、契約模式

國外進入模式的第二大類是契約模式，是指企業透過簽定契約的方式，與國外企長期且進行非投資性的無形資產轉讓，而進入國外市場。因此，相較於出口模式，契約模式的風險較高、企業的控制力較高，相對的資源投入也較多。

契約模式的形式很多，包括：技術授權、特許經營、契約製造、合資。

（一）技術授權

技術授權又稱為許可貿易，是指企業（授權者）與國外企業（被授權者）簽訂授權協議，於約定的期限內，同意將全部或一部分授權者的 know-how、商標、服務標章、專利權、專門技術等智慧財產權，提供給被授權者使用，並收取授權金和費用。

美國可口可樂公司開拓國際市場的方式即是使用技術授權，例如：可口可樂進入香港和台灣市場，是美國可口可樂公司將品牌商標授權給香港太古集團，並且提供香港太古公司和台灣太古公司製造可口可樂飲料所需求的特殊配方濃縮液，以讓被授權者在香港市場和台灣市場從事生產與行銷售業務。在台灣，消費者所購買的可口可樂，即是台灣太古可口可樂公司所生產製造，所以在可口可樂瓶罐的側面，標示著「可口可樂公司授權台灣太古可口可樂股份有限公司在中華民國製造」。

（二）特許經營

特許經營是一種特殊且專業的授權加盟協議，授權者提供加盟者使用無形資產，並且還要求加盟者要遵守嚴格的經營規定。

麥當勞在全世界超過一百個國家，成立超過 3 萬 2 千家的餐廳，其中八成以上的麥當勞餐廳，是當地獨立的加盟經營者管理。1984 年，台灣麥當勞於在台北市民生東路成立了第一家餐廳，於 1987 年宣布開放加盟申請，每一位審核通過的加盟申請者，都需求接受為期一年的全職訓練計畫，包括：加盟申請者必須從基層的工作做起，炸薯條、炸雞塊、清理廁所，一直做到中心經理，訓練的最後兩週，加盟主還送到麥當勞位於美國的漢堡大學接受特訓。麥當勞對加盟者嚴格的篩選及訓練，是為了讓加盟者融入企業文化，以及保護品牌避免受到破壞。

（三）契約製造

契約製造指企業保留研發或行銷兩個核心活動，而與國外製造商簽訂契約，提供原材料或零組件，讓國外製造商生產或組裝，或是提供詳盡的原材料規格與產製標準，由國外製造商生產製造。

圖片來源：經濟部工業局

契約製造在台灣高科技產業創造出經濟奇績，台灣代工製造是歐美知名電腦公司的最愛，以筆記型電腦為例，台灣製造商生產全球約八成的產品，早年在台灣製造（Made in Taiwan），但 1990 年代後，全部都設廠在中國，實際上製造產出都是在中國境內完成，換言之是中國製造（Made in China）。

（四）合資

合資是指企業為進入某國家市場，與當地企業合作，共同出資建立新企業。一般來說，企業會選擇以合資模式進入國際市場，可能的原因有：當地政府的鼓勵或法令限制、資源互補、風險分散。

P&G 在八十多個國家設有工廠及分公司，旗下有寶潔、汰漬、飄柔、潘婷等三百多個品牌的產品，行銷一百六十個國家。P&G 認為中國是一個具有極大潛力的市場，於是在 1988 年成立的寶潔公司，由於當時 P&G 對在中國市場缺乏經驗，再加上中國政策規定，合資企業必須是中方控股，外資在合資企業的股份不得超過 49%。為降低在中國的投資風險，寶潔公司選擇了廣州肥皂廠、香港和記黃埔公司及廣州經濟技術開發區建設進出口公司，成立了其在中國的第一家，由中、美、港合資的廣州寶潔有限公司。後來，寶潔公司又陸續在廣州、北京、上海、成都、天津等地設有十幾家合資、獨資企業。1998 年，寶潔公司開始轉向將公司獨資化：同年，寶潔公司購回廣州浪奇實業股份公司所持有的廣州寶潔的 12% 的股份和 360 萬美元的債權，2002 年，廣州寶潔公司只保留中方象徵性持股 1% 的公司；2000 年，北京熊貓寶潔公司轉化為寶潔 100% 的獨資企業。

三、投資模式

　　國際市場進入模式的第三大類是投資模式，也就是國外直接投資（Foreign Direct Investment, FDI），企業以貨幣資金直接投入國外市場，設立獨資子公司，以控制獨資子公司的部分或全部產權，直接參與經營管理，以獲取利潤。

　　獨資子公司的成立形式有收購及創建投資兩種：

（一）收購

　　收購是指企業收購海外企業之股權、部門（事業部）、工廠、設備、或行銷據點，以快速進入市場。例如：Google 這一家美國的跨國科技企業，為了提供了完整的網際網路產品與服務，除了自行開發技術之外，Google 還大量收購許多小型公司的產品與技術，以快速取得他們的研發技術，包括：Keyhole 公司的 Earth Viewer 產品（Google 後將此服務改名為 Google Earth）、Android 被收購併成 Google 的移動設備作業系統、Google 以 16.5 億美元的股票收購線上影片分享網站 YouTube 等。

圖片來源：維基百科

（二）創建投資

　　創建投資是創辦新企業，在國外建立新廠房、子公司或分支機構，又稱為綠地投資（Greenfield Investment）。創建投資透過國外的直接投資，使企業擁有全部或一定數量的企業資產及經營的所有權，直接進行投資的經營管理。

　　一般來說，收購及創建投資的優點是對外獨資子公司有絕對的掌控力，而且能充分累積當地市場經驗。收購又比創建投資可快速進入市場，以免錯失先機，而且可以獲得互補性資產，像 Google 藉由大量收購小型風險投資的企業，可以快速取得各式各樣的網際網路技術，除克服自行研發的人力資源不足的缺點外，還能立即取得技術。然而，收購常因組織文化差異的衝突，造成組織管理不易。

麥當勞改變台灣市場的進入模式

麥當勞進入台灣市場 30 多年，一直穩居台灣連鎖餐飲業龍頭寶座，台灣也曾經是全球麥當勞的前十大獲利市場。麥當勞於 1984 年進入台灣市場時，是以區域授權方式進入，當時代理商是寬達食品，與美國總部是合資且區域授權的關係。2014 年，美國總部收回授權，寬達食品退出台灣麥當勞經營，由美國總部設立子公司經營至今。

2015 年麥當勞總公司提出全球振興計畫，檢視全球各地的經營模式後，要把 3,500 家餐廳經營權售出，預計 2018 年全球 90% 的分店都將轉換成特許經營模式。於是，台灣麥當勞在 2016 年 6 月宣布將經營模式調整成授權經營，在台灣尋求適當的授權發展夥伴（Developmental Licensee），將台灣直營店全數授權經營，移轉其所有權和經營權，但管理權仍以麥當勞總公司標準為依歸。

麥當勞總公司訂出理想的候選授權發展夥伴必需具備的條件：高度的經營能力，充分瞭解台灣市場，必須對麥當勞品牌具有深入的瞭解，並具有相同的價值及遠見，承諾協助麥當勞未來在台灣的成長及創新。

誰會是麥當勞新任的授權發展夥伴呢？台灣的統一、義美、仰德等集團都有可能。根據《壹週刊》2016 年底的追蹤報導，仰德集團下的國賓飯店可能已經以 3 億美元買下台灣麥當勞 20 年品牌授權與旗下資產，如果一切順利，雙方會在 2017 年初，簽訂買賣合約。

13-4 國際行銷策略

一、國際產品策略

國際產品策略最重要的探討議題之一，就是企業所開發與生產的產品或服務，應採取全世界統一的標準化（Standardization）策略，或是針對不同國家市場的調適化（Adaptation）的策略。產品標準化策略是指企業開發與生產相同的產品或服務，行銷到全世界；產品調適化策略則是因應不同國家市場的需求，開發與生產符合當地市場的產品或服務。

擁有強勢品牌可以減少國際企業進入海外市場之障礙，而來源國形象和國家刻板印象，又會影響消費者的態度與行為。因此，對從事國際行銷活動的企業而言，瞭解影響國際品牌決策的因素也是很重要的。

（一）產品標準化策略

企業在全世界採取產品標準化策略，前提假設是全球化趨勢的到來，世界各國不再閉關自守，打破國際貿易障礙，使全世界市場整合為一，以及消費者偏好趨於一致。這時候，企業可以向全世界不同國家或地區的所有市場，提供相同的產品或服務，如此企業可以達到追求效率、降低成本之目的。

標準化及調適化的議題最早是由學者 Levitt（1983）所提出的，他觀察到市場上有許多產品與服務，如麥當勞、可口可樂、搖滾樂、好萊塢電影、露華濃化妝品、新力電視、以及 Levis 牛仔褲，能夠風行全世界，即是因為市場全球化所致。

學者 Jain（1989）的研究結果顯示，如果產品的類型是普遍被顧客需求的，如工業品，那麼企業在不同國家市場行銷時，只需做少許的微調即可，容易推動產品標準化，所以就產品類型的比較，工業及高科技的產品相較於消費品，企業比較容易採取產品標準化策略；另外，產品定位是要在消費者心目中建立獨特的形象，如果企業的產品或品牌，在不同國家市場具有普遍且相同的產品形象，此時產品標準化就容易被推動。

世界各國消費者的偏好與購買行為也越來越相近，形成一個全世界同質的大市場。例如：全球青少年（Global Teen），不論來自台灣、香港、東京、菲律賓、紐約等地，其共通消費特性就是，身穿 NIKE 運動服和運動鞋、耳朵戴著 Beats 耳機，聽著由 Apple iPhone 播放出來的 Super Junior 韓國樂團的音樂專輯、手裡拿著手機在玩 APP 遊戲，並且隨時轉換到 Line（或是 Wechat、WhatsApp），即時向好友傳送圖文簡訊。

（二）產品調適化策略

Levitt 理想中的產品標準化策略，能夠讓企業實現規模經濟效益、減少研發費用、採取統一的管理技術和經驗。但實務上，由於技術輸入國市場環境的差異性，為了迎合當地政府和顧客需求，提高產品競爭力，企業必須要採取產品調適化，產品的設計和開發都要體現當地特色。

產品調適化策略是相對全球化而來的另一趨勢和潮流，企業運用知名的品牌與高品質的產品，做為在國際全球市場攻城掠地的競爭武器之外，還會重視當地市場的消費者需求，進行產品適應性調整或開發全新產品，以滿足不同國家市場性要求。

麥當勞在印度市場銷售的產品，與美國和其他國家市場有很大的差異。由於印度教和伊斯蘭教是印度兩大宗教，有 83% 的人信奉印度教，14% 的人信奉伊斯蘭教，其中的印度教徒不吃牛肉，穆斯林則不吃豬肉，所以印度麥當勞提供的產品大多是素食和雞肉。例如：Big Spicy Paneer Wrap 是辣辣的奶酪卷、Veg Pizza McPuff 是全素的比薩派、Veg Supreme McMuffin 全素的大瑪芬堡、McEgg 是麥香蛋、McAloo Tikki 是印度香料與馬鈴薯做的假肉堡、Maharaja Mac 就是雞肉口味的麥香堡。

McDonald's Around the World

Canadian McDonald's

Mexican McDonald's

American McDonald's

Chinese McDonald's

Brazilian McDonald's

Iraqi McDonald's

日本肯德基開創聖誕節慶習俗

小事典

　　日本人過聖誕節，家庭聚餐時，餐桌上一定要有紅白色肯德基的「派對桶」，肯德基炸雞已成為日本人過聖誕節必備的食物。日本人為什麼聖誕節要吃肯德基炸雞？這個文化習俗是不是從外國流傳進來的？就連居住在日本的外國人也很奇怪？因為外國人都沒有在耶誕節吃炸雞的習俗，為什麼日本人要在聖誕夜吃肯德基炸雞呢？

　　有一位非洲裔的美國演歌手，在節目中打電話詢問日本肯德基公司，得到的答覆是：1970 年日本第一家肯德基店開幕不久，一對外國夫妻在聖誕節到店用餐，這對夫妻在用餐時談到日本沒賣火雞，在日本過聖誕節因買不到火雞，只好到肯德基購買炸雞來代替火雞過節。這對夫妻之間的對話被當時的店長大河原毅聽到，他靈機一動，於是在 1974 年的聖誕節，在日本展開銷售與推廣聖誕節派對特餐的行銷計畫，沒想到一舉成功，日本消費者誤以為外國人在聖誕節都要吃肯德基炸雞的，於是跟著買聖誕節派對特餐，慢慢就演變成日本人過聖誕節一定要吃肯德基炸雞的習俗了。

　　每年到了 12 月，是日本肯德基銷售的旺季，日本消費者在聖誕節想買肯德基聖誕節派對特餐，通常得在一個月前就預先訂購，否則就要大排長龍，等個數小時才買得到。聖耶誕節前後的那幾天，日本肯德基的營業額是平常的十倍，而聖誕節這一天，日本肯德基派對特餐銷售的營業額，佔了全年的三分之一。

　　大河原毅這個意外的行銷構想，讓他在 1984 年登上日本肯德基總裁兼執行長這個位子。而日本肯德基開創聖誕節慶習俗的成功案例，也成為每一家外國企業拓展日本市場，津津樂道的學習標竿。

國家刻板印象和來源國形象

小事典

　　刻版印象（Stereotype）是一個社會學名詞，指一個人對於特定類型人、事、物的一種概括的看法。刻板印象一旦形成，若不客觀理解，則很難加以改變。有一個有趣的短文，充分描寫了歐洲人對歐洲國家的刻板印象：如果有一個地方，警察都是英國人、廚師都是法國人、工程師都是德國人、愛人都是意大利人、政府都是瑞士人，這個地方一定是天堂；如果有一個地方，警察都是德國人、廚師都是英國人、工程師都是法國人、愛人都是瑞士人、政府都是意大利人，這個地方一定是地獄。

　　在行銷管理中，國家刻板印象是指消費者對於某特定國家產品的刻板印象，而國家刻板印象效果是指消費者的國家刻板印象，會對消費者態度與行為產生的影響。

　　國家刻板印象效果的研究最早可追朔到學者 Schooler（1965）的來源國效果研究，後續學者則陸續針對製造國效應、品牌來源國效應，探討對消費者產品評價與購買意願的影響。尤其是產業全球化之後，產品的製造、設計、組裝在不同國家進行，相關的研究就整合了更多的元素，包括品牌來源國、設計國、製造國等效果。

　　以製造國為例，產品最後的製造或組裝在哪一個國家，這個國家就是製造國。由於中國大陸一直享有全球生產成本最低國的名聲，所以全世界大多數的產品都被標示 Made in China，而使中國被稱為「世界工廠」。

二、國際定價策略

從事國際行銷的企業，必須擬定適當的國際定價策略，因價格會影響企業的營收和利潤，也會影響企業在國際市場的定位與形象，這對企業在國際舞台上與競爭者競爭，有很大的幫助。

標準化與調適化策略的考量，也發生在國際定價議題上，如果企業能在國際定價上採取標準化策略，將能獲得成本節省、價格較低廉、在國際市場保有一致形象等優勢。而實務上，因為不同國家市場總體與個體環境因素的不同，國際企業很難以統一的價格售銷產品，所以根據不同市場的定位與競爭性，而訂定不同的價格，有時也是必須的手段。

此外，因產品在不同國家市場定價的不同，而引發的特殊問題：國際移轉計價、真品平行輸入、和傾銷，也是國際企業要特別關注的議題。

（一）影響國際定價的因素

對於國際企業而言，瞭解影響國際定價標準化的因素是很重要的，Theodosiou & Katsikeas（2001）針對國際製造公司所進行的調查研究發現，經濟環境、法律環境、配銷基礎建設、顧客特性與行為、以及產品生命週期五個因素，會影響國際定價（參考圖13-3）：

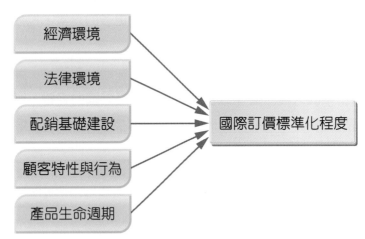

▍圖 13-3　影響國際定價標準化的因素

資料來源：**Theodosiou, Marios & Constantine S. Katsikeas (2001), "Factors Influencing the Degree of International Pricing Strategy Standardization of Multinational Corporations", Journal of International Marketing, 9(3), pp.1-18.**

1. 經濟環境：經濟環境決定了顧客對產品的需求，以及深深影響企業的成本結構，因此母國與地主國的經濟環境愈相似，國際企業在不同國家市場的產品定價就愈可能標準化。

2. 法律環境：不同國家如果有共通的法律保護消費者，就會影響或維護零售的價格，因此母國與地主國的法律環境愈相似，國際企業在不同國家市場的產品定價就愈可能標準化。

3. 配銷基礎建設：國際企業在外國市場銷售往往要仰賴現有的配銷管道，配銷成本也因為影響成本結構，而影響價格水準和邊際利潤，因此母國與地主國的配銷基礎建設愈相似，國際企業在不同國家市場的產品定價就愈可能標準化。

4. 顧客特性與行為：價格水準有時是顧客用來評估與是否購買的重要準則，但對於價格不敏感的顧客，會以產品品質或產品價值等去評估，因此母國與地主國的市場中的顧客特性與行為愈相似，國際企業的在不同國家市場的產品定價就愈可能標準化。

5. 產品生命週期：產品生命週期可能在不同國家市場存在著不同階段，如果母國與地主國的產品生命週期愈相似，國際企業的在不同國家市場的產品定價就愈可能標準化。

（二）國際移轉計價

國際移轉計價（Transfer Pricing）是指國際企業的母公司與子公司，或子公司與子公司之間，相互銷售產品或服務時，所訂定的價格。其價格水準未必符合自由市場的市場價格，有可能高於或低於市場價格，端視國際企業的移轉計價目的而定。

在經濟全球化之下，國際企業在行銷決策中，運用國際移轉計價可以減低賦稅，是一種利用避稅港的作法，國際企業把有利潤的生意轉給位於避稅港的母公司或子公司，在稅務計畫上，即可節省賦稅。國際移轉計價不僅可幫企業節稅，也可規避進口關稅、物價膨脹、匯率風險，以及匯出盈餘等。

國際企業移轉計價這種為了使其整體課稅下降，獲取稅收利益，而規避賦稅的方法，雖然可能是合法的，但卻可能破壞市場公平交易，造成對其他企業不公平的現象。因此，世界各國的稅務機構，紛紛制定反避稅條款（Anti-Avoidance Rule），關注於在跨國公司之間的移轉定價，以對付國際企業違例移轉的案例。

（三）真品平行輸入

真品平行輸入（Parallel Importing）是指未經合法授權的貿易商，在未經原廠或合法代理商之同意下，自國外輸入合法製造並附有智慧財產權之產品。凡是以平行輸入方式進口的產品，稱為真品平行輸入商品，俗稱水貨。

在國外，水貨市場又稱為灰色市場（Gray Market），因為水貨是否合法，仍有諸多爭議。進口水貨的貿易商認為，平行輸入的真品在國外是合法購得的，原廠的智慧財產權已經獲得了經濟利益上的滿足，因此進口水貨的行為是合法的。然而，台灣著作權法第87條第1項第4款規定：「未經著作財產權人同意而輸入著作原件或其重製物者，視為侵害著作權或製版權」，依據現行著作權法的規定，未經原廠同意，即使貿易商在國外是合法購買商品的，但進口到國內市場的行為，仍可能侵害原廠的進口權。

真品平行輸入的發生，最主要的原因是不同國家的產品定價差異太大，導致貿易商因為價差的誘因，願意將產品從訂低價的國家市場，引進到訂高價的國家市場銷售。因此，抑制真品平行輸入的方法，就是不要讓不同國家市場的產品定價有太大的差異。

事實上，真品平行輸入對於消費者、市場經濟，甚至是國外原廠，並非一定會產生全然負面的影響。以消費者而言，能因此以更為合理的價格購買產品，並且貿易商所進口的商品種類，可能不同於代理商，提供了消費者更多商品種類的選擇；就市場經濟而言，代理商與貿易商的競爭，能促進市場自由化與健全；最後，對國外原廠而言，只要是真品，不論是代理商合法代理進口，抑或是貿易商合法平行輸入，都能增加其市場佔有情形，所以國外原廠在無法有效抑制真品平行輸入行為時，不積極作為，常是國外原廠採取的手段。

對於合法授權的代理商，面對平行輸入的貿易商的進逼，當然就要想辦法對抗了。一般而言，代理商可以降價，縮短價差，並且要求國外原廠配合，降低進貨價格；代理商也可以要求國外原廠，特別產製獨特的限定地區款式，以便與貿易商進口的水貨有差異性；此外，代理商還可以提供高品質的售後服務，以提升消費者的滿意度與忠誠度。

（四）傾銷

傾銷（Dumping）是一種掠奪性定價，是指出口廠商在國際市場上，以低於公平價值（Fair Value）的價格，將產品銷售商品到他國，導致他國的廠商因競爭不利，產生重大損害或威脅，是一種不正當的貿易行為。

在傾銷的界定裡，出現一個名詞叫公平價值，什麼是公平價值呢？一般來說，公平市場是出口商國內價格，或出口商銷售到第三國之價格，或合理的成本和利潤所決定的價格。如果出口商銷售到海外之商品價格，低於上述三個價格，則有傾銷的嫌疑。

由於傾銷會侵害到進口國之國內產業，故進口國政府通常會採取反傾銷之措施。反傾銷是基於保護貿易主義，目的是為了保護國內產業與避免國內企業倒閉發生，如果進口國遭受來自他國產品的傾銷，進口國政府一般都會對傾銷商品徵收反傾銷稅，以為因應。

WTO《關於執行1994年關貿總協定第六條的協議》對反傾銷調查程序作出了詳細的規定，根據WTO的有關原則，認定要課反傾銷稅，必須符合以下三個條件：(1) 有傾銷的事實；(2) 國內有產業受損害；(3) 該輸入品為損害國內產業的主因。反傾銷調查程序則包括申訴、立案、調查、裁決、覆審等五個階段。

圖片來源：WTO官網

三、國際通路策略

國際通路系統是指企業與消費者不在同一國家時，商品或服務從母國的企業到地主國的消費者，過程中所有中間商的集合。就國際行銷組合決策而言，國際通路管理比較其他三個國際產品、定價、促銷管理，是最不容易規劃與執行的策略性決策，理由有兩點：

1. 國際通路管理涉及企業「外在環境管理」的問題，因為國際通路系統是由許多不同國家的通路成員所組成，他們各自擅長不同的功能，也執行不同的流程工作，所以國際通路管理不像國際產品、定價、促銷策略可由公司內部主動控制，而是必須和不同角色的其他業者相互協調，透過整個國際通路系統成員的合作，才能將產品以最經濟有效的方式送到消費者手中。

2. 國際通路管理是一個「長期資源投入」的過程，相對於國際產品、定價、促銷策略是比較短期決策，國際行銷通路的建立與運作有賴通路成員彼此長期信賴與承諾而來，所以國際通路策略是一個長期性的決策。

本小節探討的國際通路策略議題有：國際行銷通路結構、國際行銷通路的設計、以及全球供應鏈等議題。

（一）國際行銷通路結構

圖 13-4 整理了國際行銷通路的結構，基本上可以分為間接通路和直接通路兩大類：直接的國際行銷通路是指企業直接與外國買方交易，而不透過本國中間商，所以企業需求自己建立在國外的通路關係，經由自己的出口部門，將產品銷售到國外市場去。

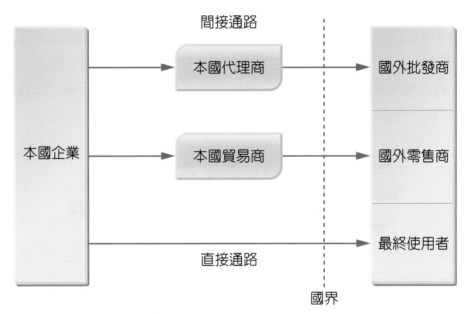

圖 13-4　國際行銷通路的結構

直接國際行銷通路的優點是：企業對國外市場涉入程度高，能積極與市場保持密切的互動；企業對國際行銷通路控制力大，直接與國外顧客溝通，公司政策的推行較不受阻撓。直接國際行銷通路的缺點是：若企業無國外市場營運經驗，則不易產生良好的營運績效；在花費大量時間和金錢後，若無法擴大銷售數量，相對的通路成本會很高。

間接的國際行銷通路是指企業仰賴本國的中間商銷售產品到國外市場，因為經由本國中間商，此外企業無需設立出口部門。若銷售的產品品牌，不歸屬本國中間商時，此中間商稱為本國代理商；若產品品牌歸屬本國中間商，則中間商的角色就像本國製造商。

間接通路又分本國貿易商與本國代理商兩大類，本國貿易商擁有貨物所有權，賺取的是買進賣出差價所產生的利潤。本國貿易商在本國企業的授權範圍內可代表本國企業，種類繁多，包括：外銷商、外銷訂單接受商、出口配銷商、及貿易公司等。

本國代理商不擁有貨物所有權，賺的是仲介賣買交易的佣金。根據代理對象，可分為賣方（本國企業）的代理商和買方（外國顧客）的代理商，其中賣方的代理商又可分為外銷掮客、本國企業的外銷代理商或銷售代表、外銷管理公司、及合作性外銷商等；買方的代理商又可分為採購代理商、官方採購代理商、及駐地買辦等。

企業採用間接國際行銷通路的理由有以下幾點：企業在國外的市場相當分散；國外市場規模不大；企業在國外市場推出的產品的生命週期還在導入期或是新產品，還無法確定市場需求的大小；企業沒有豐富的國際行銷經驗。

（二）國際行銷通路的設計

一般而言，企業在設計國際行銷通路時，會設定以下的目標：(1) 適當的市場範疇；(2) 適當的通路控制力；(3) 合理的配銷成本；(4) 持續的通路關係；(5) 達成預期的銷售量、市場佔有率、利潤率和投資報酬率。

在國際行銷通路目標下，企業開始設計國際行銷通路。圖 13-5 顯示國際行銷通路的設計程序，首先是市場區隔，在不同國家的環境特性與限制下，從國際行銷通路需求進行分析，界定國際市場區隔服務產出需求水準為何，包括：批量規模、空間便利性、等候或運送時間、及產品多樣性的需求水準，以服務產品水準作為區隔變數進行國際市場區隔。

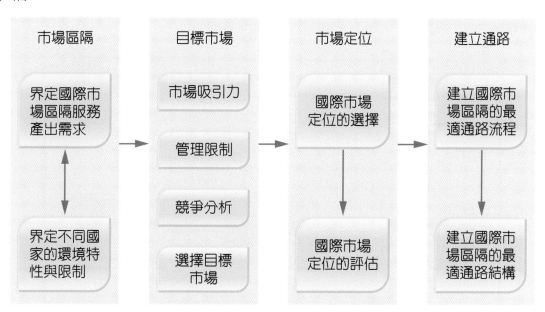

▄▄ 圖 13-5　國際行銷通路的設計程序

參考資料：Coughlan, Anne T., Erin Anderson, Louis W. Stern, & Adel I. El-Ansary (2001),
　　　　　Marketing Channels, 6th edition, New Jersey: Prentice-Hall.

其次是選擇目標市場，面對不同的國際市場區隔，企業必須選擇哪一個或一些國際市場區隔呢？企業可以從市場狀況（市場規模、成長率等）、競爭分析、管理限制（企業的目標、資源、能力等）三方面，去考量進入的國際市場區隔。

第三是市場定位，企業在所選擇的目標市場要以特點來表達差異化，並且評估企業市場定位在競爭差異性和市場接受度的高低。

最後，企業要從國際行銷通路供給進行分析，包括：通路流程分析和通路結構分析。所謂通路流程是指能夠滿足消費者服務產出需求的活動或功能，通路流程分析是從通路流程的相關成本和績效（如效率）進行分析，找出最適當的通路流程。通路結構分析則是分析國際行銷通路系統中，通路成員是誰？同一層級通路應有多少通路成員？選擇單一通路或多重通路？

（三）全球供應鏈

全球供應鏈是指在全球框架下的供應鏈，包括全球供應商到顧客之間，所有對產品的生產與配銷之相關活動流程。

全球供應鏈是企業與全球各地上下游相關業者結合作業的系統，與上游供應商結合作業的目標，是完成即時、多變的生產作業；與下游顧客結合作業的目標，是即時有效的運輸與配銷，將商品在最短時間以最低成本送達顧客端。全球供應鏈大致整合了生產規劃／存貨管制與配銷／運籌兩個程序（如圖 13-6），分別由位在全球不同地區的供應商、倉儲中心、製造商（工廠）、物流中心、和零售商執行。

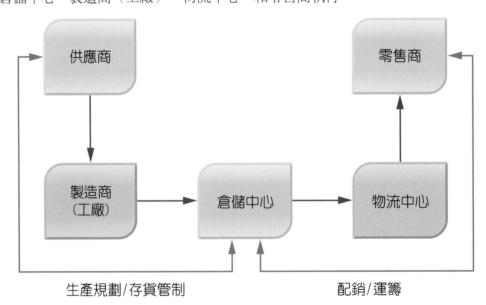

圖 13-6　全球供應鏈的組成與程序

參考資料：Beamon, Benita M. (1998), "Supply Chain Design and Analysis: Models and Methods", International Journal of Production Economics, 55(3), pp.281-294.

　　蘋果公司的 iPhone 的全球供應鏈，從創新→設計→零組件製造→組裝→銷售，都是在不同國家進行的。iPhone 創新與設計是由美國蘋果公司執行的，零組件製造來自日本、韓國、台灣、中國，組裝在中國的深圳富士康工廠（有部分組裝遷到湖南），裝上飛機源源不斷從中國出口全世界各國。由於 iPhone 在中國一機難求，銷售到其他國家的 iPhone 還會走私回中國，先經香港回收，再到深圳翻新手機，最後銷到中國各地，不堪使用的手機零組件還會再回收，以供手機翻新使用，而形成另一條地下的全球供應鏈：走私→回收翻新→再銷售→再回收分解。

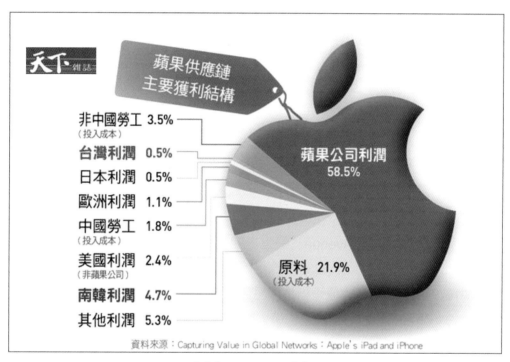

圖片來源：天下雜誌官網

小專欄

知名品牌旗艦店撼動全球人心

Apple 品牌旗艦店 https://www.youtube.com/watch?v=bs8Ghat4gr8

　　品牌旗艦店（Flagship Store）是企業樹立品牌形象的直營專賣店，通常開設在都市裡的好地段，店裡提供最新、最齊全、最獨特的品牌商品，是該品牌領導性和代表性的專營店。

　　品牌旗艦店的演進，從早期的小型專賣店，到現在大型的概念店，其效應已從建立品牌形象和展示商品，發展到顧客撼動人心的體驗，進而將品牌精神昇華到顧客崇拜品牌的境地界。

　　紐約的第五大道（Fifth Avenue）是世界知名品牌旗艦店的匯集地，從 60 街到 34 街之間，Gucci、Hermes、Armani 等國際品牌旗艦店林立。英國一家顧問公司針對全球 45 個國家所做的調查，第五大道是租金最昂貴地方之一，所以奢華是這裡品牌旗艦店必備的特色。每年慕名到紐約第五大道的遊客超過 3 千萬人，品牌旗艦店也藉此輕易登上世界舞台，讓品牌死忠顧客不遠千里，也要來旗艦店朝聖一番。

　　LV（Louis Vuitton）位在巴黎總部旗艦店的行銷推廣，運用的是一種心理尊崇的手法，藉由炫耀尊貴，來塑造顧客的品牌崇拜。LV 旗艦店對奢華產品的推廣，就像是全球舞台上表演藝術一樣，打造出由貴族名流、影星名模演出的品味時尚秀，用以彰顯極度奢華的品牌地位。巴黎總店為塑造尊貴，會以限量強調貴在稀有。

　　在紐約蘇活區的 Apple Store，獨特的店面設計，已獲得許多建築獎項。Apple Store 旗艦店的設計是由舊金山設計團隊負責，依據當地的環境，設計出獨特的店面空間，內部除了販售蘋果公司的產品，包括電腦、軟體、iPod、iPhone、iPad、以及其他如 Apple TV 等的消費性電子產品外，還設有可供發表簡報或舉辦工作營（Workshop）的小型劇院，提供蘋果產品教學的工作室（Studio），提供產品技術諮詢和維修服務的天才吧（Genius Bar），以及對民眾開放的免費工作營。

四、國際推廣策略

國際推廣策略是指國際企業透過人員推銷、廣告、促銷活動、公共事件等推廣工具，向國際市場的消費者或顧客傳遞產品或品牌資訊，以引起注意與興趣，激發偏好態度與購買行為的產生。

標準化與調適化策略的考量，也發生在國際推廣議題上，國際企業通常會針對不同推廣工具的特性，思考是要採取全球統一或因地制宜的推廣策略。

（一）國際推廣組合

國際企業運用不同的推廣工具和國際市場中的消費者進行溝通，必須有效整合推廣組合，將統一的傳播資訊傳達給各國的消費者，稱為整合行銷溝通（Integrated Marketing Communication）的概念。

根據美國廣告公司協會（American Association of Advertising Agencies）的定義，整合行銷溝通為一種結合廣告、銷售促進、人員銷售、公共事件等傳播工具的行銷溝通規劃概念，企業能夠提供消費者清晰且一致的訊息，而產生最大的溝通效果。而國際企業在整合行銷溝通概念下，針對全世界的溝通工具進行整合與協調，換言之，國際企業必須將人員推銷、廣告、促銷活動、公共關係等推廣工具，整合形成國際推廣組合。以下簡單說明各個推廣工具：

1. 廣告：國際企業必須在國際市場考量下，制定廣告主題、廣告訊息，廣告媒體、廣告刊播時間、及廣告效果測量等決策事項。

2. 人員銷售：國際企業必須在國際市場考量下，制定銷售人員數目、銷售區域劃分、銷售配額、銷售人員訓練、報酬與績效評估等決策事項。

3. 銷售促進：國際企業為配合國際廣告或銷售人員之不足，或為加強國際市場推廣效果，還可進行種種促銷活動，包括：參加商業展覽會、產品示範、銷售競賽、贈送樣品等。

4. 公共事件：公共事件是指通過贊助社會活動，借助良好的社會效應，提高品牌知名度和品牌形象。例如：世界體育賽事的贊助，適當的時機與策略規劃，國際企業就能達到最佳的品牌傳播效果。

圖片來源：傳羽運動官網

（二）標準化與調適化的推廣策略

　　Zandpour & Harich（1996）的研究指出，由於各國文化的顯著差異，導致各國消費者對於不同廣告訴求的接受度會有所不同。圖 13-7 為兩位學者根據國家文化的構面，將不同國家消費者進行集群分析，結果顯示：美國、加拿大、德國等是屬於高感覺（feel）高思考（think）的消費者，台灣、日本、英國等是屬於高感覺低思考的消費者，比利時、意大利、挪威是屬於低感覺高思考的消費者，阿根廷、巴西、印度是屬於低感覺低思考的消費者。因此，國際企業在考量標準化的國際廣告策略時，即能選擇有效的廣告訴求，例如：香港、法國、日本的消費者，較能接受感性／激情的廣告訴求型態；台灣、香港、法國、美國、南韓、西班牙的消費者，較能接受感性／心理的廣告訴求型態；美國、德國、意大利、奧地利、比利時的消費者，較能接受理性／論證的廣告訴求型態；比利時、意大利、墨西哥的消費者，較能接受理性／告誡的廣告訴求型態。

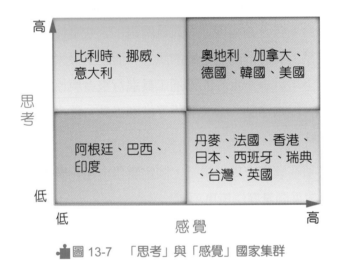

■ 圖 13-7　「思考」與「感覺」國家集群

參考資料：Zandpopur, Fred & Katrin R. Harich (1996), "Think and Feel Country Clusters: A New Approach to International Advertising Standardization," International Journal of Advertising, 15(4), 325-344.

可口可樂在全球的推廣組合中，運用了廣告、銷售促進、公共事件等工具。其廣告有標準化部分，也有因地制宜的在地化部分，可口可樂每年在全世界，都會制定共同的廣告主題，然後不同地區找不同代言人（如亞洲地區曾找張惠妹代言）；廣告訊息通常要求能夠傳達歡樂的氣氛，但在訊息形式上有充滿想像力的夢幻，或是音樂性，或是具有個性象徵等，非常多元；廣告媒體則包含電視、網路、戶外、速食店平板螢幕等，所做的廣告幾乎都選擇在年輕朋友常聚集的場所，或接觸率高的媒體。

可口可樂銷售的促銷活動包括贈品、遊戲、抽獎、再送一罐等活動。例如：每年的聖誕節，可口可樂都會在全球推出聖誕紀念瓶，不但讓銷售量增加，並且創造了一堆可口可樂迷，專門收集這些促銷品；而許多贈獎和競賽活動，都是各別國家市場，因需求創造一時的銷售量，而進行的調適性促銷策略。

圖片來源：可口可樂官網

可口可樂很會藉由公共事件，如贊助或舉辦活動，來提升公司形象。例如：贊助每一屆的奧運，從奧運聖火傳遞的珍貴照片、各屆奧運紀念瓶、紀念罐、徽章、運動帽等奧運紀念品，是標準化的推廣策略。而在地化的公共事件，包括贊助台灣籃球、棒球賽事，以及接受民眾捐書，將書送給世界展望會所資助的小朋友等。

法國青蛙的招商宣傳

2016 年 6 月 23 日，英國全民公投退出歐盟，英國脫離歐盟（Withdrawal of the United Kingdom from the European Union，簡稱 Brexit）既成定局，原來倫敦為歐洲金融中心的地位也極可能動搖，於是巴黎、柏林及法蘭克福等歐洲大城市，都紛紛跳出來想要取而代之。

其中法國政府最為積極，在英國各交通樞紐乘客人來人往之處，大肆張貼廣告，廣告中有一隻青蛙，脖子上繫著領帶，是法國藍、白、紅三色旗，青蛙背後是巴黎拉德芳斯（Paris La Defense）的景點，大拱門環繞在現代高樓大廈中，這個大拱門是中空立方體，人們稱它為新凱旋門。廣告標語寫著：厭惡了霧嗎？試試青蛙吧！請選擇巴黎拉德芳斯（TIRED OF THE FOG? TRY THE FROGS! CHOOSE PARIS LA DEFENSE）。

廣告標語中，fog 代表英國倫敦，因為倫敦是霧都；frog 代表法國，是法國幽默的自嘲。fog 和 frog 差一個字母，音唸起來只有不捲舌和捲舌之差。拉德芳斯（Paris La Defense），有巴黎的小紐約之稱，是巴黎最重要的新興都會建設，是巴黎近郊最具現代化的都會景觀，更是歐洲最前衛的辦公區，這裡幾乎都是世界跨國公司的據點。

法國政府以此幽默手法，向在英國倫敦的跨國金融行號和企業招手，也吸引了新聞媒體的爭相報導，免費向全世界宣傳了巴黎拉德芳斯。

本章摘要

1. 國際行銷：國際行銷是指企業跨越國境，在超過一個以上的國家，進行產品或服務的設計、定價、促銷與配銷決策，以滿足顧客需求的規劃與執行程序。

2. 趨動國際行銷的因素：包括國內市場的飽和、全球化經濟的發展、國際市場的趨同與逐異、科技的創新與發展等。

3. 跨國行銷：在本國中心管理導向的影響下，行銷策略大多數由國內總公司制定，國外分公司大致上是聽從與採取與國內市場相同的行銷策略。

4. 多國行銷：在多國中心管理導向的影響下，國際企業會根據不同國家的環境因素和市場需求，來擬定不同的行銷策略。

5. 區域行銷：在區域中心管理導向的影響下，國際企業針對同一個國際區域內不同的國家市場，採行相同的行銷策略，而不同的國際區域，則有不同的行銷策略。

6. 全球行銷：在全球中心管理導向的影響下，國際企業將整個世界視為相似的市場，以全球範圍來擬訂行銷計畫。

7. 出口模式：出口模式是企業在國際化初期最常用的方式，又分為間接出口和直接出口兩種方式。

8. 契約模式：契約模式是指企業透過簽定契約的方式，與國外企長期且進行非投資性的無形資產轉讓，而進入國外市場，又分為術授權、特許經營、契約製造、合資等方式。

9. 投資模式：也叫做國外直接投資，企業以貨幣資金直接投入國外市場，設立獨資子公司，以控制獨資子公司的部分或全部產權，直接參與經營管理，以獲取利潤，又分為收購及創建投資兩種。

10. 國際行銷標準化策略：是指國際企業在所有的國家市場，採取統一的行銷策略。

11. 國際行銷調適化策略：是指國際企業因應不同國家市場的需求，採取因地制宜的行銷策略。

12. 際移轉計價：際移轉計價是指國際企業的母公司與子公司，或子公司與子公司之間，相互銷售產品或服務時，所訂定的價格。

13. 眞品平行輸入：眞品平行輸入是指未經合法授權的貿易商，在未經原廠或合法代理商之同意下，自國外輸入合法製造並附有智慧財產權之產品。

14. 傾銷：傾銷是指出口廠商在國際市場上，以低於公平價值的價格，將產品銷售商品到他國，導致他國的廠商產生重大損害或威脅。

15. 直接國際行銷通路：是指企業直接與外國買方交易，不透過本國中間商。

16. 間接國際行銷通路：是指企業仰賴本國的中間商，銷售產品到國外市場。

17. 全球供應鏈：是指從在全球框架下供應鏈，包括全球供應商到顧客之間，所有對產品的生產與配銷之相關活動流程。

18. 整合行銷溝通：整合行銷溝通爲一種結合廣告、銷售促進、人員銷售、公共事件等傳播工具的行銷溝通規劃概念，企業能夠提供消費者清晰且一致的訊息，而產生最大的溝通效果。

自我評量

一、名詞解釋

1. 天生全球企業

2. 國際行銷標準化策略

3. 國際行銷調適化策略

4. 國際市場進入模式

5. 全球供應鏈

二、選擇題

( ) 1. 以下何者不是趨動國際行銷的因素？ (A) 國內市場的飽和 (B) 產品生命週期的發展 (C) 國際市場的趨同與逐異 (D) 科技的創新與發展。

( ) 2. 國際企業針對同一個國際區域內不同的國家市場，採行相同的行銷策略，而不同的國際區域，則有不同的行銷策略，是受到哪一種管理導向的影響？ (A) 本國中心導向 (B) 多國中心導向 (C) 區域中心導向 (D) 全球中心導向。

( ) 3. 麥當勞進入國際市場，大多數是採行以下何種方式？ (A) 特許經營 (B) 收購 (C) 直接出口 (D) 間接出口。

( ) 4. 以下何種方式，是一種利用避稅港的作法，可以讓國際企業把有利潤的生意轉給位於避稅港的母公司或子公司，而在稅務計畫上節省賦稅？ (A) 國際移轉計價 (B) 眞品平行輸入 (C) 傾銷 (D) 全球供應鏈。

( ) 5. 國際推廣組合不包括下列哪一項工具？ (A) 廣告 (B) 銷售促進 (C) 定價 (D) 公共事件。

( ) 6. 企業保留研發或行銷兩個核心活動，而與國外製造商簽訂契約，提供原材料或零組件，讓國外製造商生產或組裝，或是提供詳盡的原材料規格與產製標準，由國外製造商生產製造，是國外進入模中的哪一種契約模式？ (A) 技術授權 (B) 特許經營 (C) 契約製造 (D) 合資。

( ) 7. 麥當勞進入印度市場,由於印度教徒不吃牛肉,穆斯林則不吃豬肉,所以印度麥當勞提供大多是素食和雞肉產品。麥當勞因應不同國家市場需求的行銷策略,稱為: (A) 產品標準化策略 (B) 產品調適化策略 (C) 真品平行輸入 (D) 國際移轉計價。

( ) 8. 以下何者不是直接國際行銷通路的優點? (A) 花費時間和金錢少 (B) 能積極與市場保持密切的互動 (C) 企業對國際行銷通路控制力大 (D) 公司政策的推行較不受阻撓。

( ) 9. 根據 Zandpour & Harich 學者的研究,台灣消費者是屬於以下何種集群? (A) 高感覺高思考的消費者 (B) 高感覺低思考的消費者 (C) 低感覺高思考的消費者 (D) 低感覺低思考的消費者。

( ) 10. 在界定傾銷時,如果出口商銷售到海外之商品價格,低於公平價值,則有傾銷的嫌疑。以下何者不為公平價值的參考價格? (A) 出口商國內價格 (B) 出口商銷售到第三國之價格 (C) 合理的成本和利潤所決定的價格 (D) 進口國政府決定的價格。

三、問答題

1. 試比較國內行銷與國際行銷的差異。

2. 趨動國際行銷的因素為何?

3. 國際市場進入模式有哪些類型?

4. 試分析國際行銷策略的標準化與調適化。

5. 國際定價策略會引發哪些特殊問題?

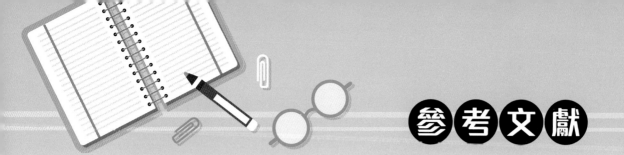

參考文獻

- 何宛芳（2010），跟著 APP 浪潮 你就是下一個創業英雄，數位時代：http://www.bnext.com.tw/focus/view/cid/103/id/13817。

- 林妍溱（2014），蘋果 App Store 2013 年營收突破 100 億美元，iThome：http://www.ithome.com.tw/node/84669。

- 張惠娥（2000），寶潔從合資走向外商獨資，南方都市報，8 月 11 日：http://www.people.com.cn/GB/channel3/23/20000811/183293.html。

- 曾航（2013），iPhone 全球供應鏈大解析，新北市：人類智庫。

- 溫肇東（2010），Born Global：台灣創業者面臨的挑戰，經理人月刊，73，12 月號。

- Beamon, Benita M. (1998), "Supply Chain Design and Analysis: Models and Methods", International Journal of Production Economics, 55 (3), 281-294.

- Cateora Philip R., Mary C. Cilly Gilly, & John L. Graham (2009), International Marketing, 14th edition, New York: McGraw-Hill, 11.

- Douglas, Susan P. & C. Samuel Craig, "Evolution of Global Marketing Strategy: Scale, Scope, and Synergy," Columbia Journal of World Business, 24 (3), pp.47-58.

- Coughlan, Anne T., Erin Anderson, Louis W. Stern, & Adel I. El-Ansary (2001), Marketing Channels, 6th edition, New Jersey: Prentice-Hall.

- Jain, Subhash C. (1989), "Standardization of International Marketing Strategy: Some Research Hypotheses," Journal of Marketing, 53(1), pp.70-79.

- Knight, Gary A. & S. Tamar Cavusgil (2004), "Innovation, Organizational Capabilities, and the Born-Global Firm", Journal of International Business Studies, 35 (2), pp.124-141.

- Levitt, Theodore (1983), "The Globalization of Markets", Harvard Business Review, 61 (3), pp.90-102.

- Schooler, Robert D. (1965), "Product Bias in the Central American Common Market", Journal of Marketing Research, 2 (4), pp.394-397.

- Theodosiou, Marios & Constantine S. Katsikeas (2001), "Factors Influencing the Degree of International Pricing Strategy Standardization of Multinational Corporations", Journal of International Marketing, 9 (3), pp.1-18.

- Zou, Shaoming & S. Tamer Cavusgil (2002), "The GMS - A Broad Conceptualization of Global Marketing Strategy and Its Effect on Firm Performance", Journal of Marketing, 66 (4), pp.40-56.

- Laszlo, Erivin (2001), Macroshift: Navigating the Transformation to a Sustainable World, San Francisco: Berrett-Koehler Publishers, Inc.

- Zandpopur, Fred & Katrin R. Harich (1996), "Think and Feel Country Clusters: A New Approach to International Advertising Standardization", International Journal of Advertising, 15 (4), pp.325-344.

- Anfernee（2016），「台灣中小品牌該用什麼跨境電商模式，布局國際？」，DGcovery，http://www.dgcovery.com/2016/06/14/cross-border-e-commerce/。

- SHOPPING99 官方網站，http://tw.shopping99.com/。

- 郭芝榕（2015），「東南亞跨境電商解密，四大市場一次看」，數位時代，https://www.bnext.com.tw/article/36177/BN-2015-05-05-231133-44。

  許芳愉（2016），「Lelong：馬來西亞歷史最悠久、最受歡迎的本土電商平台」，SmartM，https://www.smartm.com.tw/article/32333233cea3。

- 陳薪智（2016），「電商平台 Shopping 99 前進東協　靠孫子兵法運籌帷幄」，DGcovery，http://www.dgcovery.com/2016/09/20/southeast-asia/。

- 尤子彥（2015），「麥當勞將撤出台灣，『拍賣』直營店」，中央通訊社，http://www.cna.com.tw/news/firstnews/201506245022-1.aspx。

- 李培芬（2015），「商業虛與實－台灣麥當勞經營模式變更啟示」，中時電子報，http://www.chinatimes.com/newspapers/20150626000415-260207。

- 財經中心（2016），「速食龍頭麥當勞新東家出線　仰德集團二少百億拿下 20 年授權」，蘋果及時，http://www.appledaily.com.tw/realtimenews/article/finance/20161221/1017048/%E9%80%9F%E9%A3%9F%E9%BE%8D%E9%A0%AD%E9%BA%A5%E7%95%B6%E5%8B%9E%E6%96%B0%E6%9D%B1%E5%AE%B6%E5%87%BA%E7%B7%9A%E3%80%80%E4%BB%B0%E5%BE%B7%E9%9B%86%E5%9C%98%E4%BA%8C%E5%B0%91%E7%99%BE%E5%84%84%E6%8B%BF%E4%B8%8B20%E5%B9%B4%E6%8E%88%E6%AC%8A。

- 陳韋廷（2016），「日本耶誕必吃肯德基！老美傻眼」，聯合報，http://udn.com/news/story/6812/2179772。

- 黃維德（2016），「為什麼日本人聖誕節要吃肯德基？」天下雜誌，http://www.cw.com.tw/article/article.action?id=5080047。

- Faulconbridge, Guy (2016), "'Tired of Fog? Try the Frogs!' Paris Tries to Poach London Business after Brexit," Business News, October 17, http://www.reuters.com/article/us-britain-eu-paris-idUSKBN12H16U

Chapter 14

網路行銷

章前個案

星巴克的網路行銷

星巴克逆勢成長（李四端的雲端世界）
https://www.youtube.com/watch?v=v91d4Kf71bs

　　星巴客幾乎很少使用廣告，但是近年來善用社群媒介，已經產生了極大的效益。星巴克成為連鎖咖啡的代名詞，它提供優質體驗的咖啡環境，稱之為「第三個家」，意即消費者在工作與家庭之外可以休息的地方，也可以與朋友互動。1981 年 Howard Schultz 買下位於美國西雅圖派克市場的創始店，他打造出良好服務品質的咖啡連鎖店，甚至是到國際上開店。Schultz 之所以會有此想法，主要是 Schultz 在義大利旅行，看到當地的咖啡小店與咖啡文化，包含咖啡師傅對咖啡品質的執著，以及咖啡師傅與顧客互動良好等，回國後他將星巴克改造成極具義大利風格的咖啡屋。星巴克也持續開發不同商品，包含茶飲、星冰樂、咖啡包、冰淇淋等。

My Starbucks Idea 網頁

2008 年星巴克因為過度展店，同時遇到金融風暴，因此銷售業績下滑，Schultz 原本已經退到幕後，再次復出接下執行長。他強調要恢復星巴克的品牌形象，並強化與消費者的交流，讓消費者之間的連結延伸到網路上，凝聚品牌力。星巴克的副董 Chris Bruzzo 思考如何將消費者的意見放置在網路上提供參考，他利用網路社群，讓顧客分享自己的興趣與想法，重建顧客對星巴克品牌的忠誠與關係。My Starbucks Idea 就是他成立的網站，它鼓勵顧客分享自己的經驗，作為硬體與服務各項改進的參考。網站正式上線後，各式各樣點子不斷貼上去，顧客互動非常踴躍，同時這個網站也會不斷製造話題，創造人潮。

　　顧客只要連上 My Starbucks Idea，可以張貼自己的問題，星巴克有時候無法即時回覆所有的建議，因此設置動態部落格，讓顧客知道目前的狀態，分為 Under Review、Reviewed、Coming soon、Launched 等。現在大約有十萬個 Idea 在 My Starbucks Idea 上，落實的點子會放在 Idea in Action。例子包括自助點餐的機器，APP 點餐等建議，後來都有實施。

Idea in Action 網頁

💡 討論問題

1. 談談你去星巴克消費的經驗，有何特別的地方？

2. 去 My Starbucks Idea 網站（http://mystarbucksidea.force.com）看看內容，並說明心得。

3. 到 Facebook 中星巴克的粉絲專頁看看有何內容？

🌏 案例導讀

　　雖然在 My Starbucks Idea 可以與顧客互相交流，而且相當成功，但是為了讓更多人了解星巴克，星巴客更利用了 Facebook 與 Twitter，因為這兩種社群上可以製造更多話題，傳播速度也比自己的線上社群還快，而且也可以發掘更多客源，星巴克將實體咖啡店的一些經驗放到前述兩種社群上，引起更多的討論。YouTube、Flicker、Pinterest 等也可以看到星巴克的蹤影。在 Facebook 上，星巴克的粉絲專頁有多達三千多萬的粉絲，讓星巴克與顧客建立更深層的關係，塗鴉牆上張貼各種文章，內容包含星巴客使用經驗、相關品牌故事、消費者的建議等，這些內容讓顧客產生興趣，也會不斷拉自己的朋友成為粉絲。

網路溝通模式

　　本節首先分析網路互動廣告與傳統廣告定義的差異，接下來分別分析媒體的差異、溝通模式的差異。

一、定義的差異─媒體與溝通

　　AMA（American Marketing Association）對廣告的定義是一種由特定贊助者付費非人員接觸的表現，它主要是理念、財貨或服務的推廣（Bennett, 1988）。基本上這個定義並未說明媒體的特性，因此在任何媒體上，只要符合上述的原則就是廣告。而本研究的傳統廣告是指在大眾媒體，如電視、報紙、雜誌上的廣告。但是這樣的定義較強調單向溝通（廣告主將觀念、產品或服務推廣給消費者），並未強調廣告主與消費者的雙向互動，所以互動廣告需求新的定義才能凸顯互動的特質。

　　Well et al.（1992）認為互動廣告是廣告者與消費者之間人員的互動。Raman（1996）引用了 Rice（1984）的『人機互動也是一種溝通』觀念，提出互動廣告除了人員互動之外，也包括人與媒體之間的互動（Hoffman and Novak, 1996）稱為機械互動。從這兩種互動，我們可以推論互動廣告與傳統廣告定義不同，因為傳統廣告的定義較強調非人員的溝通。Raman（1996）對互動廣告的定義如下：「互動廣告是在一個互動媒體上的訊息，它主要以即時的方式用來推廣理念、財貨，或服務，它是根據個人的需求而存在，並提供個人選擇廣告的內容」。

　　本書對網路互動廣告定義為：網路互動廣告是在 WWW 上的訊息，主要以即時的方式用來推廣理念、財貨，或服務，提供個人可以根據需求直接操縱廣告，以選擇廣告內容。

　　基本上一個廣告只有在消費者選擇資訊時，提供彈性的選擇機會，並回應消費者修改廣告內容的指令，才是互動的（Raman, 1996）。這個定義說明互動廣告所提供的互動，是指消費者直接可以操縱廣告內容，使廣告內容改變。例如在廣告內容上點選想看的內容。點選之後，整個廣告內容就改變，和原先內容不一樣。以 WWW 互動廣告而言，就是點選廣告首頁的文字或圖形，然後就超連結到屬於那個超連結的內容，所以此時廣告的內容就由消費者操縱改變了。

就報紙廣告、雜誌廣告、直接郵寄廣告而言，消費者雖然看了廣告也可以廣告主互動（寄信或打電話），但是並非與廣告本身互動，而是與郵寄系統或電話的互動。此外如果 WWW 上的廣告不提供超連結，只是線性呈現內容，雖然消費者也可以透過上下捲鍵（scroll）來移動內容來互動，但這個互動是與電腦作業系統或瀏覽器的互動，並非與廣告本身的互動。而電視廣告，消費者雖然也可以轉台、或關掉電視，但這並非與廣告互動，而是與電視的控制系統互動。

由於互動廣告是互動行銷的一項活動（Blattberg and Deighton, 1991），因此我們先分析互動行銷的定義，以深入探討互動。

現有文獻對互動行銷的定義（如 Gibbs,1996; 張峻銘, 民 86; Molennar,1996; Powell,1995; Blattberg and Deighton,1991; Deighton,1994; Bezjian-Avery,1997 等）缺乏一致性，大致包括使用互動媒體與整個溝通過程，因此有必要從媒體與溝通模式來做完整的分析。基本上 Gibbs（1996）與張峻銘（民 86）強調互動媒體或資料庫的應用，如何使用則未明確說明；Molennar（1996）與 Powell（1995）強調交易過程的互動；Blattberg and Deighton（1991）與 Deighton（1994）強調行銷目的要定址化與回應；Bezjian-Avery（1997）強調使用者對行銷過程的控制。以下分析各定義：

（一）強調互動媒體或資料庫的應用

Gibbs（1996）與張峻銘（民 86）僅強調互動媒體或資料庫的應用，如何使用則未明確說明；如果使用互動媒體，卻仍沿用舊的行銷觀念，這樣與傳統行銷就沒有區別。Gibbs（1996）認為『互動行銷是透過具有電腦的互動特質的媒體來進行行銷，而這些媒體包括了磁片、光碟、線上服務、WWW 等；互動行銷媒體是數位化的，存在於電腦媒介的環境』。張峻銘（民 86）則認為『互動行銷是以行銷資料庫為基礎，結合一組的互動技術組合，作為與個別顧客或消費者的互動媒介，進而瞭解並滿足顧客的個人化需求』。

（二）強調交易過程的互動

Molennar（1996）雖然該定義說明了互動行銷的核心概念，但是和顧客如何互動仍然未能說明清楚。他認為『互動行銷是以一種與現有顧客或潛在顧客直接互動的接觸為基礎之行銷政策的概念與執行。此一互動由行銷溝通、電子溝通、以及特別採行的組織與資訊所組成，並且透過人員、電話、電腦，或其他的回應媒體與顧客進行直接的互動』。Powell（1995）將互動行銷侷限在產品交易過程，然而交易前的資料蒐集，以及購後的服

務，應該也要包括在互動行銷內。他認為『互動行銷是顧客在和銷售人員或代理人在整個零售交換過程利用以電腦為基礎的彩色視訊系統達成及時性互動』。

（三）強調行銷目的要定址化與回應

Blattberg and Deighton（1991）與 Deighton（1994）認為『互動行銷是對顧客是可定址化以及回應，也就是可以找出個別消費者，同時也可以針對個別消費者作出回應』。這個定義說明了互動有兩個重要目的，就是可定址化（Addressable）與回應（responsiveness）。

（四）強調使用者對行銷過程的控制

以上的定義都是從行銷者的角度來定義，而 Bezjian-Avery（1997）則特別強調從消費者的觀點出發，她認為互動行銷是使用者控制的行銷溝通模式。

綜合以上互動行銷的定義，雖然不盡相同，然而大多圍繞在使用互動媒體與整個溝通過程（有的從使用者、有的強調訊息控制、有的強調目的），為了要更深入了解傳統廣告與互動廣告的差異，因此有必要從媒體與溝通模式來做完整的分析。

二、媒體的差異

從 Hoffman and Novak（1996）的比較模式可以看出，如圖 14-1 與圖 14-2，傳統媒體與互動媒體使用（使用在行銷上）的差異，主要在於溝通模式的不同。傳統媒體只能進行一對多的溝通，而互動媒體可以進行一對一或多對多的溝通。

在傳統媒體之下的行銷模式是單向溝通的，廠商將行銷溝通訊息透過傳統媒體如電視、收音機、平面媒體（不包括以書本為形式的廣告，如黃頁與型錄廣告），傳遞給消費者，消費者只能被動的接收訊息，並沒有權利選擇及更改訊息的內容，如圖 14-1：

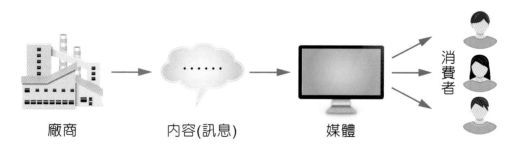

廠商　　　　內容(訊息)　　　　媒體　　　　消費者

▲圖 14-1　傳統線性媒體下的行銷模式

資料來源：Hoffman and Novak (1996)

　　而在互動媒體之下的行銷模式方面，Hoffman and Novak（1996）則認為在互動媒體之下的行銷模式是雙向溝通的，廠商將行銷溝通訊息透過互動傳遞給消費者，消費者可以選擇接受訊息，並且有權利選擇及更改訊息的內容，此種互動稱為機械互動；同時消費者也可直接與廠商或其他消費者溝通，此種互動稱為人員互動：

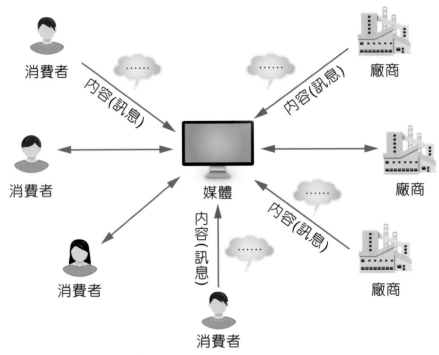

圖 14-2　互動媒體下的行銷模式

資料來源：Hoffman and Novak (1996)

三、溝通模式差異

　　為了比較互動廣告溝通模式的差異，以下將先分析傳統線性溝通與互動溝通，然後再分析兩者主要的差異。

　　傳統上溝通模式（例如 Lasswell, 1948 與 Shannon and Weaver, 1949 所提的線性溝通模式）大都強調單向溝通，忽略社會的效果，也不分析溝通的目的。傳統線性溝通模式有下列特色：

1. 傳統線性溝通模式視溝通為一項線性、單向的活動、過分重視來源，輕視它與接收者的關係，以及兩者之間的相互依賴性。
2. 傳統線性溝通模式認為溝通主要功能為說服，而不是共知、共識和共行。
3. 傳統線性溝通模式重視個人的溝通效果，但卻忽略社會效果以及人際關係。

　　針對這些缺失，Dance（1967）提出的螺旋模型強調溝通的動態性，如同所有的社會過程，溝通過程包含不斷變遷的構成元素、關係與環境。螺旋線進一步描述過程中各個不同層面如何因時間而變遷，例如，在一個對話當中，參與的行為者或任何一方，其認知領域都不斷的擴展，行為者不斷地得到越來越多關於所討論的主題、別人的觀點、知識等資訊。

　　Rafaeli（1988）認為 Dance（1967）可以算是最早提出互動溝通的學者。基本上從這個模式中，我們可以得到下列觀念：人在溝通的時候是主動、有創造力的，且能夠儲存資訊的；反之在其他傳統線性模式裡，傾向將人形容成一個被動的個體。每個螺旋都代表了一次互動，而螺旋的大小代表參與者相互瞭解的程度。Rogers（1986）也認為溝通是一種過程，在此過程當中，為了達到相互瞭解，參與者和其他人共同製造和分享資訊。

　　從以上的分析我們可以看出互動溝通需求閱聽人高度的涉入，也就是說一個人必須主動的選擇他想要的資訊內容（Rogers, 1986），而且是小眾的、可定址的；傳統線性溝通特徵是大眾的、匿名性（Rust and Varki, 1996）。

　　基本上，從上表的溝通比較分析，我們可以歸納 Rogers（1986）所提的互動溝通與線性溝通差異有三點，其中第 2 與第 3 點事實上也與互動性有關：

（一）互動性（Interactivity）

　　新的溝通系統進行互動溝通主要著重在增加系統的互動性，也就是使用者與媒介可以相互交談，產生相互回饋。溝通的目的就是透過溝通過程，進行連續的回饋與修正，促成雙方的共同瞭解。

（二）分眾化

　　新媒體透過互動溝通，其傳送資訊能力提高，意味資訊數量激增且內容趨於多元，提供使用者多重選擇。使用者對於資訊選擇的權力增加，可以針對自己想要的內容接收；而舊媒體透過線性溝通，觀眾只能對所提供內容照單全收。

（三）非同步性

　　新媒體進行互動溝通，其使用往往能超越時間的限制，使用者即使錯過某一段資訊傳送時間，卻仍可獲得完整內容，這種不受時間限制的特性就是非同步性。新媒體具有較高的非同步性，舊媒體如電視、收音機較低，必須倚靠其他媒體來達成非同步，如錄音機、錄影機。不過舊媒體如書與報紙仍具有非同步能力。

樂天市場

　　日本第一大的 Rakuten 樂天市場購物網站在 1997 年由三木谷浩史創立，他曾在 Fortune 雜誌榮登第六大富商。樂天市場資產排行於 Yahoo 之後位居第二，2003 年公司的營收已達 1,810 billion 日圓，2004 年 7 月已有 16,200 家零售商家。基本上樂天市場是由多個商家所組成，允許商家獨立管理他們的商品。商家需求和樂天公司簽約，一年一約制，入會費為 50,000 日圓。樂天主要的商業模式是 B to B to C，也就是「樂天 - 商家 - 消費者」的經營模式。樂天會指導商家如何經營電子商務，讓商家在樂天市場直接對消費者行銷販售。除了技術方面的支援，樂天給商家進入樂天大學，教育初學者網際網路資訊，以及教育商家如何招來更多買賣，和鼓勵重覆購買，部分課程要收費。另外也有電子商務顧問（ECC），運用樂天市場不斷累積的 Know-how 輔導店家，提供經營方向的建議與協助。樂天也發行電子報，樂天市場電子報有兩種型式提供，一為樂天電子報，一為樂天店家電子報。「樂天電子報」會不定時的彙整最新熱門商品以及優惠資訊，並且以電子報的方式推薦給消費者，電子報撰寫每日在樂天事件小品文、有吸引力的新產品，和樂天顧客提供最新的情況。後來電子報對商業的廣告收費，也成為公司一個非常重要的收入來源。「店家電子報」內容為店家的一手最新消息，顧客可透過店家頁面確認是否有店家電子報。

　　在 2002 年 11 月，樂天對忠誠客戶實施了超級點數計畫，客戶賺的點數是消費金額的 1%，點數可保有 12 個月，這計畫使得樂天銷售額顯著跳升了 16%。樂天篩選商人、網站，有一個完整的評估過程。例如一家商店出售有商標貨物，那麼必須證明那產品的真實，樂天在客戶購買之後兩周給它的顧客發電子郵件（詢問關於他們的購物經驗），商家和樂天會嚴密監控調查的結果。如果一個商家收到許多負回饋，樂天的銷售人員與商人合作調查原因，並且改進服務。目前樂天市場也設有點數評估機制，評估商家與商品。

樂天市場產品系列的範圍具有非常強的深度與廣度。例如：光紅酒就有 80,000 種。消費者在網上購物除了便宜，也可以節省時間及中間的剝削，消費者可使用樂天從商店察看報價和做購買。2007 年 11 月 29 日，樂天集團與統一企業集團簽約，成立合資公司「台灣樂天市場股份有限公司」（樂天株式會社持股 51%，統一超商持股 49%），2008 年第二季正式開始營運，共同進軍台灣購物網站市場，台灣是樂天市場的第一個海外拓點。

圖片來源：樂天市場購物網

14-2 網路廣告效果

首先說明傳統廣告效果衡量，接下來說明 WWW 互動廣告效果衡量，然後是兩者的比較。

一、傳統廣告效果衡量

傳統廣告效果的衡量大多以接觸目標閱聽眾頻率（frequency）或暴露（exposure）來衡量（Stewart, 1989, Raman, 1996; Harvey, 1997）。暴露是指接近一個訊息以激發一個或一個以上的感官（Engel et al., 1991）。然而這個接近只提供一個機會激發閱聽眾，它並不能保證閱聽眾一定會注意到這個廣告（Raman, 1996）。事實上暴露應該由對訊息的知覺來分析，也就是說暴露的大小可以定義為個人知覺到廣告內容的多寡（Raman, 1996）。例如：某人可能看完廣告只有知覺到品牌名稱，而另一個人除了品牌名稱之外，還知覺到其他屬性。因此這兩個人的暴露程度就不同，第二個人的暴露水準高於第一個人。然而真正訊息知覺的程度是由個人所控制，非常不容易觀察。由以上的觀察，傳統廣告的效果利用暴露來衡量，並不能真正代表廣告是否真的被閱聽眾所處理。

由於暴露不易真正測量出來，因此傳統廣告效果的衡量，有學者建議用廣告的態度來衡量（Lutz, 1985）。以消費者對廣告的態度來衡量廣告效果的研究，大多從消費者對廣告刺激的反應（以態度來衡量反應）來衡量，Michell and Olson（1981）及 Shimp（1981）認為消費者廣告的態度，會對品牌態度與採購意圖有所影響。

消費者對廣告的態度（Attitude toward Advertisement, Aad），一般定義為消費者在某個廣告在特定暴露的情況之下，所表現出持續性喜好或不喜好的行為（Lutz, 1985）。然而上述的定義，Lutz（1985）認為只是針對某個特定廣告的態度而已，消費者應該會有對廣告的一般態度，亦即不管任何廣告，可能某個消費者就是很不喜歡廣告，認為廣告都是騙人的。因此他整理有關廣告態度的文獻，歸納出廣告態度是由五個變項所組成。第一是廣告的可性度（Ad Credibility），第二是廣告的知覺（Ad Perception），第三是對廣告主的態度（Attitude toward Advertiser），第四是對一般廣告的態度（Attitude toward Advertising），第五是情緒（Mood）。

然而以上消費者對廣告態度與品牌態度可能有重疊的部分（Heath and Gaeth, 1994），也就是說這兩個態度有重複衡量相同屬性的部分。因為有可能重複衡量，所以廣告態

度與品牌態度也會有高度的相關，兩者之間的前後因果關係就有問題。Heath and Gaeth（1994）提出另一個問題是衡量尺度重複的問題，例如：衡量廣告態度可能有一個尺度是用好壞，而衡量品牌態度也有一個尺度也是用好壞，因此答題者回答廣告態度的選擇會影響到品牌態度的選擇。

綜合以上的分析，傳統廣告媒體之下的廣告效果衡量，大致是衡量目標閱聽眾的暴露，或是衡量目標閱聽眾對廣告的態度。

此外回憶（recall）與再認（recognition）也常常使用在廣告效果的評估。Novak and Hoffman（1996）也認為在互動媒體的廣告衡量也可使用傳統媒體衡量的回憶與再認。

二、網路廣告效果衡量

分析 WWW 互動廣告效果衡量前，先分析目前網路廣告上的角色。廣告主（Advertisers）：要求製作與刊登廣告的廠商。網站提供者（Web Site Publishers）：提供網站上的硬碟空間放廣告，通常是在該網站內某個位置放廣告主的廣告。互動廣告經紀商（Interactive Agencies）：設計與製作廣告（Zeff and Aronson, 1997; Meeker, 1997）。根據 Meeker（1997）的調查，1996 年花費最大的網路廣告主前三名分別為 Microsoft，AT&T 及 Nestcasp。而網站提供者收入最多的前三名分別為 Netscape，Yahoo 及 Infoseek。事實上，整個網路廣告仍然以與網路及電腦產品最多，大約佔一半以上。而網站提供者的收入則以搜尋引擎最高，佔 40%（Meeker, 1997）。

最早網路廣告的類型是網站本身，但是僅建一個網站並不足夠接觸到網際網路上的消費者，因此廣告主需求一個工具能夠驅使使用者到他們的網站，而 publisher 也需求一個可以得到報酬的模式，因此整個網路廣告便開始發展。目前主要的 WWW 廣告是橫幅廣告（Banner ad）與按鈕廣告（Button ad）（Zeff and Aronson, 1997）。基本上所有網路的廣告大致分成從透過 E-mail 的廣告，以及透過 Web 的廣告。以下介紹目前主要的網路廣告：

透過 E-mail 的廣告，大致可分成：

1. 廣告贊助 E-mail：一些廠商，如 HotMail（http://www.hotmail.com）提供免費的電子郵件帳號，然後廣告主付費給 HotMail 將廣告寄給免費使用 E-mail 的人，基本上因為 HotMail 有使用者個人基本資料，而廣告主就可根據不同使用者特性寄廣告。
2. 贊助討論區：基本上與前面的方法類似。

3. 贊助 E-mail 遊戲。

4. 直接 E-mail 廣告：目前使用 E-mail 廣告中，最多廣告主使用此方法，基本上廣告主可以透過各種方法，如向 ISP 要使用者位址。（Zeff and Aronson, 1997）。透過 E-mail 的廣告，基本上提供較少的互動性，而且往往會引起使用者的反感。

透過 WWW 的廣告，大致可分成（Zeff and Aronson, 1997; Meeker, 1997）：

1. 分類廣告（Classified ad）：類似報紙的分類廣告。

2. 網站廣告（Web site ad）：整個網站內容都是在推廣產品或服務。

3. 橫幅廣告（Banner ad）：通常在網頁的上方或下方，長寬不一定。通常使用者按下橫幅廣告後，會超連結到自己網站。Banner 只是提供一個連結，真正的互動廣告存在於連結到網站的部分。

4. 按鈕廣告（Button ad）：比橫幅廣告要小，通常提供免費下載軟體。

5. 其他變形的廣告：如關鍵字的橫幅廣告，使用者在查詢搜尋引擎時，輸入關鍵字，搜尋結果產生，連帶與關鍵字有關的橫幅廣告就出現。

圖片來源：PChame 官網

WWW 互動廣告是指有提供消費者選擇內容的 WWW 廣告，所以從以上各類型的網路廣告來看，網路廣告不一定是互動廣告，除非提供內容的互動。消費者如果想看 WWW 互動廣告，則必須輸入網址，或是點閱橫幅、按鈕廣告，才能與 WWW 互動廣告互動，看到想要廣告的內容，因此我們可以進一步推論消費者看 WWW 互動廣告是主動的。

現有 WWW 互動廣告衡量方法大致可歸爲兩類（Novak and Hoffman, 1996），第一：因爲 WWW 可以收集到消費者上網瀏覽的資料，所以用瀏覽廣告行爲來當成互動廣告效果，目前大多數業者現在均使用此方法（Zeff and Aronson, 1997）；第二是從態度面來衡量，亦即衡量消費者對廣告的態度，與衡量傳統廣告效果的方法類似。

以瀏覽行爲的衡量大致包括：觸及率（Hits Rate）、點閱率（Click rate）、看的時間、看的頁數等，以下分別說明：

1. 觸及率：用以表示從瀏覽器端的網站主機讀取（下載）任一網頁或影像檔的一種數據。

2. 點閱率：代表消費者實際點閱（以滑鼠點閱該廣告而超連結至該廣告的網頁），通常以 Hits 爲單位。

3. 看的時間：消費者看這個廣告或所有網頁的時間。

4. 看的頁數：消費者看該廣告的網頁頁數（Zeff and Aronson, 1997）。

Novak and Hoffman（1996）認爲觸及率點閱率是衡量整個廣告的效果，而看的頁數、看的時間（亦即 Raman, 1996 的主動選擇暴露）則可以衡量互動效果。所謂互動的效果是指提供廣告互動性（利用機械互動與人員互動）所產生的廣告效果，例如：現有互動廣告用主動選擇暴露（看的頁數、看的時間）來衡量。

以態度面來衡量互動效果，除了品牌態度、購買意圖、回憶、再認等外，Novak and Hoffman（1996）建議可以從消費者面去觀察心流（flow）。心流是一種心理最佳狀態，建構了消費者在 WWW 的瀏覽行爲（Hoffman and Novak, 1996）。心流觀念是心理學家 Csikszentmihalyi（1975, 1990）所提出來的觀念。心流的狀態指一個人完全沈浸於某個活動當中，無視於其他事物的存在，包括：全神貫注、掌握裕如、渾然忘我、時間感異於平常。在網路上就是會有一直想留在網路上不想下來、欲罷不能的感覺。然而心流的觀念過於抽象，不易衡量，而且互動性只是心流產生的原因之一（Hoffman and Novak, 1996），產生心流我們無法確定只是看個別互動廣告所帶來的效果，很可能是看了很多廣告，或上了很多網站的效果。

Google 的關鍵字廣告

Google 2014 年熱門關鍵字回顧
https://youtu.be/DVwHCGAr_OE

小事典

　　G oogle 的 Adword 關鍵字廣告是消費者在 Google 上搜尋產品或服務的時候，在搜尋結果放送相關廣告，只有在消費者按下廣告前往網站或來電時，廣告主才需求付費。基本上因為廣告會配合關鍵字的內容，所以消費者看到廣告比較不會覺被干擾。如下圖，鍵入網路行銷之後，在搜尋結果附近會出現相關廣告。

🖱 搜尋頁面

14-3 網際網路對消費者決策過程影響

　　Butler & Peppard（1998）曾以消費者決策模式的五步驟為基礎，比較各步驟中在實體市場（marketplace）及網路市場（marketspace）中，所引發行銷議題的差異，如下（張紹勳，2003）：

（一）需求確認

　　需求確認的發生是於購買過程中消費者意識到期望與實際的狀態有所差距，並足以引起消費者對購買決策過程的檢討。在實體市場中，行銷的方式多以媒體廣告來吸引消費者注意，但傳統媒體只能夠傳達一般且廣泛的訊息給消費者，而網路市場，由於網際網路多元互動的特性，讓行銷人員能夠確實掌握每一位消費者的需求及喜好，使其能在需求確認步驟中，透過資料庫的輔助，更快速地抓住顧客的注意力、預知其需求並且立即給予回應。

（二）資訊搜尋

　　消費者可能會蒐集資料來辨認和評估何種產品及品牌可以滿足其需求。資料的多少需視對於產品的熟悉度而定。利用回想的方式來蒐集資料，稱為內部搜尋（Internal search）。如果是再次購買以前曾經購買過的品牌，便不需求再做太多的資料蒐集，所以對於一種產品的良好經驗將有助於說服消費者再度購買。而當過去的經驗不足以協助決定時，消費者便可能需求蒐集外來的資訊來幫助他做購買決策，此稱為外部搜尋（External search）。在實體市場中，資訊多經由經銷商或代理商傳達給消費者；在網路市場中，業者可以透過自己架設的網頁直接提供消費者查詢的功能，此外，更可以在網路相關媒體上做廣告宣傳或是從其他網站設立連結等方式，都能夠提供消費者高品質消費資訊。

　　Alba（1997）等學者認為網路購物在購物資訊搜尋的提供量上，可以根據消費者的不同需求，提供消費者「顧客化（customized）」的資訊，不但能滿足消費者的個別需求，更沒有傳統銷售通路業者對銷售人員的素質會良莠不齊的擔憂；在購物資訊搜尋的品質上，「搜尋」及「信用」兩項功能是電子化購物的利基點；然而受到科技所限，如果判斷資訊品質好壞的依據是觸感、味覺、或是嗅覺，網路所能提供的資訊品質就不甚理想。

（三）選擇評估

了解產品在特定狀況下使用所提供的效益，是選擇評估的最主要步驟之一。消費者蒐集了資訊後，便就各種方案作比較並評估，藉以縮小其選擇範圍，以達成購買決策。在實體市場中，消費者的判斷標準多來自於過去購物經驗、行銷人員提供的建議、市調機構或是他人的口碑；在網路市場中，進步的科技使消費者評估的方式及條件廣增，消費者不但可以參考其他網友或虛擬社群成員的口碑，網路上類似虛擬實境的技術更能夠讓消費者有模擬、試用產品的機會。

（四）購買

消費者評估了各種方案後便會選擇一最適的方案，並採取購買及消費行為。在購買的過程中，通常一般的行銷刺激已經較難影響消費者購買，當然在此間段過程當中還包括消費者付款、取用貨品等活動。實體市場中購物流程已發展完備，顧客在購物時並不會有太多疑慮；在網路市場中，交易安全一直是消費者最大的顧慮，此外，有許多商品可以直接透過網路傳輸，例如：電腦軟體、MP3 音樂、或是一些無形的服務，至於實體商品的運送方面，則可以與物流商結盟以達到最佳效益。

圖片來源：Spotify 官網

（五）購後行為

消費者購買產品後，可能有兩種結果：(a) 滿意：結果將導入其資訊和經驗，並影響將來的購買。(b) 不滿意：消費會懷疑過去的信念，並明白其他方案可能具有符點他所需的產品屬性，而會繼續蒐集資料。實體市場與網路市場在此階段最大的差異為：實體市

場強調「高接觸」，例如：經由建立買賣雙方良好的關係來維繫顧客；然而，網路市場則注重「高科技」，例如：將消費者行為加以分析來預測顧客的偏好及進一步需求，以便能適時提供符合其需求的資訊，如此一來，不但能更有效率地維繫顧客關係，並且能達到「個人化」的服務理想。基本上消費者在購後一段時間會出現認知失調，認知失調是指兩個以上的態度或行為不一致，消費者常常會買了產品會後悔。網際網路討論區所組成的社群，也是一個可以提供消費者降低認知失調的場所。

區塊鏈技術

小事典

　　區塊鏈技術是一種分散式帳本的概念，採用加密演算法將前後帳本資訊連結起來。從生產、供應至交易過程，每位參與者都擁有一份資訊，所有加入的資訊都必須通過共識，每一個變更的步驟與變更者都將被永久記錄且保存在每個參與者的節點，具有可追溯、不可逆、不可竄改的特性；其點對點傳輸與去中心化的特性，也降低中心機構被攻擊與複雜行政程序的成本。

物聯網：各個物件或裝置可利用區塊鏈直接溝通。

線上媒體與音樂：歌迷與音樂人可直接在區塊鏈上連結。

線上零售：賣家與買家略過中間商直接在區塊鏈中直接連繫，藉由區塊鏈打
　　　　　造的「智慧合約」，讓點評或評比建立雙方的可靠度和滿意度。

數位錢包：電子錢包可以更容易地支付收費、轉帳。

資料來源：科技產業資訊室
　　　　　http://iknow.stpi.narl.org.tw/Post/Read.aspx?PostID=14035

小專欄

亞馬遜公司

Amazon dash 服務
https://youtu.be/aFYs9zqYpdM

　　亞馬遜公司（amazon.com）可以說是電子商務的先驅，在 1993 到 1996 年公司的投資者主要是創辦人 Bezos 以及他的朋友、家人，還有信用卡借款，產品以書、音樂和錄影帶為主。初期市場鎖定在美國，後來逐漸在世界各地擴張，例如英國、法國等。當時的供應鏈，主要透過大盤商 Ingram 進書，所以系統在行銷跟服務的部分，是自動化的；但是在接單之後的處理，是透過人工來完成，而且庫存的管理主要掌握在 Ingram 的手上。當訂單量越來越大時，訂單處理效率會變差，而且訂單處理成本極高，在聖誕節時常常會延遲配送。亞馬遜除了提供網路上提供書評、線上試讀、多元化查詢、一鍵購物（one click）以及個人化推薦之外，更提供價格優勢，通常書籍大多有 6 ～ 7 折，亞馬遜優質的服務已經培養了大量忠誠度高的會員。

　　後來在 1997 年之後亞馬遜公司公開上市，取得資金，Bezos 花了四千多萬美金建立供應鏈管理系統，包含實體的倉儲以及背後的訂單處理系統，讓整個亞馬遜從銷售訂單處理到管理庫存，完整連結全部自動化；同時在供應鏈管理的部分，也不再透過大盤商。但是在 2000 年遇上網路泡沫化，也因為此時公司股份已經進入公開上市，因此在 2001 年底亞馬遜是否能獲利，是一件很重要的事。這個時期公司的倉儲供應鏈的產能過剩約 70% ～ 80%，也就是公司的倉儲閒置率很高，此時玩具反斗城提出與亞馬遜合作的計畫，玩具反斗城是實體的玩具連鎖店，在電子商務上面比較沒有經驗，亞馬遜是否該與之合作呢？亞馬遜公司正思考要如何在 2001 年底獲利。

電子商務的訂單處理是非常重要的任務，早期電子商務公司都認為網路公司不需求具備實體倉儲，但是往往在公司業務擴大的時候，訂單處理會來不及。另外亞馬遜公司在銷售與服務端皆已自動化，因此往前的訂單與庫存系統是必要作一整合。

　　由亞馬遜的競爭策略可以看出，他初期是以服務的差異化（網路書評、一鍵購物、個人化推薦等）提供給客戶，後來又強化它的價格優勢，因此可以說兼顧差異化與低成本優勢。後來亞馬遜的產品線不斷延伸，這時就更需求背後完整的供應鏈基礎建設來加快速度與降低成本。亞馬遜此時已經不再是純虛擬的公司，而是虛實整合的公司（實體倉儲）。

　　亞馬遜與玩具反斗城可以合作，如此可以充分利用剩餘之產能，同時也可以擴大本身的產品線（玩具），達到交叉銷售的目的。對玩具反斗城而言，它可以利用亞馬遜的電子商務平台及訂單處理系統快速進入電子商務市場。

14-4　口碑與社群行銷

　　網路社群對行銷的最大影響就是口碑的形成，消費者在購前可以上社群詢問有關產品訊息，得到他人的口碑與推薦；而消費者也可以在購後，到虛擬社群發表產品的使用心得，善用這些口碑效果將會為廠商帶來更好的顧客忠誠度。但是負面的口碑沒有立即處理，將會為廠商帶來極大的損失，因為網路社群傳遞訊息極為快速。接下來說明口碑是什麼？

一、口碑（word of mouth, WOM）之定義

　　Arndt（19671）曾對口碑下過定義，其認為「口碑」乃指訊息傳遞者（sender）與訊息接收者（receiver）間，透過面對面或經由電話所產生的資訊溝通行為。而消費者會選擇以最具效率的方式，在數量龐雜的訊息去蕪存菁，獲取關心主題的資訊，口碑資訊或可提供人們一個可信任的便利資訊來源管道。通常在訊息的內容上或是傳播的動機方面是不具商業訊息的色彩，往往是親朋好友之間非正式的溝通（Schiffman and Kanuk, 1991），也因此往往會讓消費者覺得可信度比廣告高（Herr, Kardes and Kim, 1991）。所以傳統的 WOM 在消費者的決策過程中扮演了一個相當重要的角色（Richins & Root-Shaffer, 1988）。

　　Gilly, Graham, Wolfinbarger, and Yale（1998）認為 WOM 與其它資訊來源是有些差異的：WOM 是即時性的雙向互動，資訊來源者與資訊搜尋者會認知到彼此不同的特性與溝通情境，而形成多種資訊交換的情況。雖然即時性的雙向互動同樣存在於銷售人員與顧客之間，但 WOM 資源被認為具有客觀性，而較被消費者重視與接受（Price and Feick, 1984; Thorelli, 1971）。

二、電子口碑（electronic word of mouth, e-WOM）

　　網際網路的出現，使得消費者可以從其他消費者的身上得到更多公正的產品資訊，進而增加他們選擇的權利，透過 eWOM 也提供消費者一個機會去提供他們本身所擁有的消費相關建議與忠告。

　　所謂的 eWOM 就是由潛在的、現在的或之前的消費者，藉由網際網路所提出有關一個產品或一家公司的任何正面或負面的陳述與評價（Thorsten Henning – Thurau, Kevin P.Gwinner, Gianfranco Walsh, Dwayne D.Gremler, 2004）。

　　有許多的文獻都在探討消費者在線上的環境中聚集在一起，以和其他人互動及分享他們的興趣及熱情為目的，構成口碑傳播的行為。（Granitz & Ward, 1996）然而，具有代表性的線上社群研究大多不是將焦點集中在管理階層的觀點（Armstrong & Hagel, 1996），就是以社會學的觀點去探討線上社群的組成和存在（e.g., Fischer,Bristor, & Gainer, 1996; Granitz & Ward, 1996）。線上社群的研究不但沒有對社群成員間產生產品相關的溝通行為進行分析，也沒有行銷意涵方面的分析。

　　故 Thorsten Henning – Thurau, Kevin P.Gwinner, Gianfranco Walsh, Dwayne D.Gremler（2004）便利用 Balasubramanian and Mahajan（2001）所建議的虛擬社群效用類型當作發展的架構，定義了消費者會在網路上進行口碑傳播的 11 個潛在動機，分述如下：

1. 關心其他消費者（concern for other consumers）：是一種利他行為的概念。

2. 幫助該公司（desire to help the company）：也可以視為是一種利他行為的表現，消費者對產品感到滿意，所以想要幫助該公司，消費者期望公平且公正的交換。

3. 社會利益（social benefits received）：消費者藉由加入一個虛擬社群來獲得社會利益，並且提供評論以表示參與社群活動。

4. 發揮力量（exertion of power over companies）：藉由消費者將每個人的消費經驗結合起來，成為一種強大的力量，eWOM 提供一種機制，此機制將力量從公司轉移到消費者手中。

5. 購後意見尋求（postpurchase advice seeking）：當個人在閱讀產品的評論和相關意見時，消費的行為就會產生，同時也會刺激消費者寫下意見此種動機表示消費者希望獲得能力去更了解、使用以及操作產品。

6. 自我價值提升（self-enhancement）：渴望被其他人正面的認同、被其他消費者當作是消費專家、希望經由社會互動被認同及滿足。

7. 經濟報酬（economic rewards）：從平台管理者獲得報酬、被證實為人類行為重要的驅力。

8. 獲得補償（convenience in seeking redress）：當第三者能減輕一些人對社群的抱怨，此時仲裁者相關效用就此衍生出來。特定的 eWOM 代表著經由平台的操作，仲裁角是個可信且是可以解決問題的角色。提供顧客一個尋求補償的可信方法。

9. 視網路平台為仲裁者（hope that the platform operator will serve as a moderator）：消費者聚集是希望平台管理者能主動的去支援他們解決問題，平台操作者被消費者視為擁護者，且有可能取代其他第三機構（eg. 律師代理人）。

10. 表達正面的情感（expression of positive emotions）：消費者的正面購物經驗造成他們心理緊張的狀態，因為他們強烈和別人分享他們的喜悅。

11. 發洩負面的情緒（venting of negative feelings）：消費者可以藉由在意見平台抒發不滿而減輕挫折和焦慮。

三、社群的凝聚力

　　虛擬社群的凝聚力是指個體對社群關係的感覺（Koh and Kim, 2003-2004），虛擬社群認同感方法，主要包含了三個元素（Koh and Kim, 2003-2004）：會員歸屬感（Membership）：是指會員來到社群以後就像是回到家裡一樣，而在這社群當中的會員都像是自己人。影響力（Influence）：是指會員自己覺得對整個社群影響程度。投入與情感的連結（Emotional connection）：是指會員在這社群中投入情感的程度。

　　影響社群凝聚力的因素（Koh and Kim, 2003-2004）則有以下三點：

1. 領導者的熱誠（Leaders' Enthusiasm）：不管是官方指派的、提供者掛名的、或是自稱的 leader，leader 的投入對社群成員的建立都是不可缺少的。可以讓成員感受虛擬社群的活絡，同時管理和注意虛擬社群的發展。基本上，熱情的 leader 可以強化社群活動。

2. 離線的活動（Off-line Activities）：補強電腦仲介環境的低社會呈現，是強化成員關係的重要因素。使成員更容易了解、信任、確認並鞏固線上持續的互動與連繫，使虛擬社群更加團結。

3. 娛樂感（Enjoyability）：源自於與其他成員的樂趣、嬉鬧，使成員感到親密而安全關係感。

網紅經濟

小事典

　　網紅經濟源自於網路紅人將粉絲轉變成消費者，產生收入的商業行為。目前網紅的盈利模式主要有：電子商務經營、廣告收入、直播打賞、會員付費、通告收入等。初期的網紅營運模式是先從粉絲密集地接觸與互動，其次

圖片來源：囧星人第二頻道 今天沒吃藥

網紅展現特色的行為能與粉絲產生共鳴，並持續吸引粉絲與網紅對話或互動。這個持續性的行為，能夠轉化為商業價值的開發。最後，網紅的日常行為融入在粉絲的生活氛圍，感受與體驗比遙不可及的明星更顯得真實與親和。網紅的個人品牌形象與產品本質的包裝，在建立線上連結與互動過程中，讓粉絲的「斗內 Donate」行為轉化為商品經濟活動。

資料來源：http://www.gemarketing.com.tw/article/%E4%BD%95%E8%AC%82%E3%80%8C
%E7%B6%B2%E7%B4%85%E7%B6%93%E6%BF%9F%E3%80%8D%EF%BC%
9F%E7%B6%B2%E7%B4%85%E9%83%A8%E8%90%BD%E5%AE%A2%E7%
9A%845%E7%A8%AE%E4%B8%BB%E8%A6%81%E6%94%B6%E5%85%A5%
E4%BE%86%E6%BA%90/

星巴克的粉絲專頁

　　以下為 Facebook 星巴克粉絲專頁的介紹，透過拆解粉絲專頁上每個物件的功能，對其做更深的了解，以便日後對其行銷手法進行探討。

1. 基本訊息

　　如圖 A 所示，緊鄰於粉絲專頁大頭貼下方，簡短的說明粉絲專頁的性質，讓粉絲們能在短時間內瞭解粉絲專頁之功能。

2. Starbucks 相關訊息及應用程式

　　如圖 B 所示，裡面包含了粉絲專頁的相簿、影片、以及在不同網路平台的星巴克專頁，如此的設計能夠整合來自不同平台之使用者，也能多方蒐集到星巴克之相關訊息。

3. 標籤

　　如圖 C 所示，當滑鼠下拉時，點選標籤能迅速讓你回到最上方，也能選取想要查看的東西，例如貼文、影片、地點、說讚的粉絲、活動等，節省回到上方主業所需的時間。

4. 粉絲成員（顯示臉書有按讚的朋友）

　　如圖 D 所示，你能從中找到與擁有共同興趣之粉絲，你也會因 Facebook 朋友與粉絲專業密切的互動，而增加在自身帳號的動態時報中的曝光率，另外，Facebook 粉絲專頁也設有邀請朋友至專頁按讚之功能，朋友互相推薦，加速品牌宣傳之效果。

5. 塗鴉牆（版主貼文及粉絲貼文）

　　如圖 E 所示，粉絲專頁管理者能夠利用圖文並茂的貼文引起粉絲之迴響，行銷自身的產品，而粉絲也能透過在塗鴉牆的分享，與其他粉絲進行雙向的互動，藉此強化粉絲對於專頁之社群意識。

6. 說讚的內容

如圖 F 所示，相關的粉絲專頁同樣地會顯示於塗鴉牆上，運用性質相近的粉絲專頁進行品牌形象的傳達，將有助於粉絲專頁間，彼此的人氣與討論度。

7. 粉絲按讚數、留言及分享

如圖 G 所示，每當粉絲按讚、留言及分享的同時，粉絲專頁會出現在他人動態時報的機會便會增加，這意指著高討論度便會帶來高曝光度，因此能夠引起共鳴的貼文，對於粉絲專頁的品牌行銷，將會帶來相當可觀正面影響。

資料來源：蔡建宏，吳景婷，林韵絃，黃韵婷，宋珮雯，李伊晴，圖像形與文字形品牌網站品牌專頁之比較，國科會大專生專題計畫，國立台北科技大學，2014 年 2 月

1. 網路互動溝通與傳統線性溝通差異有三點：第一為互動性（Interactivity）；第二為分眾化；第三為新媒體具有較高的非同步性。

2. 現有 WWW 互動廣告衡量方法大致可歸為兩類，第一：因為 WWW 可以收集到消費者上網瀏覽的資料，所以用瀏覽廣告行為來當成互動廣告效果，目前大多數業者現在均使用此方法。第二是從態度面來衡量，亦即衡量消費者對廣告的態度，與衡量傳統廣告效果的方法類似。

3. 瀏覽行為的衡量大致包括：觸及率（Hits Rate）、點閱率（Click rate）、看的時間、看的頁數等。

4. 以態度面來衡量互動效果，除了品牌態度、採購意圖、回憶、再認等外，也可以從消費者面去觀察心流（flow）。

5. 心流是一種心理最佳狀態，心流的狀態指一個人完全沈浸於某個活動當中，無視於其他事物的存在，包括：全神貫注、掌握裕如、渾然忘我、時間感益於平常。

6. 消費者在需求確認階段，業者可以透過自己架設的網頁直接提供消費者查詢的功能。選擇評估階段在網路市場中，消費者不但可以參考其他網友或虛擬社群成員的口碑，網路上類似虛擬實境的技術更能夠讓消費者有模擬、試用產品的機會。購買階段在網路市場中，交易安全一直是消費者最大的顧慮。購後行為階段網路市場則注重「高科技」，例如：將消費者行為加以分析來預測顧客的偏好及進一步需求，以便能適時提供符合其需求的資訊。

7. 消費者會在網路上進行口碑傳播的 11 個潛在動機，分述如下：(1) 關心其他消費者、(2) 幫助該公司、(3) 社會利益、(4) 發揮力量、(5) 購後意見尋求、(6) 自我價值提升、(7) 經濟報酬濟報酬、(8) 獲得補償、(9) 視網路平台為仲裁者、(10) 表達正面的情感、(11) 發洩負面的情緒。

8. 虛擬社群凝聚力，主要包含會員歸屬感、影響力、投入與情感的連結。

9. 影響社群凝聚力的因素包括領導者的熱誠，可以讓成員感受虛擬社群的活絡。第二是離線的活動，用以補強電腦仲介環境的低社會呈現，是強化成員關係的重要因素。第三是娛樂感，源自於與其他成員的樂趣、嬉鬧，使成員感到親密而安全關係感。

一、名詞解釋

1. 網路廣告

2. 網路廣告效果

3. 消費者決策過程

4. 電子口碑

5. 虛擬社群的凝聚力

二、選擇題

(　　) 1. 網路互動溝通與傳統溝通的差異為何？ (A) 互動性 (B) 分眾化 (C) 非同步性 (D) 以上皆是。

(　　) 2. 使用者與媒介可以相互交談，產生相互回饋。溝通的目的就是透過溝通過程，進行連續的回饋與修正，促成雙方的共同瞭解。以上稱為 (A) 互動性 (B) 分眾化 (C) 非同步性 (D) 生動性。

(　　) 3. 傳統廣告如何衡量？ (A) 回憶 (B) 再認 (C) 品牌態度 (D) 以上皆是。

(　　) 4. 網路對消費者決策過程哪個階段會有影響？ (A) 資訊搜尋 (B) 需求確認 (C) 購後 (D) 以上皆是。

(　　) 5. 下列哪項是電子口碑的動機？ (A) 關心其他消費者 (B) 發洩負面情感 (C) 表達正面情感 (D) 以上皆是。

(　　) 6. 網路虛擬社群凝聚力不包含哪些？ (A) 會員歸屬感 (B) 投入與情感的連結 (C) 影響力 (D) 自尊感。

(　　) 7. 會員自己覺得對整個社群影響程度稱為？ (A) 會員歸屬感 (B) 投入與情感的連結 (C) 影響力 (D) 自尊感。

(　　) 8. 會員自己覺得對整個社群影響程度稱為？ (A) 會員歸屬感 (B) 投入與情感的連結 (C) 影響力 (D) 自尊感。

( ) 9. 會員在社群中投入情感的程度稱爲？ (A) 會員歸屬感 (B) 投入與情感的連結 (C) 影響力 (D) 自尊感。

( ) 10. 一個人完全沈浸於某個活動當中，無視於其他事物的存在，包括：全神貫注、掌握裕如、渾然忘我、時間感益於平常，稱爲？ (A) 心流 (B) 焦慮 (C) 無聊 (D) 分心。

三、問題討論

1. 網路互動溝通與傳統溝通的差異爲何？

2. 網路廣告的種類有哪幾種？

3. 網路對消費者決策過程影響爲何？

4. 網路虛擬社群所帶來的電子口碑效果有哪些？

5. 網路虛擬社群凝聚力是什麼？影響因素有哪些？

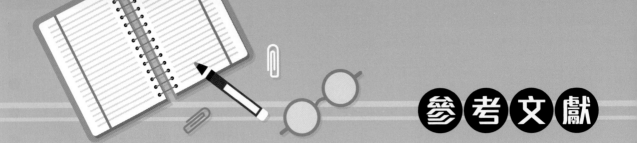

參考文獻

- 谷雅惠，林建煌，范錚強（民 86），資訊呈現方式對網路行銷廣告效果之研究：以實驗法探討 WWW 網路購物情境，資訊管理研究，第一卷，第二期，七月號。
- 蔡建宏，吳景婷，林韵絃，黃韵婷，宋珮雯，李伊晴，圖像形與文字形品牌網站品牌專頁之比較，國科會大專生專題計畫，國立台北科技大學，2014 年 2 月。
- 張峻銘（民 86），互動行銷技術對關係行銷的影響，國立政治大學企業管理系未出版碩士論文。
- 張紹勳（2002），電子商務，滄海出版社。
- 耿慶瑞（1999），WWW 互動廣效果之研究，國立政治大學企業管理系未出版博士論文。
- 耿慶瑞（2000），WWW 互動廣告之互動層次，廣告學研究，第十五集。
- 耿慶瑞（2001），WWW 互動廣告與傳統廣告效果之比較，資訊管理研究，第四卷第一期。
- Blattberg, Robert C. and John Deighton (1991), "Interactive Marketing: Exploiting the Age of Addressability," Sloan Management Review, 33 (Fall), pp.5-14.
- Csikszentmihali, Mihaly (1975), Beyond Boredom and Anxiety, San Franciso, CA: Jossey-Bass.
- Csikszentmihali, Mihaly (1990), Flow: The Psychology of Optimal Experience, New York, NY: Harper and Row.
- Hoffman, Donna L. and Thomas P. Novak (1996), "Marketing in Hypermedia Computer-Mediated Environments: Conceptual Foundations," Journal of Marketing, 60 (July), pp.50-68.
- Klein, Lisa R. (1998), "Evaluating the Potential of Interactive Media through a New Lens: Search versus Experience Goods," Journal of Business Research, 41 (March), pp.195-203.
- Koh, Joon and Young-Gul Kim(2003-2004), "Sense of Virtual Community: A Conceptual Framework and Empirical Validation," International Journal of Electronic Commerce / Winter 2003–4, Vol. 8, No. 2, pp. 75–93.
- Raman, Niranjan V. (1996), "Determinants of Desired Exposure to Interactive Advertising," Unpublished Doctoral Dissertation, University of Texas, Austin, Texas.
- T Henning – Thurau , Horsten , Kevin P.Gwinner , Gianfranco Walsh , Dwayne D.Gremler , Customer-Option Platforms：What Motives Consumers to Articulate Themselves On The Internet？, Journal Of Interactive Marketing , 2004, Vol.18, No.1, pp.38-52.

索引

行銷學—第二版

·NOTE·

·NOTE·

國家圖書館出版品預行編目資料

行銷學 / 耿慶瑞等編著. -- 二版. -- 新北市 : 全
華圖書, 2018.05
　面；　公分
ISBN 978-986-463-832-1(平裝)
1.CST: 行銷學

496　　　　　　　　　　　　　107007104

行銷學(第二版)

作者 / 耿慶瑞、陳銘慧、蔡瑤昇、江啓先、廖森貴、胡同來、田寒光、謝效昭

發行人 / 陳本源

執行編輯 / 陳翊淳、洪佳怡

封面設計 / 曾霈宗

出版者 / 全華圖書股份有限公司

郵政帳號 / 0100836-1 號

圖書編號 / 0822001

二版四刷 / 2024 年 09 月

定價 / 新台幣 580 元

ISBN / 978-986-463-832-1

全華圖書 / www.chwa.com.tw

全華網路書店 Open Tech / www.opentech.com.tw

若您對本書有任何問題，歡迎來信指導 book@chwa.com.tw

臺北總公司(北區營業處)
地址：23671 新北市土城區忠義路 21 號
電話：(02) 2262-5666
傳真：(02) 6637-3695、6637-3696

南區營業處
地址：80769 高雄市三民區應安街 12 號
電話：(07) 381-1377
傳真：(07) 862-5562

中區營業處
地址：40256 臺中市南區樹義一巷 26 號
電話：(04) 2261-8485
傳真：(04) 3600-9806(高中職)
　　　(04) 3601-8600(大專)

歡迎加入 全華會員

● 會員獨享

會員享購書折扣、紅利積點、生日禮金、不定期優惠活動⋯等。

● 如何加入會員

填妥讀者回函卡直接傳真 (02) 2262-0900 或寄回，將由專人協助登入會員資料，待收到 E-MAIL 通知後即可成為會員。

如何購買 全華書籍

1. 網路購書

全華網路書店「http://www.opentech.com.tw」加入會員購書更便利，並享有紅利積點回饋等各式優惠。

2. 全華門市、全省書局

歡迎至全華門市（新北市土城區忠義路21號）或全省各大書局、連鎖書店選購。

3. 來電訂購

(1) 訂購專線：(02) 2262-5666 轉 321-324
(2) 傳真專線：(02) 6637-3696
(3) 郵局劃撥（帳號：0100836-1 戶名：全華圖書股份有限公司）

※ 購書未滿一千元者，酌收運費 70 元。

OpenTech.com.tw 全華網路書店

全華網路書店 www.opentech.com.tw
E-mail: service@chwa.com.tw

※ 本會員制如有變更則以最新修訂制度為準，造成不便請見諒。

讀者回函卡

填寫日期： ／ ／

姓名： 生日：西元 年 月 日 性別：□男 □女

電話：（ ） 傳真：（ ） 手機：

e-mail： （必填）

註：數字零，請用 ф 表示，數字1與英文 L 請另註明並書寫端正，謝謝。

通訊處：□□□□□

學歷：□博士 □碩士 □大學 □專科 □高中・職

職業：□工程師 □教師 □學生 □軍・公 □其他

學校／公司： 科系／部門：

· 需求書類：
□ A. 電子 □ B. 電機 □ C. 計算機工程 □ D. 資訊 □ E. 機械 □ F. 汽車 □ I. 工管 □ J. 土木
□ K. 化工 □ L. 設計 □ M. 商管 □ N. 日文 □ O. 美容 □ P. 休閒 □ Q. 餐飲 □ B. 其他

· 本次購買圖書為： 書號：

· 您對本書的評價：
封面設計：□非常滿意 □滿意 □尚可 □需改善，請說明
內容表達：□非常滿意 □滿意 □尚可 □需改善，請說明
版面編排：□非常滿意 □滿意 □尚可 □需改善，請說明
印刷品質：□非常滿意 □滿意 □尚可 □需改善，請說明
書籍定價：□非常滿意 □滿意 □尚可 □需改善，請說明
整體評價：請說明

· 您在何處購買本書？
□書局 □網路書店 □書展 □團購 □其他

· 您購買本書的原因？（可複選）
□個人需要 □公司採購 □親友推薦 □老師指定之課本 □其他

· 您希望全華以何種方式提供出版訊息及特惠活動？
□電子報 □DM □廣告 （媒體名稱 ）

· 您是否上過全華網路書店？（www.opentech.com.tw）
□是 □否 您的建議

· 您希望全華出版那方面書籍？

· 您希望全華加強那些服務？

～感謝您提供寶貴意見，全華將秉持服務的熱忱，出版更多好書，以饗讀者。

全華網路書店 http://www.opentech.com.tw 客服信箱 service@chwa.com.tw

2011.03 修訂

親愛的讀者：

感謝您對全華圖書的支持與愛護，雖然我們很慎重的處理每一本書，但恐仍有疏漏之處，若您發現本書有任何錯誤，請填寫於勘誤表內寄回，我們將於再版時修正，您的批評與指教是我們進步的原動力，謝謝！

全華圖書 敬上

勘 誤 表

書 號	頁 數	行 數	書 名	作 者
			錯誤或不當之詞句	建議修改之詞句

我有話要說： （其它之批評與建議，如封面、編排、內容、印刷品質等・・・）

<table>
<tr><td>得　分

　</td><td>行銷學
教學活動
CH1　行銷的基本觀念與理論</td><td>班級：_____
學號：_____
姓名：_____</td></tr>
</table>

▶一、行銷觀念的比較與應用

　　本教學活動主要透過角色扮演的方式，活用本章所提出的不同行銷觀念，包括生產導向、產品導向、銷售導向、社會導向、關係導向等觀念。同時也促進同學團隊合作，讓同學模擬經營一家公司，用不同的行銷觀念來開發及販賣智慧型手機（也可以替換成其他大學生熟悉之產品），然後也讓大家一起參與評比，看大家做的符不符合各種觀念。

▶二、活動方式說明

　　全班同學平均分成六組，每組分別代表不同的公司，利用抽籤決定使用不同的行銷觀念賣智慧型手機，進行角色扮演，由同學票選該公司是用何種觀念，並且調查大家對各公司賣的智慧型手機之購買意願。

1. 由老師秘密對每組抽一種行銷觀念，只能和該組說，不要和其他組同學說。

2. 各組各自進行討論，各組不可交流，必須對自己抽到的觀念保密。各組討論完成之後，填寫表格A。

3. 各組發表，針對自組公司所發表的智慧型手機，提出五項特色，不可以說是何種行銷觀念。發表完成之後繳交表格A給老師。

4. 每組報告完成之後，由其他組之每位同學評比，填寫表格B，包括該組適合何種觀念，以及對該公司產品的購買意願，每位同學需要評選6組，待各組報告完成之後，將各組之表格B集中給該組做計算。

5. 各組收到其他組所有同學之表格B來統計，可利用表格C。表格C每組交一份給老師。

6. 老師宣布各組統計結果，並分析各組行銷觀念次數是否符合被分配到的觀念，以及購買意願分數是否有差異。

表A　（每組一份）

組別		
行銷概念 （請勾選抽到的一種）	☐生產導向	☐產品導向
	☐銷售導向	☐社會導向
	☐行銷導向	☐關係導向
公司名稱		
組員	——————　——————　—————— ——————　——————　——————	
產品特色	1.	
	2.	
	3.	
	4.	
	5.	

表B　（每位同學交一份給其他組）

被評組別				
行銷概念 （請勾選一種）	□生產導向		□產品導向	
	□銷售導向		□社會導向	
	□行銷導向		□關係導向	
我對這家公司產品的 購買意願	□非常不同意	□不同意	□無意見	□同意	□非常同意
被評組別				
行銷概念 （請勾選一種）	□生產導向		□產品導向	
	□銷售導向		□社會導向	
	□行銷導向		□關係導向	
我對這家公司產品的 購買意願	□非常不同意	□不同意	□無意見	□同意	□非常同意
被評組別				
行銷概念 （請勾選一種）	□生產導向		□產品導向	
	□銷售導向		□社會導向	
	□行銷導向		□關係導向	
我對這家公司產品的 購買意願	□非常不同意	□不同意	□無意見	□同意	□非常同意
被評組別				
行銷概念 （請勾選一種）	□生產導向		□產品導向	
	□銷售導向		□社會導向	
	□行銷導向		□關係導向	
我對這家公司產品的 購買意願	□非常不同意	□不同意	□無意見	□同意	□非常同意
被評組別				
行銷概念 （請勾選一種）	□生產導向		□產品導向	
	□銷售導向		□社會導向	
	□行銷導向		□關係導向	
我對這家公司產品的 購買意願	□非常不同意	□不同意	□無意見	□同意	□非常同意

（請沿虛線撕下）

表C　統計用（每組一份）

組別		
公司名稱		
同學票選行銷概念統計 （請填寫次數）	生產導向 _____ 次	產品導向 _____ 次
	銷售導向 _____ 次	社會導向 _____ 次
	行銷導向 _____ 次	關係導向 _____ 次
同學對本公司產品的購買意願平均分數	_____ 分 非常不同意（1分） 不同意（2分） 無意見（3分） 同意（4分） 非常同意（5分）	

得　分

行銷學	班級：＿＿＿＿＿＿＿
教學活動	學號：＿＿＿＿＿＿＿
CH2　行銷環境	姓名：＿＿＿＿＿＿＿

▶一、活動方式說明

1. 請分組找一個大家消費過的店家，以競爭者角度進行整體環境評估（表A），並說明環境中的機會與威脅，決議是否要開一家類似的店。

2. 填寫表B內容，找一個國際品牌，上網查閱官網以及相關報導，進行SWOT分析，再以實例說明該品牌如何掌握機會、避免威脅、發揮優勢、扭轉劣勢。

表A

組別					
店家					
環境因素		重要性（1-7分）	發生可能性（1-99%）	對4P的機會或威脅（＋或－）	總結（文字說明影響層面與時機）
個體環境五力分析	目標客群人數與偏好				
	通路商議價力				
	供應商議價力				
	競爭者替代品				
	行銷支援機構				
	社會大眾／口碑				
總體環境PEST分析	政治法規				
	經貿人口				
	社會文化				
	科技自然				
決議結果					

（請沿虛線撕下）

表B

組別	
品牌	
SWOT 分析	
組織內部因素的優勢（S）	
組織內部因素的劣勢（W）	
外部環境的機會（O）	
外部環境的威脅（P）	
實例分析，如何	
掌握機會	
避免威脅	
發揮優勢	
扭轉劣勢	

<table>
<tr><td rowspan="2">得　分

</td><td>行銷學</td><td>班級：＿＿＿＿＿＿＿＿＿</td></tr>
<tr><td>教學活動
CH3　消費者購買行為</td><td>學號：＿＿＿＿＿＿＿＿＿
姓名：＿＿＿＿＿＿＿＿＿</td></tr>
</table>

▶一、電視廣告分析

　　本教學活動主要透過觀看電視廣告的方式，活用本章所提出的消費者行為，包括消費者決策過程、消費者資訊處理過程、創新擴散理論等。同時也促進同學團隊合作，讓同學分析某個電視廣告，然後讓大家一起參與評比，看大家分析得好不好。

▶二、活動方式說明

　　全班同學平均分成六組，每組分別各自看一個電視廣告，記錄產品與品牌，廣告的演員是一般消費者或是明星，廣告時段及正在播放的節目，還有廣告內容中主要的訴求。請同學將廣告影片錄下，或是在 Youtube 尋找是否有該影片。

1. 由老師抽籤決定六組報告的順序，依序報告。

2. 各組先播影片，接著根據表格A的內容報告，報告完之後，將表格A交給老師。

3. 各組發表完之後，每位同學針對別組公司所發表的內容提出購買意願調查，填寫表格B，將表格B交給被評分的各組作統計。

5. 各組收到其他組所有同學之表格B來統計，可利用表格C。表格C每組交一份給老師。

6. 老師宣布各組統計結果，並討論各組之廣告效果，分析廣告效果為何有差異。

表A　（每組一份）

組別	
組員	＿＿＿＿＿＿＿　＿＿＿＿＿＿　＿＿＿＿＿＿ ＿＿＿＿＿＿＿　＿＿＿＿＿＿　＿＿＿＿＿＿
廣告產品與品牌	產品 ＿＿＿＿＿＿＿　　　　　品牌 ＿＿＿＿＿＿
廣告演員（按照出現序）	＿＿＿＿＿＿（□消費者，□明星，□名人，□其他） ＿＿＿＿＿＿（□消費者，□明星，□名人，□其他） ＿＿＿＿＿＿（□消費者，□明星，□名人，□其他） ＿＿＿＿＿＿（□消費者，□明星，□名人，□其他） ＿＿＿＿＿＿（□消費者，□明星，□名人，□其他）
廣告時段與頻道	時段 ＿＿＿＿＿＿ 節目名稱 ＿＿＿＿＿＿＿ 頻道 ＿＿＿＿＿
廣告特色	1. 2. 3. 4. 5.

表B　（每位同學交一份給其他組）

被評組別					
我對這家公司產品的購買意願	□非常不同意	□不同意	□無意見	□同意	□非常同意
被評組別					
我對這家公司產品的購買意願	□非常不同意	□不同意	□無意見	□同意	□非常同意
被評組別					
我對這家公司產品的購買意願	□非常不同意	□不同意	□無意見	□同意	□非常同意
被評組別					
我對這家公司產品的購買意願	□非常不同意	□不同意	□無意見	□同意	□非常同意
被評組別					
我對這家公司產品的購買意願	□非常不同意	□不同意	□無意見	□同意	□非常同意

表格C　統計用（每組一份）

組別	
廣告品牌	
同學對本公司產品的購買意願平均分數	＿＿＿＿＿＿＿＿＿＿ 分 非常不同意（1分） 不同意（2分） 無意見（3分） 同意（4分） 非常同意（5分）

（請沿虛線撕下）

得　分

行銷學
教學活動
CH4　行銷研究

班級：＿＿＿＿＿＿＿＿＿

學號：＿＿＿＿＿＿＿＿＿

姓名：＿＿＿＿＿＿＿＿＿

　　為了加深學生的行銷研究慨念以及增加老師與學生、學生與學生間之互動，全班同學依據人數以四至五人為一組，進行以下主題做分組報告及討論。

▶一、活動方式說明

1. 分組方式：修課人數分成n組，一組約4-5人

2. 口頭報告：分組報告的題目可採用下列任一報告題綱，亦可由各分組自行決定和行銷研究之相關主題。

3. 報告時間分配：報告10分鐘、討論5分鐘、老師講評5分鐘。

4. 報告繳交：上台報告前一天晚上8點前將電子檔e-mail給老師，報告當天給老師紙本一份；上台報告完畢後，經大家討論和老師講評之後，若有不足之部分，請再做修改後於報告完畢之次一週上課前，繳交修正後紙本報告及電子檔，電子檔最遲於20xx/xx/xx晚間8點前e-mail寄給老師。

▶二、分組報告主題

1. 假如你想在學校附近開設一家商店（餐廳、咖啡店等），你會考慮哪些事項？試就所學之行銷研究，以及參考4-3節的小專欄（由行銷研究而起的品牌－左岸咖啡館法式浪漫的杯裝咖啡）的行銷研究步驟，擬訂一個開店企畫案。

2. 請至任一商場（如：大賣場、百貨公司、生鮮超市等）以進行瞭解和檢視該商場的顧客消費行為，並試著應用行銷研究擬定相對應之行銷企劃，以幫助該商場之行銷管理。

得　分

行銷學
教學活動
CH5　市場區隔、目標市場選擇與
　　　定位

班級：＿＿＿＿＿＿＿＿
學號：＿＿＿＿＿＿＿＿
姓名：＿＿＿＿＿＿＿＿

▶一、活動方式說明

1. 全班在行銷管理教師帶領下分為數組，並完成表A。

2. 各組從最近一周的報章雜誌中取得兩份產品的平面廣告。

3. 討論這些廣告中產品的定位，並且討論這些定位的表現方式是否合適？

4. 將討論出來定位的分析、以及其廣告內容對於定位的表現方式之評論，做成投影片檔案，分組簡報。

表A

組　　別	
產品廣告	
廣告定位	
討論分析	

（請沿虛線撕下）

<table>
<tr><td rowspan="4">得　分</td><td>行銷學</td><td>班級：＿＿＿＿＿＿</td></tr>
<tr><td>教學活動</td><td>學號：＿＿＿＿＿＿</td></tr>
<tr><td>CH6　產品策略</td><td>姓名：＿＿＿＿＿＿</td></tr>
</table>

▶一、品牌決策分析

本教學活動主要透過小組討論的方式，活用本章所提出的品牌管理決策，同時也促進同學團隊合作，讓同學分析某個產品，然後讓大家一起參與評比，看大家分析得好不好。

▶二、活動方式說明

全班同學平均分成六組，每組分別代表不同產品的公司，利用抽籤決定使用不同的產品，進行角色扮演，小組替這家公司進行品牌決策與命名，並且調查大家對各公司賣的產品之品牌態度與購買意願。

1. 由老師先選定產品，盡量挑知名品牌推出的產品，如：可口可樂出品的紅茶，百事可樂出品的礦泉水，蘋果電腦推出電視，Google推出汽車，星巴克推出冰淇淋，亞馬遜推出智慧型手機。接著由各組抽籤，確定各組產品。

2. 各組各自進行討論，各組不可交流，必須對自己產品品牌策略保密。各組討論完成之後，填寫表格A。

3. 各組發表，發表完成之後繳交表格A給老師。

4. 每組報告完成之後，由其他組之每位同學評比，填寫表格B，對該公司產品的購買意願，每位同學需要評選5組，待各組報告完成之後，將各組之表格B集中給該組做計算。

5. 各組收到其他組所有同學之表格B來統計，可利用表格C。表格C每組交一份給老師。

6. 老師宣布各組統計結果，公佈各品牌名次，並分析各家品牌命名決策的效果。

表A （每組一份）

組　別	
組　員	＿＿＿＿　＿＿＿＿　＿＿＿＿ ＿＿＿＿　＿＿＿＿　＿＿＿＿
品牌命名	
品牌特色	1.
	2.
	3.
	4.
	5.

表B　　（每位同學交一份給其他組）

被評組別	
我對這家公司產品品牌喜愛程度	□非常不同意 □不同意 □無意見 □同意 □非常同意
我對這家公司產品的購買意願	□非常不同意 □不同意 □無意見 □同意 □非常同意
被評組別	
我對這家公司產品品牌喜愛程度	□非常不同意 □不同意 □無意見 □同意 □非常同意
我對這家公司產品的購買意願	□非常不同意 □不同意 □無意見 □同意 □非常同意
被評組別	
我對這家公司產品品牌喜愛程度	□非常不同意 □不同意 □無意見 □同意 □非常同意
我對這家公司產品的購買意願	□非常不同意 □不同意 □無意見 □同意 □非常同意
被評組別	
我對這家公司產品品牌喜愛程度	□非常不同意 □不同意 □無意見 □同意 □非常同意
我對這家公司產品的購買意願	□非常不同意 □不同意 □無意見 □同意 □非常同意
被評組別	
我對這家公司產品品牌喜愛程度	□非常不同意 □不同意 □無意見 □同意 □非常同意
我對這家公司產品的購買意願	□非常不同意 □不同意 □無意見 □同意 □非常同意

表C　　統計用（每組一份）

組　　別	
品牌名稱	
同學對本公司產品的品牌態度平均分數	＿＿＿＿＿＿＿＿ 分 非常不同意（1分） 不同意（2分） 無意見（3分） 同意（4分） 非常同意（5分）
同學對本公司產品的購買意願平均分數	＿＿＿＿＿＿＿＿ 分 非常不同意（1分） 不同意（2分） 無意見（3分） 同意（4分） 非常同意（5分）

（請沿虛線撕下）

得　分

行銷學	班級：＿＿＿＿＿＿＿
教學活動	學號：＿＿＿＿＿＿＿
CH7　價格策略	姓名：＿＿＿＿＿＿＿

▶一、定價方法的比較與應用

　　本教學活動主要透過角色扮演的方式，活用本章所提出的定價方法，包括加成定價法、目標報酬定價法、知覺價值定價法、價值訂價法、現行水準價格定價法、拍賣式定價法。同學們模擬一家公司，用不同的定價方法來訂定產品的價格，然後讓同學一起參與評比，並討論各種定價法的應用。

▶二、活動方式說明

　　全班同學平均分成六組，每組分別代表不同的公司，利用抽籤決定 使用不同的定價方法，進行角色扮演（含競爭產品的價格分析），也能促進同學團隊合作，由同學票選該公司是用何種定價方法，並且調查同學對各產品的購買意願。

1. 由老師秘密抽出每組的定價方法，只和該組說，各組不要詢問他組題目。

2. 各組各自進行討論，各組不可交流，必須對自己抽到的定價方法保密。各組討論完成之後，填寫表格A。

3. 各組針對自組公司所發表的產品的定價過程，至少提出三項說明，填寫表格A。並將繳交表格A給老師。

4. 每組報告完成之後，由其他組之每位同學評比，填寫表格B，包括該組應用何種定價方法，以及對該公司產品的購買意願，每位同學須要評選5組，待各組報告完成之後，將各組之表格B集中給該組組長作計算。

5. 各組組長收到組內同學之表格B，可利用表格C來統計，每組交一份給老師。

6. 老師宣布各組統計結果，並作講評。

（請沿虛線撕下）

表A （每組一份）

組別		
定價方法 （請勾選抽到的一種）	□加成定價法	□目標報酬定價法
	□知覺價值定價法	□價值定價法
	□現行水準價格定價法	□拍賣式定價法
產品		
組員		
定價價格過程	1.	
	2.	
	3.	
	4.	
	5.	

表B （每位同學交一份給組長，自己組不填）

被評組別					
定價方法 （請勾選一種）	□加成定價法			□目標報酬定價法	
	□知覺價值定價法			□價值定價法	
	□現行水準價格定價法			□拍賣式定價法	
我對這家公司產品的購買意願高	□非常不同意	□不同意	□無意見	□同意	□非常同意
被評組別					
定價方法 （請勾選一種）	□加成定價法			□目標報酬定價法	
	□知覺價值定價法			□價值定價法	
	□現行水準價格定價法			□拍賣式定價法	
我對這家公司產品的購買意願高	□非常不同意	□不同意	□無意見	□同意	□非常同意

被評組別					
定價方法 （請勾選一種）	□加成定價法			□目標報酬定價法	
	□知覺價值定價法			□價值定價法	
	□現行水準價格定價法			□拍賣式定價法	
我對這家公司產品的 購買意願高	□非常不同意	□不同意	□無意見	□同意	□非常同意
被評組別					
定價方法 （請勾選一種）	□加成定價法			□目標報酬定價法	
	□知覺價值定價法			□價值定價法	
	□現行水準價格定價法			□拍賣式定價法	
我對這家公司產品的 購買意願高	□非常不同意	□不同意	□無意見	□同意	□非常同意
被評組別					
定價方法 （請勾選一種）	□加成定價法			□目標報酬定價法	
	□知覺價值定價法			□價值定價法	
	□現行水準價格定價法			□拍賣式定價法	
我對這家公司產品的 購買意願高	□非常不同意	□不同意	□無意見	□同意	□非常同意
被評組別					
定價方法	□加成定價法			□目標報酬定價法	
	□知覺價值定價法			□價值定價法	
	□現行水準價格定價法			□拍賣式定價法	
我對這家公司產品的 購買意願高	□非常不同意	□不同意	□無意見	□同意	□非常同意

（請沿虛線撕下）

表C　統計用（每組一份）

組別		
公司名稱		
同學票選定價方法統計（請填寫次數）	加成定價法 ＿＿＿＿＿＿次	目標報酬定價法 ＿＿＿＿＿＿次
	知覺價值定價法 ＿＿＿＿＿＿次	價值訂價法 ＿＿＿＿＿＿次
	現行水準價格定價法 ＿＿＿＿＿＿次	拍賣式定價法 ＿＿＿＿＿＿次
同學對本公司產品的購買意願平均分數	＿＿＿＿＿＿＿＿＿＿＿分 非常不同意（1分） 不同意（2分） 無意見（3分） 同意（4分） 非常同意（5分）	

得　分

行銷學
教學活動
CH8　通路策略

班級：＿＿＿＿＿＿＿＿

學號：＿＿＿＿＿＿＿＿

姓名：＿＿＿＿＿＿＿＿

▶一、通路觀念的實務運用

　　本教學活動主要希望能活用本章所提出的通路觀念，包括通路結構、通路設計、通路組織、通路管理與管理通路衝突等。利用團隊合作來讓同學懂得分析一家公司的通路型態如何運作，最後一起討論來看大家是否分析得當。

▶二、活動方式說明

　　全班同學平均分成六組，每組均分析同一家公司的行銷通路，而小組當中指派一位上台報告，並由底下同學互相討論哪組分析的最為恰當，來加深同學對通路定義上的概念。

1. 由老師指定要分析哪一家公司的通路來給底下六組同學。

2. 各組各自進行討論且不可交流，必須對自己抽到的觀念保密，並將其結果填入表A。

3. 各組以對公司通路的初步認知來進行發表，並由其他組同學發問。

4. 每組報告完成之後，由老師做最後補充上述未討論到的觀念，並由每組票選哪組同學的分析最為完整。

（請沿虛線撕下）

表A　（每組一份）

組別	
通路結構	□零階 □一階 □二階 □三階
	原因：
通路流程	正向： 逆向：
通路設計	顧客需求分析：
	目前通路目標：
	目前通路執行方案：
	評估與提出替代方案：
通路組織	□ CMS □ VMS □ HMS □ MMS
	原因：
通路管理	如何選擇成員：
	提供何種訓練及激勵：
	評估目前通路成員：
	未來調整及規劃通路設計：
通路衝突	□目標分歧 □領域重疊 □對事實不同的認知
	原因：
	解決方案：

得　分

行銷學
教學活動
CH9　推廣策略：從整合行銷溝通
　　　導向談起

班級：_____
學號：_____
姓名：_____

▶一、活動方式說明

1. 製作空白樸克牌（樸克牌張數必須超過學生上課人數）

   請助教協助買較硬的紙張，並裁成樸克牌大小的尺寸，上課時帶著空白的樸克牌去上課。

2. 發給每位同學一張空白撲克牌，填上學生的名字繳回給老師。

3. 老師依據班級人數開始分組，例如：6人分成一組，老師就從收回的樸克牌中隨機抽出6人分成一組。請被分到一組同學，立即集合坐在一起，準備討論老師給予的任務。

4. 老師準備將本次要討論的主題寫在樸克牌上，要求分好組的同學上前來抽取題目，抽中題目後回去小組討論20分鐘，20分鐘後開始各組的簡報。

（討論題目可以是：義美的雷霆巧克力想要上市，要如何運用整合行銷傳播工具。味全食品公司要正確設計出：因應沙拉油出問題的記者說明會等等。）

（請沿虛線撕下）

得　分	行銷學	班級：＿＿＿＿＿＿＿
	教學活動	學號：＿＿＿＿＿＿＿
	CH10　策略行銷	姓名：＿＿＿＿＿＿＿

▶一、 策略行銷觀念的應用

　　本教學活動主要透過做中學的方式，演練活用本章所提出的策略行銷規劃流程，再加以選擇合宜的策略如侵略性策略或防禦性策略等作法。同時也以同學評比方式，加深學習各組提出策略行銷的思考模式及其合理性。

▶二、 活動方式說明

　　全班同學平均分成六組，由各組自行選擇有興趣的企業如：王品集團，巨大自行車、華碩、鴻海、85度C、Apple、Google 等，每組分別代表所選擇的企業，依據策略行銷規劃流程分析後，提出策略行銷建議作法。由各組相互評比是用何種策略，再相互對照差異性，說明各組的觀點，進行交流與分享。

1. 由老師在授課完畢後，請分組並請各組提出有興趣的企業作策略規劃，避免重複。

2. 各組各自進行討論，各組不可交流，必須對自己所採取的策略行銷作法種類如為侵略性或防禦性策略保密。各組討論完成之後，填寫表格A。

3. 各組發表，針對所選擇的企業所作的策略分析進行說明，並提出建議的策略行銷作法，勿說明為何種類型。發表完成之後繳交表格A給老師。

4. 每組報告完成之後，由其他組評比，填寫表格B，包括該組提出的策略行銷為何種類型，亦可補充未盡之處或提出不同報告組的策略行銷之建議。

5. 各組報告完後，再由各評比組報告評比結果及相關建議。將每組評比表交給老師。

6. 老師做最後總結。

（請沿虛線撕下）

表A（每組一份，報告表）

組別	
代表企業	
企業分析	1. 企業績效
	2. 市場定位分析
	3. 競爭優勢分析
	4. 其他，如 4P，STP 等
策略行銷作法	☐ 侵略性策略 　☐ 為成長而投資 　☐ 改善定位 　☐ 進入新市場
	☐ 防禦性策略 　☐ 保護地位 　☐ 最適化定位 　☐ 貨幣化 　☐ 收成 / 榨取
	☐其他策略，請說明之：
組員	

表B（評比表，以各組綜合建議評比其他組，依組別數自行影印）

組別	
被評組別	
代表企業	
您認為該組所採用的策略行銷為何？請勾選	☐ 侵略性策略 　☐ 為成長而投資 　☐ 改善定位 　☐ 進入新市場 ☐ 防禦性策略 　☐ 保護地位 　☐ 最適化定位 　☐ 貨幣化 　☐ 收成 / 榨取
本組觀點 (補充未盡之處或其他建議)	☐其他策略，請說明之：

得　分	行銷學	班級：_____
	教學活動	學號：_____
	CH11　服務行銷	姓名：_____

▶一、服務行銷組合的比較

　　本教學活動主要透過實地訪查的方式，根據本章所提出的服務行銷組合，包括產品、價格、通路、推廣、服務人員、服務環境、服務流程等觀念，針對 2 家同質性的服務提供者進行比較與分析。

▶二、活動方式說明

　　全班同學平均分成六組，填寫表 A。每組分別實地到 2 家同質性的店家訪談和實際體驗服務，根據本章所提出的服務行銷組合進行描述、比較與分析，最後並提出對於商家的建議，並製作 PPT 上台分享討論結果。

表A

組別	
店家 1 名稱	
店家 2 名稱	
討論分析 （產品、價格、通路、推廣、服務人員、服務環境、服務流程等觀念）	
建議	

（請沿虛線撕下）

得 分	行銷學 教學活動 CH12 行銷管理程序	班級：＿＿＿＿＿＿＿＿ 學號：＿＿＿＿＿＿＿＿ 姓名：＿＿＿＿＿＿＿＿

▶一、活動方式說明

1. 教師請同學分組，任意選一樣產品或服務，由學生提出行銷企劃。

2. 首先是目前的行銷情境分析，可以利用五力分析來分析外部環境，接著是機會與問題分析，然後是行銷目標與行銷策略，包括市場區隔，目標市場選擇與定位，再分析4P的策略。最後是行動方針，預計損益以及控制。

3. 每組均填寫表格A，進行報告之後交給老師。

表A 行銷企劃書

	部分	目的
1.	行銷外部環境分析	分析供應商＿＿＿＿＿＿＿＿＿＿＿＿＿＿＿＿ 潛在進入者＿＿＿＿＿＿＿＿＿＿＿＿＿＿＿＿ 產品替代者＿＿＿＿＿＿＿＿＿＿＿＿＿＿＿＿ 顧客＿＿＿＿＿＿＿＿＿＿＿＿＿＿＿＿＿＿＿ 同業競爭者的競爭狀況＿＿＿＿＿＿＿＿＿＿＿
2.	機會與問題分析	以第一階段的分析為基礎，根據自己公司資源的多少，確認機會（O）／威脅（T）／優勢（S）／劣勢（W），找出最有利的機會。 S＿＿＿＿＿＿＿＿＿＿＿＿＿＿＿＿＿＿＿＿ W＿＿＿＿＿＿＿＿＿＿＿＿＿＿＿＿＿＿＿＿ O＿＿＿＿＿＿＿＿＿＿＿＿＿＿＿＿＿＿＿＿ T＿＿＿＿＿＿＿＿＿＿＿＿＿＿＿＿＿＿＿＿
3.	制訂行銷目標	確認行銷目標： 是否要追求市場佔有率？＿＿＿＿＿＿＿＿＿ 或是追求利潤？＿＿＿＿＿＿＿＿＿＿＿＿＿

（請沿虛線撕下）

4.	發展行銷策略	列出可以達成行銷目標的各種行銷活動： 目標市場＿＿＿＿＿＿＿＿＿＿＿＿ 定位＿＿＿＿＿＿＿＿＿＿＿＿＿＿ 產品＿＿＿＿＿＿＿＿＿＿＿＿＿＿ 定價＿＿＿＿＿＿＿＿＿＿＿＿＿＿ 通路＿＿＿＿＿＿＿＿＿＿＿＿＿＿ 促銷＿＿＿＿＿＿＿＿＿＿＿＿＿＿
5.	行動方針	回答：要做什麼？誰來做？何時做？要花多少錢？
6.	預計損益表	預測計畫可能產生的利潤以及所有必須支出的成本。
7.	行銷控制	如何追蹤活動績效以及如何調整行銷策略。

得　分	行銷學	班級：＿＿＿＿＿＿＿
	教學活動	學號：＿＿＿＿＿＿＿
	CH13　國際行銷	姓名：＿＿＿＿＿＿＿

▶一、國際行銷策略分析

　　本教學活動主要目的是要活用本章所提出的國際行銷策略，透過分析國外企業進入台灣市場的進入模式、市場定位與國際行銷策略，並且比較與母國的市場定位與行銷策略的異同。

▶二、活動方式說明

1. 每組4~5人，將全班同學分成數個小組。

2. 每個小組選擇不同的國外企業（或由老師提供數個適當的國外企業，由小組抽籤決定）。

3. 各組蒐集資料，分析國外企業進入台灣市場的進入模式、市場定位與國際行銷策略，並且比較與母國的市場定位與行銷策略的異同。

4. 將討論分析的結果，完成表A，並且製作ppt上台分享結果。

表A

組別		
國外企業名稱		
企業簡介		
進入台灣市場模式		
比較台灣與母國市場		
比較項目	台灣市場	母國市場
市場定位		
產品策略		
訂價策略		
通路策略		
推廣策略		

得　分

行銷學
教學活動
CH14　網路行銷

班級：_____
學號：_____
姓名：_____

▶一、品牌粉絲專頁分析

本教學活動主要透過分析粉絲專頁的方式，活用本章所提出的網路行銷理論，同時也促進同學團隊合作，讓同學分析某個品牌粉絲專頁，然後讓大家一起參與評比，看大家分析得好不好。

▶二、活動方式說明

全班同學平均分成六組，每組分別各自分析一個 Facebook 品牌粉絲專頁，記錄產品與品牌，紀錄最近一周貼文的數目與平均每篇貼文的回應數。

1. 由老師抽簽決定六組報告的順序，依序報告。

2. 各組先進入Facebook之粉絲專業，接著根據表格A的內容報告，報告完之後，將表格A交給老師。

3. 各組發表完之後，每位同學針對別組公司所發表的內容提出粉絲專頁加入意願，填寫表格B，將表格B交給被評分的各組作統計。

5. 各組收到其他組所有同學之表格B來統計，可利用表格C。表格C每組交一份給老師。

6. 老師宣布各組統計結果，並討論各組之粉絲專業按讚意願，分析為何有差異。

表A　品牌粉絲專頁分析

Facebook	
網址	https://www.facebook.com/ 品牌
產品與品牌基本資料	
按讚情況	＿＿＿＿＿＿＿人
內容分類	
最近一周貼文數目	
每篇貼文的回應數目	

表B （每位同學交一份給其他組）

被評組別					
我對這家公司按讚的意願	□非常不願意	□不願意	□無意見	□願意	□非常願意
被評組別					
我對這家公司按讚的意願	□非常不願意	□不願意	□無意見	□願意	□非常願意
被評組別					
我對這家公司按讚的意願	□非常不願意	□不願意	□無意見	□願意	□非常願意
被評組別					
我對這家公司按讚的意願	□非常不願意	□不願意	□無意見	□願意	□非常願意
被評組別					
我對這家公司按讚的意願	□非常不願意	□不願意	□無意見	□願意	□非常願意

表C 統計用（每組一份）

組別	
廣告品牌	
同學對本公司粉絲專頁按讚的平均分數	＿＿＿＿＿＿＿＿＿＿ 分 非常不願意（1分） 不願意（2分） 無意見（3分） 願意（4分）） 非常願意（5分）